JN411644

한반도평화연구원총서 2

7·1 경제관리개선조치 이후 북한경제와 사회

계획에서 시장으로?

윤영관 · 양운철 엮음

한울
아카데미

이 도서의 국립중앙도서관 출판시도서목록(CIP)은 e-CIP홈페이지(http://www.nl.go.kr/ecip)에서 이용하실 수 있습니다(CIP제어번호: CIP2009001008).

누적된 경제적 모순과 연이은 정책 실패로 계획경제가 거의 제 기능을 하지 못하는데도 북한은 존속하고 있다. 선군사상에 기초를 둔 북한 체제는 군사적으로는 강해 보일지 모르나 지속적인 경제 침체로 심각한 국가권력의 누수 현상이 나타나고 있다. 북한 당국이 경제난을 타개하기 위해 2002년 7·1 경제관리개선조치를 시행한 이후 계획경제를 일탈하는 여러 현상이 다발적으로 나타나고 있다. 계획경제가 제대로 작동하지 못하면서 노동인력의 직장 이탈, 시장 확산, 탈북 시도 등 일반 주민들은 스스로 살길을 찾아 나서고 있다. 현재 북한에서는 정치적으로 안정적인 절대권력이 유지되고 있는 듯하지만 사회 와해 현상이 곳곳에서 발생하고 있는 것이다.

북한이 과연 어려운 경제 현실을 계속 감내할 수 있을지 아니면 체제가 한계에 도달할 것인지에 학문적 관심이 모아지고 있다. 과거에 북한과 유사한 경제체제를 운영했던 러시아, 중국, 동유럽은 경제 개혁과 개방뿐 아니라 대대적인 정치적 변화를 통해 체제전환에 성공했다. 경제난을 극복하기 위해서는 적극적인 개혁과 개방이 필요하지만 북한 정권의 속성과 지금까지의 정치행태를 감안할 때 획기적인 개혁을 기대하기는 어렵다. 근본적인 개혁을 외면하는 한 북한의 장래는 비관적일 수밖에 없다.

이 연구는 7·1 경제관리개선조치를 기점으로 지난 수년간 진행된 북한경제의 변화를 살펴보는 데 초점을 두고 있다. 기업소와 협동농장의 현황, 시장과 대외무역의 영향력을 중점적으로 분석해 북한경제의 현실을 명확히 이해하고 미래를 전망하고자 한다. 아울러 북한에서 경제난이 어떠한 사회 변화를 수반하는지를 분석하고 그에 따른 정치경제적 의미도 제시하고자 한다. 향후 북한 체제가 어떠한 경로로 변화할지를 예측하기는 어렵지만 이 연구는 다양한 견해들이 더욱 논리적으로 정리되는 계기를 마련해줄 수 있을 것이다. 이 연구가 최근 북한의 경제 변화에 관심을 갖고 있는 연구자, 정책 입안자 및 일반 독자에게 중요한 연구 자료가 되기를 바란다. 책의 각 장을 집필한 김병로, 김병연, 남성욱, 양운철, 윤덕룡, 이석기 님에게 고마움을 표하며, 책이 나오기까지 수차례의 세미나에 참석한 한반도평화연구원 연구위원들과 실무지원에 힘쓴 임종헌 연구실장과 윤환철 사무국장께도 감사의 뜻을 전한다.

2009년 4월

한반도평화연구원 원장 윤영관

차례

서 장

북한에서의 경제적 변화는 체제이행의 시발점인가

양운철(세종연구소 수석연구위원)

> 비민주적인 정권들은 하나의 공통된 요소를 갖고 있다. 그들은 대중의 희망을 대변하기보다는 '엘리트'라고 하는 소수의 부분집단의 선호를 대변한다는 사실이다. 중국의 공산당이나 칠레의 군사독재 정부도 그들의 선호만을 대변했을 뿐이다. …… 일반적으로 민주주의가 정치적 평등을 도출하는 반면 비민주주의는 소수의 입장을 대변해 정치적 불평등을 낳는다. …… 더 많은 정치적 평등을 향유하기 위한 경제·사회적 동력이 한 사회를 비민주적인 체제에 대항하는 체제로 나아가게 하기 위해 작동하고 있다(Acemoglu and Robinson, 2006: 17).

2002년 7·1 경제관리개선조치는 북한 경제정책에 한 획을 긋는 사건이었다. 7·1 조치에 대해서는 다양한 견해가 존재하지만 이 조치가 계획경제를 정상화하려는 시도였으나 상당한 부작용을 가져왔다는 것이 일반적 견해이다. 7·1 조치의 핵심은 임금과 물가의 대폭 인상, 배급제 축소, 기업소의 자율권 강화 등이다.[1] 실망스러운 경제적 결과를 낳았음에도 7·1 조치가 북한 사회 전반에 놀라운 변화를 가져온 점을 부인할 수 없다. 아직은 김정일을 정점으로 하는 수직적 권력 구도에 큰 변화가 없지만 경제·사회적인 측면의 변화는 놀랄 만하다. 7·1 경제관리개선조치 이후 북한에서는 시장이 확산되고 있고 가격 결정에도 시장원리가 상당 부분 적용되고 있다. 서비스 산업의 경우 국가의 비공식 허락을 통해 준(quasi) 사유화가 상당 부분 이루어지고 있다. 계획경제가 부진함에 따라 개인의 경제 활동 범위와 규모가 증가

---

1) 북한의 7·1 경제관리개선조치의 핵심은 계획경제의 틀 안에서 생산 증대를 유도하는 것이다. 그러나 정책 의도와 달리 계획경제의 비중은 낮아지고 비국유 부문의 비중이 커지고 있다. 이에 대해서는 다양한 견해가 존재한다. 첫째, 7·1 조치 초기의 평가는 혁신적이라고 할 수 있지만 체제전환 면에서는 초보적 단계에 머물고 있다는 견해이다. 이에 관해서는 오승렬(2002)을 참조하라. 둘째, 북한의 7·1 조치가 매우 미흡할뿐더러 실패한 정책이라는 견해이다. 7·1 조치의 기본 원리는 상품에 대해 국영가격과 사설시장 가격을 갖게 하여 계획경제를 정상화하는 데 목적이 있지만 시행 5년이 지난 시점까지도 경제정책이 시장 친화적으로 전환되었다는 점을 발견할 수 없으며 식량이나 주요 공업 제품의 생산이 크게 늘어났다는 징후도 나타나지 않고 있다. 그리고 7·1 조치는 과거 구소련에서 코시긴(Kosygin) 수상이 주도했던 경제개혁과 거의 유사하다. 이에 관해서는 양운철(2006), 당시 구소련의 경제개혁에 관해서는 Spulber(2003: 181~187)를 참조하라. 셋째, 과거 중국과 소련도 생존을 위한 개혁에서 시작했다는 점을 들어 생존의 수단으로서의 7·1 조치를 긍정적으로 평가하는 견해이다. 나아가 북한에 대한 중국과 남한의 지원은 북한이 경제 도약을 이룰 수 있는 발사대(launch pad) 역할을 할 것이라고 보는 낙관적인 견해도 있다(Citigroup, 2006). 넷째, 7·1 조치가 북한경제에서 시장 영역을 넓힌 결과를 인정해야 한다는 견해이다(양문수, 2007).

하고 있으며, 국가에 대한 의존도 감소하고 있다. 그러면 이러한 북한에서의 경제적 변화가 과연 얼마나 더 과감한 정치적·사회적 변화를 가져올지 궁금해진다. 그리고 조심스럽게 북한에 정치적 변화의 바람이 불게 되기를 희망하기도 한다. 이 책은 북한의 개혁 시점을 7·1 경제관리개선조치로 지정하고, 이후의 변화상을 추적해 북한경제와 사회를 재조명하려는 목적으로 서술되었다.

제1장 「북한경제 몰락의 정치경제적 함의」에서 양운철은 북한경제의 침체가 궁극적으로는 체제 붕괴를 가져올 것이라고 주장한다. 북한경제가 안고 있는 심각한 문제는 체제 개혁이 이루어지지 않을 경우, 현상유지 정책이나 부분적 개방을 실시하더라도 장기적으로 경제성장이 어렵다는 점이다. 북한 경제체제가 자본주의 생산체계를 받아들이기에는 너무 늦었기 때문이다. 러시아와 대부분의 동유럽 국가는 급진적 정치개혁을 통해 사회주의 경제체제를 단기간에 변화시켰고, 중국도 점진적 정치개혁을 실시해 생산력 증대에 장애가 되는 많은 정치적·경제적 관성과 타성을 제거했다. 북한의 김정일 정권은 개혁 마인드를 결여했고 일인체제에 조금이라도 위협이 되는 어떤 개혁도 시도하지 못하고 있다. 물론 한국의 존재 자체가 북한에 큰 위협이 되기도 한다. 남북 관계가 비교적 우호적이었을 때 북한은 개혁보다는 한국의 지원을 통한 현실 안주에 더욱 관심을 둔 듯하다. 문제는 김정일 정권의 정치적 권력 장악력이 확고할지라도 시장 확산과 같은 비공식 부문이 증가하고 경제적 자율성이 증가할수록 균형 현상이 깨진다는 점이다. 만약 두 가지 힘이 균형을 이루는 현상이 장기화되면 균형점은 일종의 안장점(saddle point)이 되어 차후 어느 방향으로도 움직이지 못할 가능성도 배제할 수 없다. 즉, 북한이 현 체제를 유지하면서 시행하는 개혁·개방

의 부조화로 인한 정책의 무기력증이 나타날 수도 있다.

현재 북한의 권력은 외면상으로는 강해 보이나 내면적으로는 많은 누수 현상이 나타나고 있다. 경제 회생은 개혁과 개방을 통해 내생적 요인과 외생적 요인이 유기적으로 결합할 때 가능할 것이다. 북한에서 개혁과 개방이 성공적으로 이루어진다면 북한 체제는 좀 더 지속될 것이다. 그러나 장기적으로 개혁과 개방만으로 재도약하기는 어려울 것이며, 계획경제에서 시장경제로의 전면적 이행만이 북한경제를 회생시킬 수 있을 것이다. 북한 정권이 정치체제 및 경제구조를 국제 수준에 맞게 발전시키고, 북한 주민의 의식이 변하고 사회간접자본 확충, 사회보장 제공, 효율적 산업 기반과 금융체계 등의 가동이 이루어질 때 본격적인 체제전환이 시행될 것이다. 이런 맥락에서 양운철은 정치적 자유의 확장이 북한경제 발전의 필요조건이 될 것이라고 주장하고 있다.

제2장 「북한경제의 시장화: 비공식화 가설 평가를 중심으로」에서 김병연은 북한에서의 비공식 경제 부문의 확장이 과거 러시아 등에서 나타난 것과 유사한지를 통계적으로 분석했다. 통계자료는 1997년부터 2004년 사이에 북한을 이탈해 남한에 정착한 탈북자 650여 명을 대상으로 한 설문조사 자료를 이용했다. 연구 초점은 급격한 비공식 부문 확대가 소련 경제 붕괴의 주요 원인이라고 주장하는 비공식화 가설이 북한에서도 성립하는지 여부에 맞추어졌다. 연구 기간을 1996~2001년과 2002~2003년으로 나누어 두 시점 사이의 비공식 부문 크기 측면에서 통계적으로 의미 있는 변화가 존재하는지 분석했다. 이 연구에 따르면 북한 가계의 소득과 지출의 약 70~75%가 비공식 부문에서 벌어들인 소득이거나 비공식 부문에서 사용한 지출인 것으로 평가하고 있다.

이는 가계의 소득과 지출 측면에서 평가한 북한의 비공식 부문의 비중은 구사회주의 경제의 어느 나라와 비교해도 월등히 높은 수준임을 시사한다. 그러나 2002년 이후에 비공식 경제의 크기가 그 이전에 비해 증가했다는 가설은 통계적으로 기각되었다. 아울러 지금처럼 소비재 부문의 생산이 미미하고 단지 유통 부문만 활성화된 상태에서 북한의 자생적 회복은 어렵다는 점도 제시하고 있다. 가계 지출 중 뇌물의 비중을 계산해볼 때에도 시간이 흐름에 따라 증가하는 추세는 확인되지 않았다. 이를 종합해볼 때, 소비재 유통의 비공식화, 즉 밑에서부터의 시장경제화 진전으로 북한경제가 자연적인 체제이행 과정에 들어간 것이라는 가설은 적어도 1996~2003년까지의 탈북자 자료를 토대로 한 경험적 증거와는 부합되지 않는 것으로 결론 내리고 있다.

제3장 「북한 기업관리체계의 변화」에서 이석기는 북한 기업소 문제를 다루고 있다. 1990년대의 경제위기를 겪으면서 북한의 공식적인 기업관리체계와 기업의 행동양식 간에는 커다란 괴리가 발생했다. 중앙집중적 물자공급체계가 사실상 붕괴됨에 따라 계획 수립, 생산, 물자 조달, 생산물 처분, 계획 평가 등 계획화의 제 측면에서 '계획의 일원화·세부화·계획화' 체계는 실질적으로 해체되어갔다. 공식적인 제도의 변화가 이루어지지 않는 상황에서 생산을 지속하기 위해 사실상의 시장 거래를 통해 물자를 '구매'하고, 이를 사용해 생산된 제품을 '판매'하는 기업들의 비공식적인 행위가 확산되어갔다. 이러한 아래로부터의 자발적인 시장화 경향은 1990년대 북한 기업 행동양식 변화의 핵심을 구성했다. 2002년 7·1 조치는 아래로부터의 변화를 사후적으로 승인하는 성격을 지니고 있다. 계획화 과정에서의 기업의 자율성 강화, 시장 거래의 공식적 승인, 기업 간 거래의 부분적 허용 등이

좋은 예이다. 이 조치 이후 기업 내 지배인의 권한 강화나 기업의 노동자에 대한 통제권 강화 등의 기업 지배구조 변화 경향이 심화되고 있으며, 비공식적인 계약관계도 확대되고 있다.

7·1 조치는 북한 기업관리체계에 상당한 변화를 가져오기는 했지만, 전체 경제 운영체계의 변화가 아닌 매우 부분적인 개혁조치였으며, 내부적으로 모순되는 측면이 나타나기도 하고 부분적으로 후퇴하기도 했다. 그리고 이 조치 이후에도 공식적인 제도와 실제 행동양식 간의 괴리는 줄어들지 않고 있으며, 비공식적인 계약관계가 확산되는 등 오히려 심화되는 양상을 보이고 있다. 이 조치의 가장 큰 의미는 1990년대 이후 확산된 '국가는 기업을 책임지지 않고, 기업은 자력으로 살아남아야 하며, 이를 위한 시장 활용은 허용된다'는 인식을 국가가 사실상 공식적으로 승인했다는 점이다. 이에 따라 기업들은 마치 그들의 예산제약이 이전보다 강화된 것처럼 행동하고 있는 것이다. 아울러 기업소 간 거래 증가는 사회구성원 간의 관계에도 영향을 미쳐 배금사상이 만연해지는 한편 북한 사회가 정치적 관계 중심 사회에서 경제적 관계 중심 사회로 변화하고 있다는 점을 강조한다.

제4장 「북한의 농산물 가격 변화에 따른 식량 수급 및 협동농장체제의 변화」에서 남성욱은 북한의 농업에 관해 서술하고 있다. 현재 북한의 농업개혁은 미흡하나마 중국의 1978년 개인영농개혁이 북한에서도 진행될 수 있다는 희망을 품게 한다. 7·1 조치는 사회주의 개혁 단계에서 초기에 나타내는 가격개혁의 일종으로 간주된다. 구체적으로는 사회주의 중앙계획경제의 기본 틀이 변하지 않은 상태에서 수요 - 공급의 원리를 일부 가격 결정 과정에 도입해 생산자와 소비자의 이득을 극대화하고 있고, 상품 가격을 올려 생산자의 생산 의욕을 높이고 수요자는

제품의 실질가치를 인식해 생산과 소비를 합리적으로 조정하는 것이다.

특히 7·1 조치는 농산물 가격을 올려 농민들에게 인센티브를 제공했다. 농민들은 과거보다 협동농장에서 영농 의욕을 제고할 요인이 생겼다. 이중곡가제를 폐지하고 수매 가격과 판매 가격을 축소함으로써 농민들이 국가 수매나 시장 판매에 관심을 가지게 되었다. 또한 비공식적 생산 활동이 활발해지면서 정부의 식량 공급 능력은 과거에 비해 떨어질지 모르지만 농민들은 종합시장에서 곡물을 직접 판매할 가능성이 높아져 생산 의욕이 높아졌다. 이런 관점에서 남성욱은 비록 합법적이지는 않지만 시장 확산으로 국가의 식량 공급 능력은 증가할 수 있음을 강조한다. 그리고 생산량을 늘리기 위해서는 생산 단위가 적을 때, 특히 가족 단위의 농장에서 생산성이 가장 높기 때문에 체제전환으로 유도하는 중국식 농업개혁의 시행을 주장하고 있다.

제5장 「북한의 대외경제관계 변화와 그 영향」에서 윤덕룡은 북한의 외부 자원이 경제를 운용하고 주민 생계를 유지하는 근간이 되고 있기 때문에 경제성장이 거의 전적으로 대외 부문에 의존하고 있다고 서술한다. 2008년 북한의 대외 교역은 규모 면에서 1990년 수준의 80% 이상을 회복했다. 체제전환국의 성장 추세가 대외 교역 규모의 회복과 동일한 이른바 J - 커브 궤적을 그린다는 점에서 대외 교역 규모의 회복은 북한의 경제적 생산 능력 회복을 기대하게 한다. 그러나 교역 규모의 성장과는 달리 내용 면에서는 긍정적 변화가 뚜렷하지 않다는 점을 지적하고 있다. 소련에 의존하던 이전의 전략적 교역 관계가 지금은 대상이 중국으로 바뀌었고, 나머지 교역도 대부분 기존 교역 상대국과 이루어지고 있으며, 규모도 낮은 수준에 머무르고 있다. 중국은 북한의 전략적 교역 상대국으로서 생필품과 소비재를 공급하면서 일부 상품에 대해서

는 특혜 가격을 적용하고 있다.

한편 중국을 제외한다면 외화 가득원, 투자 공급원, 식량 공급원으로서 북한의 생존에 특별한 의미를 지닌 곳은 한국이다. 그러나 중국과 한국 중심으로 이루어지고 있는 대외경제관계는 북한의 성장동력 확대에는 실패하고 있다. 교역상의 현시비교우위지수(RCA)를 통해 분석한 결과 북한은 소비재나 생산재 모든 분야에서 비교우위가 감소하는 추세를 보이며, 산업 분야별 분석에서도 자원집약산업이 약간의 비교우위를 보일 뿐 노동(요소)집약적 산업이나 기술집약적 산업 모두에서 비교우위를 상실했거나 개선 조짐을 보이지 못하고 있다. 붕괴된 산업기반이나 자본 축적 능력의 상실을 감안할 때, 북한의 대외경제관계는 경제력 회복을 위해 가장 중요한 분야이지만, 현재와 같이 생존에 연계된 소비 관련 대외무역만 확대하는 것은 지양해야 할 것이다. 생산능력을 확대할 수 있는 생산적 대외 관계로 전환하지 않는 한 대외지원에 의존한 경제에서 탈피할 수 없기 때문이다. 북한경제는 생산능력이 부족하기에 향후에도 외부의 자본과 기술에 의존할 수밖에 없다. 따라서 더 적극적인 투자 유입이 가능하도록 내부 개혁을 적극적으로 추진하고 개방을 확대하는 것이 최선의 정책이다. 이런 맥락에서 윤덕룡은 북한의 전략적 대외 관계 상대인 중국과 한국도 북한에 대한 단기적 소비 지원에 치중하기보다는 생산 능력 확대를 위한 국제 공조가 가능하도록 북한의 변화를 촉구하고 국제적 개발 지원을 준비해야 할 필요가 있음을 강조한다.

제6장 「경제조치 이후 북한의 사회적 변화」에서 김병로는 북한의 개혁과 개방의 두 측면에 초점을 맞추어 7·1 조치 이후에 진행된 사회변화를 분석하고 있다. 7·1 조치 이후 내적으로 시장화와 사유화가

진전됨으로써 북한 사회경제의 구조적 변화를 일으키고 있으며, 외적으로 무역·유통 활성화와 인적 왕래, 정보 접촉의 증대로 체제 개방이 촉진되고 있다. 이러한 개혁·개방의 진전에 따라 돈을 벌어야 한다는 경제의식과 장사가 능력으로 인정받는 사회규범이 형성되었으며, 동시에 직장 이탈, 부정부패, 편법적 장사 등 일탈 행위도 늘고 있다. 사회보장제도 붕괴로 북한 체제의 우월성과 정당성이 무너지면서, 체제의 통제 능력이 상실되고 있고 전반적인 사회 해체가 진행되고 있다. 그러나 아직까지 사상학습과 조직생활, 사회적·물리적 통제가 작동하고 있기에 주민들은 사회적 불만을 시위나 항의 등으로 표출하지 못한 채 체제 도피적 방법인 국경 탈출을 선택한다.

문화적으로는 한국 드라마를 불법으로 복제하고, 한국 TV 프로그램을 직접 시청하는 중국 조선족과의 교류가 늘어나면서 한국에 대한 태도가 달라지고 있고, 남북 교류 증대로 북한 주민들의 대남 의식이 변화되고 있는 것으로 평가된다. 특히 7·1 조치 이후 배급제도의 부실화로 국가 권위가 훼손되고 사회주의 제도에 대한 우월성과 긍지가 상실됨으로써 체제에 대한 정치적 불만과 불신이 커지고 있다. 그럼에도 한국전쟁 피해자를 우대하는 성분 중심의 계층구조가 여전히 사회규범이 되어 있고, 사회통제와 정보 차단으로 인해 주민들이 당과 지도자에 대한 정치적 비판의식을 갖는 데는 상당한 제약이 있는 것으로 판단된다. 이런 점을 고려해 김병로는 북한 사회의 변화를 이끌어내기 위해서는 한반도 평화체제 형성과 북한과의 인적·물적 교류 증대가 시급히 이루어져야 한다고 주장하고 있다.

이처럼 각 장의 연구 개요에서 살펴봤듯이 계획경제가 기능을 상실하면서 비공식 부문의 증가와 함께 사회 여러 부분에서 정치적 영향력보다는 경제적 영향력이 우선하는 현상이 나타나고 있다. 평양시민들의 복장 변화나 주택 매매, 가정교사 고용 등 불과 10년 전만 해도 상상할 수 없었던 현상이 북한 전역에 나타나고 있다. 그리고 상인이나 고위 관리처럼 부를 창출하는 새로운 계급이 등장해 소득 불평등도 심화되고 있다. 현재 북한 전역에서 나타나는 경제적 변화가 북한의 경제난을 타개하기에 역부족인 점도 사실이다. 그러나 이런 변화가 지속된다면 북한의 정치·사회적인 면에서도 많은 변화가 수반될 것이다. 그러나 진정한 북한의 경제 회복을 위해서는 정치제도를 포함한 사회 전체의 근본적 변화인 체제전환이 시행되어야 한다. 개혁이 늦어질수록 북한의 낙후된 시스템은 더욱 악화되어 어떤 처방도 듣지 않는 최악의 상태에 직면할 것이다. 이는 우선은 국가 권위의 급속한 추락과 권위에 대한 도전으로 나타날 것이며, 궁극적으로는 체제 붕괴로 연결될 가능성이 매우 높다. 하루 빨리 북한이 개혁의 장으로 나오기를 기대한다.

참고문헌

김병로. 2008. 「김정일 시대 북한 주민의 생활과 의식변화」. 정성장 엮음. 『북한은 변하고 있는가? 1997 vs. 2007』. 세종연구소.

양문수. 2007. 「2000년대 북한경제의 구조적 변화」. ≪KDI 북한경제리뷰≫, 5월호. KDI.

양운철. 2006. 『북한경제체제 이행의 비교연구: 계획에서 시장으로』. 도서출판 한울.

오승렬. 2002. 『북한경제의 변화: 이론과 정책』, 연구총서 02-19. 통일연구원.

Acemoglu, Daron and James A. Robinson. 2006. *Economic Origins of Dictatorship and Democracy*. Cambridge University Press.

Spulber, Nicolas. 2003. *Russia's Economic Transitions: From Late Tsarism to the New Millenium.* Cambridge University Press.

Citigroup. 2006. "Asia Economic Outlook and Strategy: North Korea's Reforms." *Asia-Pacific Economics/Strategy*, July 24(2006).

제1장

북한경제 몰락의 정치경제적 함의

양운철(세종연구소 수석연구위원)

1. 서론: 주체경제의 실패

지난 반세기 동안 북한 체제를 지탱해온 계획경제는 성장 동력을 구축하지 못한 채 표류하고 있다. 주체사상에 기초를 둔 비효율적인 경제운용 방식과 생산요소 부족이 북한경제의 앞날을 어둡게 하고 있다. 내부적으로는 빈약한 정부재정과 인플레이션으로 인해 수요 측면에서도 소비나 투자 증대가 이루어지지 않고 있다.[1] 심각한 식량난으로 인해 텃밭 같은 비공식적 식량 생산 방식이 확산되었고, 국영기업의 잉여인력들이 상행위에 나서면서 시장에 대한 의존도가 점점 높아지고 있다. 계획과 시장이 공존하면서 자급자족과 유사한 일인경제(autarky)

---

1) 경제 침체로 북한의 세수도 감소했으며, 국방비처럼 비생산 부문이 차지하는 비중이 지나치게 높은 것이 재정을 악화시키는 요인이다(고일동, 2004: 57~58).

와 원시적 시장기구가 병행해 나타나고 있다. 국가재정이 파탄에 이르러 사회보장이 감소되면서 국가에 대한 주민들의 의존도도 크게 감소했다. 북한 정권은 국가에 대한 주민들의 저항과 이탈을 방지하기 위해 전체주의적 체제와 폭력을 강화해 철저한 강권통치로 체제를 유지하고 있다. 식량 배급 중단으로 기아가 발생하자, 인도주의 차원에서 국제적인 문제가 되어 상당한 식량을 국제사회에서 지원받고 있다. 탈북자 증가는 관련 국가에 정치적·외교적 부담을 주고 있다. 그뿐 아니라 외화 획득을 위해 위조품의 제작, 판매와 같은 불법적인 상거래로 국제사회의 지탄을 받기도 한다.[2] 결정적으로는 기존의 군사력이 한국에 비해 열세라고 판단해 군사적 비교우위를 갖기 위한 미사일 발사 실험과 핵 실험까지 감행해 동북아 지역질서의 불안 요인이 되고 있다. 북한의 비정상적인 행동에 대해 국제사회는 제재를 시도하기도 했지만 실효를 거두지는 못했다.[3] 이제는 오히려 북한의 붕괴를 염려하고 있다.

북한의 경제성장률은 <그림 1-1>이 예시하는 것처럼 2000년대에 들어와 호조를 보였지만 경제의 구조적 변화에 의해서라기보다는 외부 지원에 의한 일시적인 현상이었다. 2006년과 2007년도에는 수해 및

---

2) 북한의 불법 경제 활동에 관한 분석은 Graham(2007), Perl and Nanto(2007), Perl(2007) 등을 참조하라.

3) 미국의 북한에 대한 BDA 금융제재나 UN의 북한 핵 실험에 대한 안보리 결의안 1,718호는 중국의 소극적인 태도와 주변 국가들의 이해 차이로 제재 효과를 얻지 못했다. 북한의 핵 실험에 대한 제재가 성공하려면 우선 북한 지도부의 안보 인식이 바뀌어야 하기 때문에 중국은 북한에 대한 제재에 있어 핵확산 금지와 지역안정을 순행적으로 해결하려 한다는 주장도 있다(Shen, 2008: 97~98).

<그림 1-1> 북한의 경제성장률

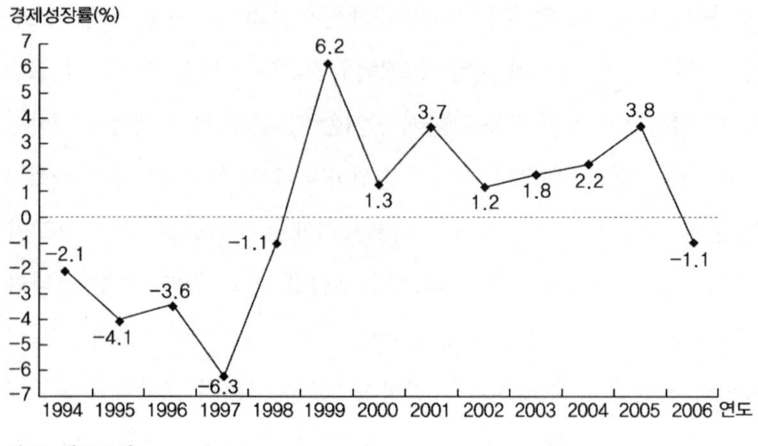

자료: 한국은행.

핵 실험에 따른 국제사회의 원조 중단 등으로 마이너스 성장을 기록했다. 따라서 향후 외부 지원이 감소할 경우 심각한 경제위기가 재현될 가능성이 매우 높다.[4] 국가 경제력이 감소하면서 식량 및 생필품의 분배가 극히 제한적으로 실시되고 있다. 또한 사회보장제도가 유명무실해지면서 국가 권위는 급속히 하락했다. 이러한 현상은 이미 1980년대 말부터 나타나, 1990년대 중반 김일성 사망과 큰 수해 등을 거치면서 고착화되었다. 만성적인 경제난을 해결하기 위해 2002년에 7·1 경제관리개선조치를 실시했다. 7·1 조치의 핵심은 임금과 물가의 대폭 인상,

4) 2006년 북한의 핵 실험으로 불편했던 북중 관계는 2007년도에 적어도 경제적인 면에서는 회복되었다. 후진타오 주석은 김정일 위원장에게 세 차례에 걸쳐 친서를 전달했다. 양국의 무역 총액도 20억 달러에 달한다. 경제협력과 관련해 중국은 "정부가 인도하고 기업이 참여하며 시장이 운영한다"라는 원칙을 제시했다(김철, 2008: 64~65).

<그림 1-2> 1998년도 이후 북한의 식량 수급량 추이

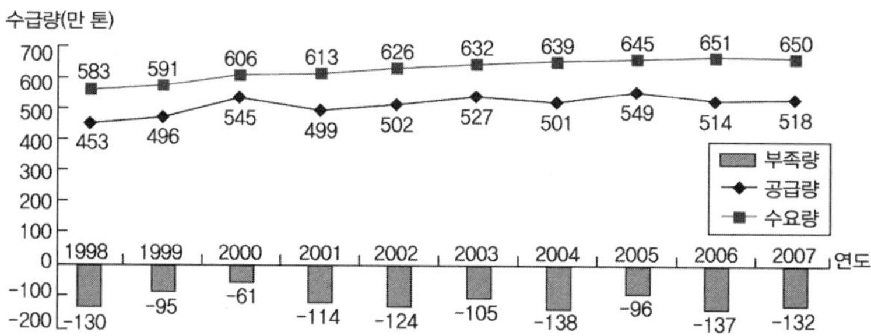

주: 통일부, 식량회계년도(전년도 11월~금년도 10월) 기준.
자료: 농촌진흥청.

배급제 축소, 기업소의 자율권 강화 등이다.[5] 그러나 7·1 조치 이후 6년이 지난 현재까지 경제 문제가 개선될 징후는 보이지 않는다. 특히 <그림 1-2>에서 보듯 북한은 매년 약 200만 톤의 식량이 부족한 실정이다. 식량 공급이 부족해지자 과거 국가에만 의존하던 북한 주민이 점차 시장을 중심으로 생계를 도모하고 있다.

계획경제를 정상화하기 위한 시도로서 7·1 조치는 분명 커다란 정책 변화이기는 하지만 향후 전망은 비관적이다. 경제가 정상화되기 위해서는 근본적인 경제개혁이 시행되어야 한다. 그러나 자립적 민족경제 이데올로기가 변화한 것도 아니고 개인 소유권을 허용하는 근본적인 정책 변화가 시행된 것도 아니다. 이는 7·1 조치가 자본주의 시장경제의 장점을 도입하기보다는 기존의 계획경제의 운용을 원활히 하기 위한

5) 북한의 7·1 경제관리개선조치에 관한 다양한 분석은 양운철(2007: 67)을 참조하라.

것이기 때문이다. 노동자의 임금은 당의 지시에 의해 너무 낮게 책정되어 높은 물가를 감당할 수 없었다. 그나마도 제대로 지급되지 않게 되면서 노동자들은 구매력을 거의 상실하게 되었다.[6] 그뿐 아니라 생산물 시장도 여전히 정부의 가격 통제하에 있다. 이러한 가격의 왜곡은 만성적인 상품의 공급 부족과 초과수요를 불러와 심각한 부족의 경제를 경험하게 된다. 이러한 전반적인 생산 부족으로 북한의 재정 상황도 위기를 겪게 되었다. <그림 1-3>을 보면 북한의 재정이 1990년대 중반부터 급격하게 감소했고, 특히 2000년대에 들어서는 재정 규모가 1990년대 초반의 25% 정도에 불과한 것으로 나타나고 있다. 재정 부족은 식량 및 공공재 공급 감소를 가져오고 성장을 위한 자본 축적을

6) 과도하게 인상된 임금과 물가는 초기에는 구매력을 보장해 높은 시장 물가와 국가가 정한 물가의 차이를 극복하는 데 도움이 되었다. 그러나 임금 인상으로 인해 초과수요가 나타났고, 물가 인상에 대한 기대로 심각한 인플레이션을 초래했다. 이런 현상은 체제전환 국가들이 초기에 경험한 현상이다. 그러나 초기의 급격한 생산량 감소는 경제가 회복되면서 U자형의 완만한 회복세로 돌아서게 된다(Blanchard, 1997: 3~5). 그러나 북한은 체제이행 단계에 있지 않기 때문에 생산량 감소는 지속될 가능성이 높다. 만성적인 물자 부족과 초과 인플레이션을 시정하기 위해서는 생산요소의 투입 증가나 노동생산성 증대에 의한 공급 확대가 선행되어야 한다. 그러나 만성적인 원자재와 에너지 부족으로 오히려 생산 자체가 둔화되는 실정이다. 미시적 차원에서는 북한의 기업소들이 스스로 모든 문제를 해결해 생산이 증가한 경우도 있다. 그러나 이러한 현상이 북한의 경제성장으로 연결되었다고 보기는 어렵다. 한편 최수영(2007: 18)의 연구에 의하면 농업과 경공업 등에서는 7·1 조치의 효과가 미약하나마 경제성장에 영향을 준 것으로 분석되고 있다. 그러나 근로의식이나 인센티브 등에 의한 생산성 증대보다는 한국에서의 비료 지원, 중국 제품 유입 등이 7·1 조치 이후에 나타난 경제성장에 더 큰 영향을 미쳤다는 사실이 설득력을 갖는다.

<그림 1-3> 북한의 재정 규모 추이

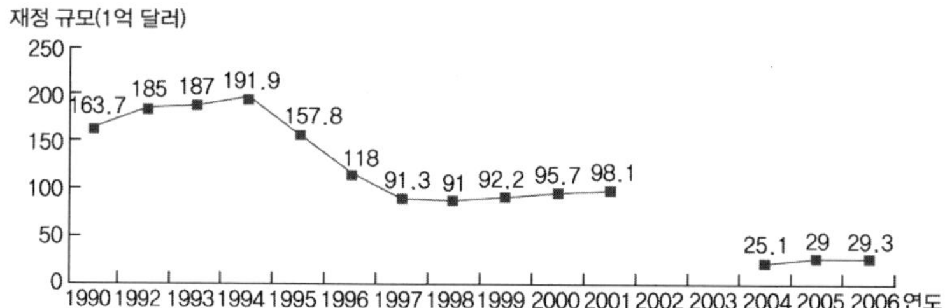

자료: 통일부.

불가능하게 하여, 궁극적으로 사회 전반에 걸쳐 심각한 자원 부족 현상을 초래하고 있다.

이처럼 경제난이 심각한데도 북한의 경제 이데올로기는 시장에 적대적이다. 북한 지도부는 선군사상을 국가 이데올로기로 삼고 강성대국 건설을 국가 목표로 정해 주민들의 의식을 조종하고 있다.[7] 경제력이 뒷받침되지 않는 강성대국론이나 선군사상으로 체제는 유지할 수 있을지 몰라도 경제발전의 추진력을 제공할 수는 없다. 실리사회주의, 국가 경쟁력 강화와 같은 슬로건이 현실로 이루어지기 위해서는 경제력이 신장되어야 한다. 정치선전, 구호제창, 사상적 독려만으로 경제성장을

7) 북한은 정치사업 우선의 원칙, 집체적 지도와 유일적 지배 배합의 원칙, 계획의 일원화·세부화 원칙, 독립채산제의 4대 경제관리 원칙을 오히려 강화해 정치적 권위를 세우려 하고 있다. 이런 주장은 홍성국(2008)을 참조하라. 또 북한은 선군정치에 근거해 군수 산업을 경제발전 최우선 순위에 두고 있다. "국방공업을 선차로 내세운다는 것은 인민경제의 다른 부분들인 중공업, 경공업, 농업 부문들과의 관계에서 국방공업을 인민경제의 기둥으로, 강성대국의 생명선으로 한다는 것이다"(한규수, 2006: 21).

이룩할 수는 없다. 북한도 대외경제관계 확대나 외국 기업과의 합영에 부정적이지는 않다. 한 예로 북한의 상원시멘트 연합기업소는 이집트의 오라스꼼 건설회사와 합영 계약을 체결했는데, 오라스꼼이 프랑스의 라파스SA에 인수되어 상당히 큰 기대를 걸고 있다. 상원시멘트 연합기업소 종업원들은 외국 기업과의 합영을 '장군님의 경제강국 건설구상'의 일환으로 보고 있다고 한다. 그리고 북한의 경제 부흥 전략의 기본 방향을 '주체성 강화'와 '현대화 건설'로 이해하고 있으며, 이는 최신 과학기술과 자립적 민족경제의 결합으로 달성된다는 것이다.[8] 결국 통치 이데올로기로서의 주체사상이나 선군정치는 점점 그 영향력이 감소하는 반면 경제의 해외 의존도는 증가한다고 할 수 있다.[9]

이 연구는 몰락의 길을 걷고 있는 북한경제가 정치체제에 어떠한 영향을 미칠 것인지를 분석하고자 한다. 경제가 침체되면 통치 이데올로기가 권위를 잃게 되어 사회적 혼란이 발생하고, 경제발전의 원동력이 저해되는 악순환이 일어날 수도 있다. 이러한 맥락에서 전면적인 경제개혁이 일어나지 않는 한 북한경제가 결국에는 붕괴할 수밖에 없다는 주장에 대한 논리적 근거를 살펴볼 것이다. 정치적으로 병영화되어 있고 경제적으로는 파산 상태에 처한 북한이 중국처럼 정치체제의 변화 없이 시장경제를 점진적이며 선택적으로 채택해 경제성장을 이룰 가능성도 전혀 배제할 수는 없다. 이러한 관점을 가지고 북한경제의 앞날을 예측해보고자 한다.

---

8) ≪조선신보≫, 2008.4.21.

9) 특히 북한의 중국 의존도는 급속히 증가하고 있다. 중국의 대북 투자는 과거와는 달리 전방위적으로 이루어지고 있다. 이에 관한 자세한 분석은 배종렬(2006)을 참조하라.

2. 정치적 이완 현상의 발생

7·1 경제관리개선조치 같은 변화의 바람이 있기는 하지만 아직도 북한은 주체사상을 기초로 한 민족적 자립경제 건설을 최우선 목표로 하고 있다.[10] 여전히 경제는 정치에 예속되어 있고, 선군사상이 독재 권력의 폭력성과 결합해 통치 이데올로기로 군림하고 있다. 그러나 북한의 독재체제가 여전히 공고하기는 하지만 지속적인 경제난으로 인해 체제 안정성을 위협받는 것도 사실이다.

최고 권력자에 대한 극히 제한된 정보만으로 북한 정권의 미래를 예측하는 것은 다분히 확률적이다. 많은 연구자들은 북한 체제의 내구성이 의외로 견고하기 때문에 남북한의 통일이 단기간에 이루어지기는 어렵다고 분석한다. 동독 사례처럼 북한 체제가 갑자기 붕괴할 가능성은 매우 낮다는 것이다. 이러한 견해에 의하면 북한은 동독의 경우와는 달리 정권의 합법성을 구소련에 두고 있지 않으며 자유로운 시장경제와 의회 민주주의의 경험도 거의 없다. 외부와의 소통이나 시민의 자유가 극도로 제한되어 민중 봉기 같은 급격한 내부 요인에 의한 붕괴 가능성은 매우 낮다고 판단한다. 그럼에도 북한 체제를 전망한 연구들을 보면 장기적으로는 내부 갈등이나 외부 충격으로 결국 무너질 것이라는 견해가 많다. 그러나 북한이 핵을 포기하고 한국과의 관계를 개선하고 국제 질서에 순응한다면 진보된 정치체제와 성공적인 경제개혁을 달성

---

10) 2008년 4월 9일에 진행된 최고인민회의 제11시 6차 회의에서 김영일 총리는 경제 부분에 대한 보고에서 “대외경제관계에서 주체를 철저히 세우고, 사회주의 경제관리 개선을 우리식으로 완성해가는 것이 내각의 중요 임무”라고 언급하고 있다(≪조선신보≫, 2008.4.18).

할 가능성도 있음을 부연한다.

북한이 가장 심각한 위기에 봉착했던 1990년대 중후반에는 체제의 현상유지나 붕괴에 대한 예측이 많았다. 권력의 불안정성과 경제난은 주요 지지세력(권력 엘리트)의 이반으로 나타나 궁극적으로 체제 붕괴로 이어진다는 논리이다. 반면에 북한 체제의 특수성과 김정일 이외의 대안을 찾기 어렵다는 점 때문에 어떻게든 현상을 유지해갈 것이라는(muddling through) 견해도 다수 존재했다. 이후 한동안 북한 체제 붕괴에 관한 연구는 감소했다가 2000년대에 북한 핵 문제가 대두되면서 다시 많은 연구가 진행되었다. 1990년대 연구와 구별되는 2000년대 연구의 특징은 김정일의 지도력 상실을 붕괴에 영향을 미칠 중요한 요인으로 고려한다는 점이다. 북한의 지속적인 경제난을 미국과의 관계 악화나 지도층의 실정으로만 보기는 어렵기 때문이다.[11]

비록 북한 체제가 붕괴하지는 않았지만 탈북자 증가는 체제가 흔들리고 있다는 증거이다. 탈북자들은 대부분 경제적 어려움을 견디지 못하고 탈출한 사람들이다. 지속적인 경제난을 피해 월경해 외화를 획득하려는 시도가 점차 증가하고 있기는 하지만 비용이 많이 들어 실제로 탈북을 감행할 수 있는 인원은 소수에 불과하다.[12] 대부분의 주민은

---

11) 북한 전반에 걸친 경제난이 심각함에도 놀랍게도 김정일 위원장은 자강도 강계시의 여러 경제 단위들을 방문해 강계정신을 더 발휘하라고 강조하면서 "제국주의자들의 고립 압살책동으로 조국이 시련을 겪고 있던 시기에 자강도 인민들은 혁명의 붉은기를 들고 결사전을 벌여 도시와 마을을 행복의 락원으로 전변시켰다"라고 웅변하고 있다(≪조선신보≫, 2008.7.9).

12) 일례로 탈북자에 대한 중국의 감시가 가장 심했던 베이징 올림픽 기간에는 두만강의 도강 비용이 최고 5,000위안까지 올랐다고 한다. 이는 3년 전보다 약 7배가 오른 가격이다〔≪NK Vision≫, 통권 9호(2008): 13~14쪽〕.

탈북보다는 현실을 수용해 생계를 위해 장사에 뛰어든다. 이러한 경우에는 주로 국가자본을 탈취하기 위해 노력한다. 예를 들어 기업소 노동자들은 생산이나 판매와 관련된 비합법적 행위에 참가하고, 대가로 임금을 화폐 또는 현물로 받고 있다. 조업과 배급이 중단된 경우가 많기 때문에 노동자들은 원자재와 생산품을 불법으로 탈취·매매해 생계를 유지하고 있다. 이 과정에서 기업 지배인은 불법행위를 묵인하거나 방조하고 있다. 이러한 현상은 기업소 및 그 구성원의 생존논리가 경제관리 방식의 핵심적인 유형으로 자리 잡았음을 보여준다(양운철, 2007: 82). 국영기업소의 당 간부와 지배인들도 경제적 렌트 추구 행위에 몰두한다. 국영기업의 경영진은 틈만 나면 국가 재산을 불법적으로 탈취하고자 한다. 이는 러시아의 체제전환 초기에 발생했던 자발적 사유화 과정과 유사하다.[13] 북한 사회 전반의 위계질서에 혼란이 오면서 국영기업에 대한 당의 영향력도 감소했다.[14] 이러한 사태를 방지하기 위해 당국은 수시로 감찰을 실시하고 있다.

전체 기업소의 경우 정치적 이완 현상은 더욱 분명하게 드러난다. 고난의 행군 시기에 기업소들은 국가 지시와 감독의 영향력에서 점차 벗어날 수 있었다. 중앙정부의 지원을 받지 못하자 각 기업소는 생존 자체가 최우선 목적이 되었다. 과거 일방적으로 지시를 받아 생산했던 수동적인 입장에서 자체적으로 원자재를 조달하고 판매하는 능동적

---

13) 당시 러시아의 지배층은 국가제도를 정비하기보다는 국가의 공적 성격을 파괴했다(한병진, 2005: 105). 북한의 경우 사유화는 허용하지 않지만 기업소의 명의나 권한을 임대해 소득을 얻기 때문에 준사유화를 인정한다고 볼 수 있다.

14) 사회주의 국가 일반에 관한 논의는 Shleifer and Vishny(1992)를 참조하라.

위치로 바뀌었다. 점차 기업소의 자율권도 강화되었다. 이 과정에서 공장 지배인의 권한이 상대적으로 강화되었고 당 조직은 과거보다는 위축되었다. 즉, 대안의 사업체계 이후 막강한 권력을 유지해오던 당 비서의 위상이 공장 지배인에 비해 상대적으로 하락한 것이다(양운철, 2007: 71). 당에서 독려하는 정치 사업도 형식적으로 변질되었다.[15] 정부의 지원을 받는 기업소도 개별적으로 원자재를 구입하고 처분해 일부를 국가에 헌납한 뒤 남은 수익으로 종업원의 생계를 책임지고 있다.

기업소의 경제 활동과 관련해 부정부패가 만연하고 있지만 경제사범에 대한 처벌은 대체로 관용적으로 이루어진다. 이는 국가가 아무것도 제공하지 못하는 현실과 취약한 법체계 때문이다. 대부분의 사회주의 체제에서는 비효율적인 국영기업을 유지하려는 정치적 의지가 공공재산제도와 국가의 온정적 가부장 역할과 결합해 해고하지 않으려는 분위기로 나타난다.[16] 북한의 경우 생필품을 거의 배급하지 못하게 된 이후 각 경제주체들은 자급자족해야 했고, 이 과정에서 자율성이 증대되었다. 7·1 경제관리개선조치의 핵심 사항 중 하나가 기업소에 자율권을 부여하는 것이었지만, 실제로는 중앙정부가 자율권을 허용한 것이 아니라 계획의 실패로 기업소가 자구책을 마련하는 과정에서

---

15) 평안남도 순천시의 인민반에서 매주 토요일에 열리는 강연학습에 참석률이 저조하자, 인민반장이 강연 제목을 알려주고 참석 대상자의 서명을 받아 참석한 것으로 인정한다고 한다. 참석자의 참관 태도도 극히 형식적이라고 한다(≪오늘의 북한소식≫, 2009.2.3).

16) 국가는 권위 유지나 정권 유지를 위해 국영기업의 파산과 대규모 해고를 허용하지 않고 있다(Kornai, 1992: 102~103).

아래로부터 획득되었다. 대부분의 기업소에서 중앙정부의 지원이 거의 중단되었고 생산시설도 축소되었지만 근로자들이 강제로 해고되지는 않았다. 생산에 필요한 원자재와 에너지 부족으로 기업소의 정상적 운영이 불가능함에도 정치적인 이유로 폐쇄되지 않고 있다. 결국 편법을 통해 형식적인 생산만 유지하고 있는 상태이다. 급여가 지급되지 않는 기업소의 경우 일부 노동자들은 소속 기업소에 일정 금액을 지급하고 합법적으로 외부에서 다른 경제 활동에 종사하는 이른바 '8·3인'으로 전환한다.[17] 물론 중국의 경제발전을 모방해 북한에서도 개인 창업의 가능성이 없는 것은 아니다. 북한에서 8·3인의 등장은 시사하는 바가 크다. 특히 개개인이 국영기업의 이름을 빌려 사업에 뛰어드는 경우가 증가하고 있다. 일례로 북한의 물류 집하장이라 할 수 있는 평성에는 각지에서 온 장사꾼들이 타고 갈 사영버스도 운영되고 있다. 물론 이들은 정부 산하 기업소나 무역회사의 명의를 빌려 운영된다.[18] 북한에서 국영기업의 이름을 빌릴 수는 있지만 여전히 모든 관리와

---

17) 탈북자들은 기업소의 허가를 얻은 외부 경제 활동을 '8·3품'이라고 표현하고 있다. 생산 과정에서 남은 자투리와 폐품 등으로 생산하던 8·3소비품에서 빌린 개념인 듯하다.

18) 중국의 경우 궤호(掛戶)로 알려진 개인들이 계약을 통해 국유기업의 명의로 사업을 한 경우가 있다. 중국 자본주의의 중심이라 할 수 있는 원저우(溫州)의 기업가들이 의류협회 등의 자치적인 조직을 결성해 1980년대 인민공사의 도급을 받은 경우가 그 예이다. 이는 철저히 계약에 의존하는데, 분명 국가가 모든 경제행위를 주관하는 사회주의에서 한 단계 진전된 사업형태이다. 아울러 기업가정신(entrepreneurship)이 형성되는 출발점이기도 하다. 사회주의 경제의 체제이행 과정에서 개혁이 엘리트층에 의해서 주도된 점을 감안하면 북한에도 북한식 궤호가 퍼질 가능성이 높다고 할 수 있다.

행정적인 결정은 정부가 철저히 통제하고 있다. 현재는 집권층의 친인척이 중심이 되어 이런 사업에 종사해 경제적 렌트를 추구한다. 계획경제 회복을 위해 북한 정부는 더욱 엄중히 단속하고 사상훈련을 강화하고 있지만 근본적인 경제 문제가 해결되지 않는 한 효과는 한시적일 수밖에 없다.[19)]

일반 주민들은 계획경제의 실패를 가장 먼저 느끼는 피해자이다. 7·1 조치 이후 배급은 감소하거나 중단되고 물가는 지속적으로 상승하고 있다. 북한에서의 상품 가격은 국가가 결정하지만 현재 상품의 공급부족으로 심각한 물자난을 겪고 있어 국가가 정한 가격과 실질 가격 사이에는 상당한 가격차가 존재한다. 1980년대 말 이후 공급 부족이 만성화되었고 국가 배급도 제 기능을 하지 못하면서 북한 주민들은 뙈기밭 경작, 변경무역, 밀수 등 다양한 형태의 부업에 종사하게 되었다. 여기에서 창출된 재화들이 농민시장으로 유입되어 농민시장이 다양한 상품의 공급처로서 역할을 확대해가기 시작했다. 국가의 식량 배급이 원활하게 이루어지지 않자, 주민들은 농민시장을 더욱 빈번하게 이용했다.[20)] 2003년에는 생필품 및 기타 상품도 판매하는 종합시장이 등장했다. 종합시장에서의 가격은 이제 북한의 실물경제를 가늠할 수 있는

---

19) 북한에서는 약화된 계획경제의 통제적 기능을 강화하기 위해 거의 10년 만에 '전국 계획일꾼 열성자회의'를 개최해 '우리식 경제관리 방법 창조' 등을 강조했다(통일부, 2007: 5).

20) 농민시장은 1958년 8월 내각결정 140호에 따라 '농촌시장'을 폐지한 후 창설되어 10일에 한 번씩 시와 군 단위의 지정된 장소 2~3곳에서 개설되었다. 1993년에 식량난이 심각해지면서 매일 열리는 장으로 전환했다. 농민시장에 관한 자세한 분석은 양운철(2009b)을 참조하라.

지표 역할을 하고 있다.

7·1 조치 초기에는 갑작스러운 소득 증가로 개인의 구매력이 증가했다. 그러나 곧 공급 물자 부족으로 높은 인플레이션이 발생했다.[21] 7·1 조치 이후 불과 2~3개월 만에 전반적인 상품 가격이 거의 두 배로 인상되었다. 북한 물가의 대표적 지표인 쌀의 경우 7·1 조치 이전에 국가 공식 가격은 1kg에 8전이었지만 농민시장에서의 가격은 50원 정도였다. 7·1 조치 이후에는 국영가격을 1kg에 약 44원으로 책정했다. 아울러 농민들로부터의 수매 가격을 대폭 인상하고 사설시장에서의 가격보다 약간 저렴한 가격을 책정했다. 이는 사설시장에서 거래되는 쌀을 국영상점으로 유인하려는 의도였지만, 공급 부족으로 가격은 급속히 상승했다. 2005년에 이미 쌀 가격은 1kg에 1,000원대로 진입했고, 2008년 현재 지역별 차이는 있지만 3,000원대를 유지하고 있다. <그림 1-4>와 <그림 1-5>는 2007년과 2008년도 청진과 신의주 지역의 쌀 가격 추이를 보여주고 있다. 두 지역 모두 2007년 6월부터 가격이 급등하고 있는데, 아마도 수해 등으로 인한 공급 부족과 가수요 때문인 것으로 추정된다.[22] <그림 1-6>에서 나타나듯 2008년에는 쌀과 옥수수의 가격도 급격하게 인상되었다. 2007년의 수해를 감안하더라도 가

---

21) 7·1 조치로 시행된 대폭적인 물가 인상은 민간에 사장되어 있는 돈을 흡수하는 화폐개혁과 유사한 기능을 한다. 재정적자를 보충하기 위해 인민생활공채도 발행하고 있는데, 이러한 정책은 과거 러시아와 동유럽에서도 사용된 바 있다.

22) 북한 중앙통계국과 유엔인도주의업무조정국(OCHA)의 발표는 2007년도 8월 수해로 농경지 약 20만 정보가 훼손되었고 100만 톤의 곡물 수확량 손실을 예상했다(북한경제팀, 2007: 28).

<그림 1-4> 청진 지역 쌀 가격 추이

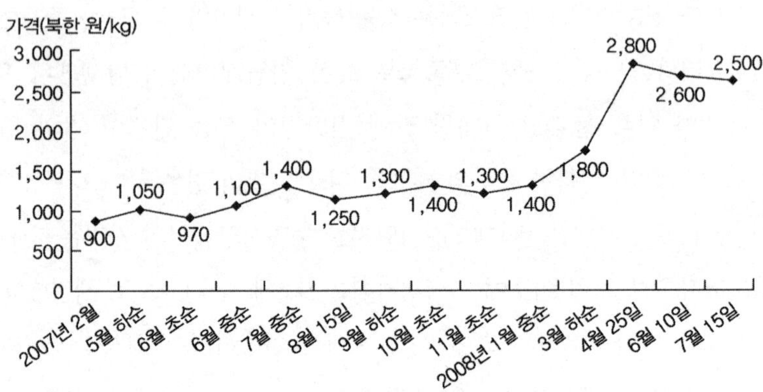

자료: (사)좋은벗들, ≪오늘의 북한소식≫.

<그림 1-5> 신의주 지역 쌀 가격 추이

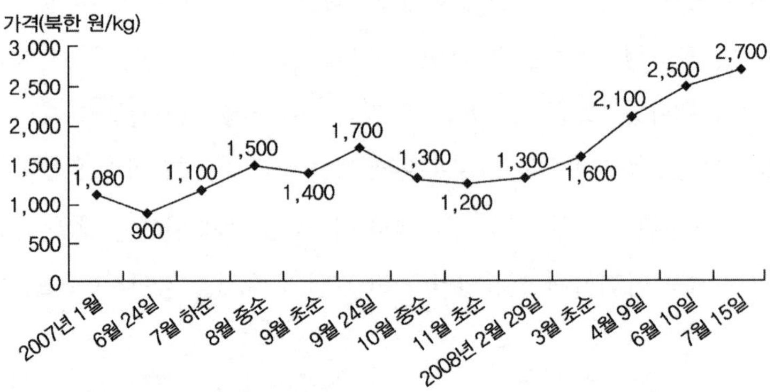

자료: (사)좋은벗들, ≪오늘의 북한소식≫.

격이 매우 높은 수준인데, 공급 부문의 충격(supply shock)에 의한 높은 물가 상승률과 연관이 있는 것으로 추정된다.[23)]

---

23) 한 분석에 의하면 최근 몇 년간 북한에서의 쌀 가격은 크게 네 차례 급등했

<그림 1-6> 2008년 2~4월 함흥 지역 쌀과 옥수수 가격 동향

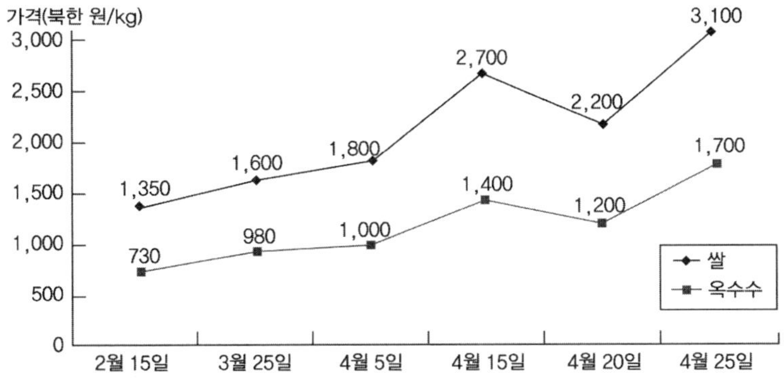

주: 2008년 4월 20일은 쌀 가격 억제 정책으로 가격을 단속했던 시기임.
자료: (사)좋은벗들, ≪오늘의 북한소식≫.

시장이 발전하면서 북한 인민들의 계급도 세속화되고 있다. 과거에는 충성계층, 적대계층, 동요계층으로 계급이 나뉘었으나 이제는 부를 축적한 계급이 등장했다. 국가자본을 독점적으로 공급하며 렌트를 획득하고 있는 기득권 세력은 개혁을 반대하고 있다. 이는 과거 동유럽의 체제전환 과정에서 지배층이 개혁의 결과가 자신들의 이익을 침해할 것을 염려해 개혁에 소극적이었다는 견해와 유사하다.[24] <그림 1-7>이 예시하는 것처럼 북한의 엘리트들은 국가의 이익보다는 자신 또는 '엘리트 집단'의 이익을 우선시하기 때문에 자원 분배에 더 효율적인

는데, 모두 북한 당국의 시장 통제와 연관되어 있다고 한다. 첫째는 2005년 10월의 배급제로 전환한다는 발표, 둘째는 2006년 5월 모내기에 필요한 인력 동원을 위한 장마당 통제, 셋째는 2007년 8월 비사회주의 단속이라는 명분에 의한 시장 통제, 마지막으로는 2008년 4월 시장에서 장사하는 여성 인력 제한조치가 쌀 가격에 절대적 영향을 미쳤다는 것이다(≪열린북한통신≫, 2009.2.2).

24) 이에 관한 자세한 분석은 Hellman(1998)을 참조하라.

<그림 1-7> 북한 고위층의 렌트 추구 행위

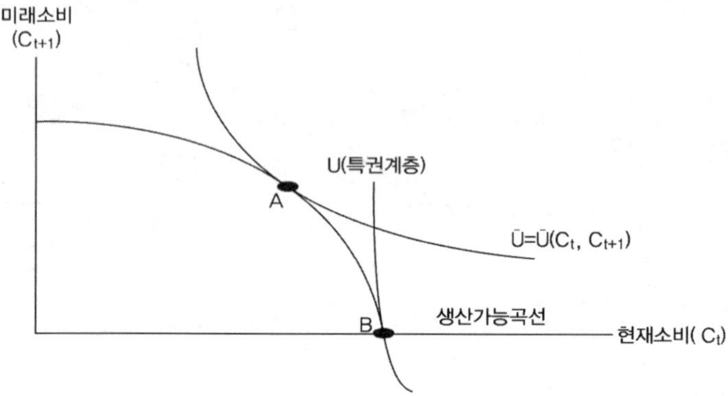

자료: 양운철(2006b: 182).

A점보다는 개인의 사익이 극대화되는 B점을 선호한다. 더욱이 북한에서는 정책 결정자 한 사람이 주요 자원의 배분을 결정하기 때문에 주민들의 선호도는 무시될 수밖에 없다. 의사결정이 권력에 의해 좌우되고, 경제적 성취를 이루는 경우 권력도 공고해지기 때문에 양자 간에는 상관관계가 존재한다. 따라서 권력 남용 같은 비생산적 행위가 나타나 경제성장은 더딜 수밖에 없다(양운철, 2006b: 189). 출신 성분이나 계급이 점차 세속화되면서 계층 간 차별이 심해지고, 가치관의 혼란이 가중되고 있으며 빈부격차도 증가하고 있다. 사회보장이 대폭 축소되면서 기존의 형평성 중심 사고방식과 새로운 효율성 중심 개념이 끊임없이 대립하고 있다.[25] 과거 중국도 이와 유사한 경험을 겪었다. 중국도

---

25) 심지어 북한의 공식 문헌에도 상호 모순되는 발언들이 교차적으로 제시되고 있다. 예를 들어 "사회주의와 집단주의 원칙에 입각한 실리 보장"이라는 표현이나 "자본주의 사회에서는 극소수 생산자들이 생산수단을 틀어쥐고

사회주의 시장경제체제로 변환하는 과정에서 부와 소득의 불균형을 비롯한 많은 문제가 발생했다. 그러나 매년 높은 성장을 달성해 상대적으로 소외계층의 불만을 최소화하는 한편, 더욱 열심히 일할 수 있도록 인센티브도 제공했다. 국유기업을 구조조정하면서 시장을 자유화함과 동시에 경제적 패자에게 지원을 제공하는 이른바 '이중 선로(dual track) 방식'이었다. 내부적으로 체제이행과 관련해 기술적인 면에서는 약간의 견해 차이가 있었지만, 경제발전 경로는 분명했으므로 결국 성공적인 발전을 달성하는 계기가 되었다(양운철, 2003: 13). 결과적으로 경제발전과 체제이행이라는 두 가지 상반된 목표를 성공적으로 달성했다(Zhang, 2000: 36~38). 계획과 시장이라는 다른 시스템이 조화를 이루는 것은 쉽지 않다. 예를 들어 국유 부문에서 감원된 근로자들에게 해고 전의 생활수준을 유지할 수 있도록 충분히 보상하는 문제는 단순한 경제적·사회적 현상이 아니라 통치의 영역이다. 북한의 경우는 아직 성장의 모멘텀이 없으므로 중국 사례를 적용하기에는 이르지만, 불법행위로 부를 축적하는 사람들이 늘어난다면 결국에는 공평한 분배의 문제에 직면할 것이다.

한편 근로자들이 개별적으로 경제 활동을 영위함에 따라 개인 소유권의 문제도 대두했다. 사유 재산권이 불확실할 경우, 근로 의욕이 떨어져 생산이 감소하게 되고, 미래소비에 대한 기대감도 줄어 성장보다는 분배에 더 관심을 갖게 된다. 이는 효율성을 저해하고 갈등을 증대시켜 결국 경제성장을 가로막는 요인이 된다. 계획경제 몰락과 시장 확산으

생산을 저들의 이윤을 추구하는데 복종시키며 ……"라는 표현의 차이는 결국 집단과 개인의 구분일 뿐이다(≪로동신문≫, 2006.3.31, 2006.4.2).

로 기존의 주요 원칙이었던 '생산시설 공유'와 '필요에 의한 분배'는 이미 구시대적 지침으로 변했으며, 각자 능력껏 부를 획득하기 위해 노력하고 있다. 이러한 상황에서 정부도 사유 재산권의 보장을 묵시적으로 인정할 수밖에 없게 되었다.[26] 현재 북한에서는 자본을 지닌 경우 사유화가 인정된다고 해도 과언이 아니다(김병로, 2008: 114).

계획 실패로 각 경제 단위의 자율성이 과거보다 신장되면서 자연발생적으로 소규모 사유화 현상이 계속 증가하고 있다. 문제는 사유화가 경제적 자유를 수반한다는 점이다. 경제적 자유는 국가의 간섭을 줄이는 정치적 자유와 상호 보완되는 개념이다. 정치적 권리가 신장되면 경제적 권리도 강화되므로 경제성장이 이루어진다. 북한에서 경제적 자유는 과감한 개방과 개혁을 통해서만 가능하다. 경제개혁을 위한 실험적인 시도가 있기는 하지만, 계획경제에 대한 집착이 발전의 싹을 누르기 때문에 큰 변화를 기대하기는 어렵다. 현재까지의 경제정책을 보면 이데올로기가 우선이며 시장을 중심으로 하는 개혁에는 적대적이다.[27] 아직 정치적 자유를 극도로 제한하고 있지만, 경제난이 지속되는 가운데 독재정권의 통치력이 점차 느슨해지는 것도 사실이다. 탈북자가 급증하고 있으며 부정부패도 이미 통제할 수 있는 범위를 벗어난 듯하다. 꾸준히 증가하고 있는 개인 상행위도 정치적 이완을 나타내는 분명한 지표이다.

---

26) 국가 소유 주택의 사용권을 불법적으로 거래하거나 국가 소유 서비스 업체를 개인에게 위탁해 운영하는 것이 그 예이다.

27) 목정균(1999: 106)은 북한이 기본적으로 혁명집단이므로 북한의 무서운 생존력, 강고한 응집력, 공격성은 모두 혁명주의적 속성 때문이라고 주장한다.

3. 개혁·개방의 정치적 제약

1) 유일체제의 속성

북한은 침체된 경제를 극복하기 위해 조심스럽게 개혁·개방 정책을 실시해오고 있다. 정치적 위험부담을 줄이기 위해 개방 지역을 제한적으로 정하고 있다. 김정일 위원장은 2001년, 거의 20년 만에 상하이를 방문한 후 '천지개벽'이라는 표현까지 사용하면서 상하이의 발전에 감탄했고, 이를 추진한 중국공산당과 인민들의 노력도 높이 평가했다. 이후 "사회주의 원칙을 고수하면서 최대한 실리를 도모하고 경제관리 방식을 혁신하라"는 실리사회주의의 시행을 지시했다.[28] 2001년의 신년 공동사설에서 "21세기에 상응하는 국가 경제력을 다져나가는 것보다 더 중대한 과제는 없다"라고 발표하며 경제에 매진해야 한다고 강조했다. 당시에는 자력갱생, 자립적 민족경제 등의 표현도 사용하지 않았다. 2002년에는 7·1 경제관리개선조치가 시행되었다. 그러나 7·1 조치에도 계획경제가 제대로 작동하지 못하고 시장 확산에 따른 주민들의 국가 의존도가 낮아지자 북한의 정책은 다시 변했다. 2006년에는 주변의 반대에도 핵 실험까지 감행했다. 이를 반영하듯 2007년의 공동사설은 "자력갱생은 사회주의 경제 건설의 변함없는 투쟁방식"이라고 선언하고 있다.[29] 이러한 정책 변화는 북한이 얼마나 사상의 일관성을

---

28) 오래전에 김정일은 "자립경제는 다른 나라에 의한 경제적 지배와 예속을 반대하는 것이지 국제적 경제협조를 부인하는 것이 아닙니다"라고 언급했다(김정일, 1992: 58).

29) 물론 아직도 실리사회주의는 계속 강조되고 있다. "실리를 중시하면서 혁

지키고자 노력하는지를 역설적으로 보여준다. 다음은 북한에서 실제 군대가 어떻게 경제 활동에 관여하는지를 보여주는 사례이다.

> 북한이 자랑하는 대안친선유리공장은 중국 자본으로 건설되었고, 공장 가동 후 북한 내 유리 공급이 개선되었다. 계획 단계부터 많은 기대를 모으며 출범했고, 목표 생산도 달성했다. 그러나 1년 만에 북한의 숙련공들이 철수했다. 중국 측에서 이유를 묻자 "그들은 군인이기 때문에 본연의 일터로 돌아가야 한다"라고 대답했다. 이것은 국가가 노동 공급을 독점하고 있는 경우, 숙련되고 조직된 인력을 구하거나 대체하기가 어렵다는 것을 보여주는 사례이다. 숙련된 노동력을 군대 밖에서는 구하기 어렵다는 점이 선군사상의 현실을 여실히 드러낸다(양운철, 2007: 60).

북한이 선군정치와 정치적 사상 공세로 주민들을 통제하고 있지만 2000년대의 플러스 성장이 가능했던 것은 한국을 포함한 국제사회의 지원이 큰 역할을 했기 때문이다. 따라서 북한도 국제 정세와 국내 상황에 따라 개혁과 개방에 따른 경제적 이익과 정치적 손실을 계산하

명적으로 경제를 관리하는 데 대한 정책적 요구에 따라 공장, 기업소의 전반적 실태가 실리를 기준으로 검토되었으며 이에 근거해 버릴 것은 대담하게 버리고 새롭게 현대적으로 건설함과 동시에, 부분적으로 개건할 것과 전면적으로 개건할 것을 정해 공업 전반을 최첨단 수준에서 현대화·정보화할 데 대한 방향이 제시되었다. 그리고 현재의 어려운 형편에서 많은 대상을 벌려놓고 한 번에 추진할 수 없는 실정이므로 현존하는 경제 토대를 살리고, 생산 잠재력을 최대한 효과적으로 이용하면서 중요하고 절실한 부문과 대상들, 그중에서도 비교적 적은 자금으로 성과를 낼 수 있는 것부터 개건하는 공업의 기술 개건 실현방법이 제시되었다"(장진우, 2007: 64).

지 않을 수 없다. 그러나 개혁과 개방의 경제적 이익이 크더라도 만약 김정일의 지위에 조금이라도 누가 된다고 판단할 경우, 그 시도는 곧 폐기된다. 최근 탈북자들이 풍선에 김정일의 가계와 사생활에 대한 정보를 담아 보내는 것에 북한이 매우 민감하게 작용하는 것이 좋은 사례이다.[30] 북한에서의 시장 확산이 정보 공유의 폭을 넓히는 것은 사실이지만, 김정일과 관련되거나 한국의 발전상에 대한 민감한 정보는 상당히 제약을 받고 있다. 북한에서 정보 개방이 시행된다면 통치 이데올로기는 힘을 잃고 전향적인 진정한 개혁도 가능해질 것이다.[31] 지구상의 마지막 공산독재 국가라 할 수 있는 북한과 쿠바의 경우 정보를 차단하지 않았다면 이렇듯 장기간 체제를 유지할 수 없었을 것이다. 따라서 북한은 조심스럽게 개혁·개방 정책을 시도하면서도 수시로 사회주의 체제의 안정을 위한 내부 단속에 나서고 있다. 특히 각 경제주체가 저지르는 국가자산 탈취와 그에 따른 기강 해이를 강력하게 단속하고 있다. 폭력적 억압이 존재하는 한 심각한 경제적 어려움에도 정치체제는 안정을 유지할 수 있다. 현재 선군정치가 일시적 통치 이데올로기로 작동하고 있지만, 수령 중심의 당·국가 체제에서 벗어나 있기 때문에 장기적으로 선군정치가 약화될 것으로 전망되기도 한다.[32] 그 이유는

30) 북한이 대북 전단을 풍선으로 살포한 사건에 격렬히 반응한 것은 김정일의 건강이상설 때문이라는 기독북한연합 이민복 대표의 설명이 설득력을 갖는다(≪NK Vision≫, 2009.1·2: 83).

31) 분명한 정보를 통해 외국 현실을 알게 되는 경우 역사적으로 결정된 이념적 목적을 성취하기 위한 희생은 도전을 받게 된다(부캐넌, 1996: 19).

32) 북미 관계가 개선되고 외부 여건이 북한에게 불리하지 않게 조성되어 위기관리가 끝나면 군에 대한 통제가 이루어질 것으로 기대된다(백학순, 2007: 95~96).

아직은 당이 국가기관과 군을 효과적으로 통제하는 데 있는 것으로 판단된다.

북한은 체제 생존을 위한 최소한의 개혁과 개방의 필요성은 인정하고 있지만, 북한이 감내할 수 없을 정도의 개방 수위는 수용하지 않고 있다.[33] 북한 정권의 위기별 지수를 계량화한 연구에 의하면 이념의 혼란에서 오는 위기가 가장 높으며, 그 다음이 대외 관계에서 오는 위기감이다. 놀랍게도 경제난보다는 이 변수들이 체제에 위협이 되고 있다.[34] 비교적 주민 통치에 대한 위기감이 낮기 때문에 경제적으로 어렵더라도 사상 통제를 강화해 소극적 개방을 시행하는 것이 김정일 정권 유지에 유리한 것으로 보인다. 이 상황에서 북한과 관련된 한국을 포함한 주변국들의 대북 정책도 큰 정치적 제약으로 작용한다. 한국의 대북 지원이 초기에는 북한경제에 도움이 되지만 결국 한국에 대한 의존도를 높이게 된다는 점을 알고 있는 북한으로서는 한국과의 관계에서 항상 어느 정도의 긴장 상태를 유지할 것이다. 정치적 억압을 동반한 한국에 대한 경제 의존 증가가 자체 개혁의 실패와 경제의 몰락에 따른 정치체제 약화를 가져올 가능성을 배제할 수 없다(양운철, 2005: 73).[35]

---

33) 예를 들어 북한의 7·1 경제관리개선조치를 자본주의 시장경제로의 변환 과정으로 간주하지 않고, '명령형 계획경제'에서 '지도형 계획경제'로의 변환이라고 보는 시각도 있다(대외경제정책연구원, 2004: 308~309).

34) 전현준 외(2006)는 북한 정권의 위기지수를 나타내는 항목을 이념, 엘리트, 경제, 통제, 대외 관계로 분류해 추정했는데, 체제에 위기를 줄 수 있는 지수는 이념(3.47), 대외 관계(3.39), 경제(3.24), 엘리트(2.77), 통제(2.72) 순서로 높다.

35) 비슷한 맥락에서 정상화(2005)도 한국과의 체제경쟁 때문에 북한이 정책

2) 취약한 국가 기반

북한이 2008년에는 전년도의 수해를 어느 정도 극복해 최악의 식량난은 면한 것으로 보이지만, 경제가 재도약하기에는 자본 축적이 미약할 뿐더러 성장을 뒷받침할 전반적인 국가 기반을 갖추지는 못하고 있다. 1990년대 중반 이후에는 외부로부터 유입된 식량과 자본이 가장 주요한 성장 원동력이 되었다. 그러나 핵개발이 국제사회에 위협적으로 대두되면서 경제난에 대한 국제적 관심은 관심을 끌지 못했고 외국자본도 거의 유입되지 않았다. 현재의 경제력이나 경제 마인드를 고려할 때 소비와 정부지출로 총수요를 증대시키는 수용정책이나 기술혁신 및 노동생산력 향상을 통해 총공급을 증대시키는 공급정책도 성사될 가능성이 낮다. 지금처럼 중공업에 기반을 둔 자립경제의 틀 속에서 경제를 운용한다면 산업의 비효율은 계속 누적된다. 또한 심각한 에너지난도 북한경제의 발목을 잡고 있다. 북미 관계 개선으로 중유를 공급받는다고 하더라도, 핵을 포기하지 않으면 그 기간은 한시적일 수밖에 없고 생산시설의 비효율성을 고려한다면 대체 에너지의 공급도 필요하다.[36] 북한의 산업 중 가장 경쟁력이 높고 국가의 전폭적인 지원을 받는 군수 산업조차 자본 유입과 연구개발 노력이 지속되지 않는 한 경쟁력을 유지하기 어려울 것이다. 군수 산업은 기술 확산 효과가 미약하기 때문에 군수 산업 강화는 심각한 산업구조의 불균형을 가져온다.

적 유연성을 갖기 어려울 것으로 전망하고 있다.

36) 북한은 발전설비뿐 아니라 송배전 시설이 노후하여 전력 생산 증대만으로는 에너지 문제를 해결할 수 없다. 집중적으로 건설한 중소형 발전소도 규모가 작고 운용상 제약이 많아 경제 효과는 크지 않은 것으로 판단된다.

즉, 군사적·정치적인 목적에는 도움이 될지 모르나 경제적으로는 엄청난 자원 분배의 왜곡과 비효율을 초래하는 것이다. 반면 민수산업으로의 전환도 쉽지 않을 것이다. 이러한 경제적 모순을 시정하기 위해서는 상당한 자본과 사회 기반이 필요하다.

경제 전반의 비효율은 자유무역을 기초로 한 국제 분업체제에 편입했을 때 개선될 것이다. 경제 문제의 해결은 대외 개방을 전면적으로 수용하고 경제정책을 적극적으로 개선할 때 가능하다. 일례로 한국은 수입대체산업을 수출주도산업으로 발전시키고 외채를 효과적으로 활용해 경제기적을 이루었다. 북한도 무역을 통해 국제 분업에서 이득을 극대화하고 국제기구에 적극 가입해 외화를 유치하면 예상보다 빠르게 경제성장을 이룰 수 있을 것이다.[37] 그러나 북한이 자력갱생 이데올로기를 포기하고 정책 변화를 시도하더라도 이제는 시기가 늦은 감이 있다. 부연하면 북한경제가 안고 있는 가장 심각한 문제는 현상유지 정책과 부분적 개방정책 중에서 어느 것을 선택하더라도 장기적으로 경제성장이 어렵다는 점이다. 경제체제가 너무 악화되어 자본주의 생산체계를 받아들이기에는 늦었기 때문이다. <그림 1-8>은 현재 북한경제가 처한 상황을 보여준다. 1990년대 중반부터 악화된 경제난으로 북한은 체제 내부의 개혁인 7·1 조치를 시행했고, 그 결과 계획 부분이 더욱 몰락하는 경험을 했다. 경제 상황은 더욱 악화되고 경제 활동의 개인 영역이 확장되고 빈부격차 및 부패가 증가함에도 이미 시장이

---

37) 북한의 기존 산업 기반이 상당 부분 붕괴한 점을 감안할 때 경공업을 기반으로 하는 경제특구를 조성해 외자 유치와 개방을 적극적으로 추진하는 경우 기대 이상의 발전을 이룰 가능성이 높다. 이런 점이 개성공단의 가능성이기도 하다.

<그림 1-8> 북한의 단계별 상황

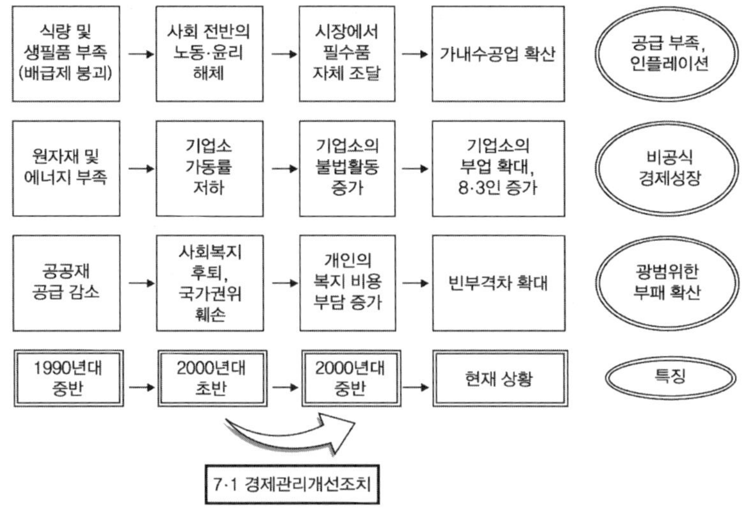

경제에서 차지하는 비중이 높기 때문에 북한의 현 상황은 되돌릴 수 없는 처지에 있다고 판단된다.

이런 시각에서 볼 때, 진정 북한에 필요한 것은 개혁이 아니라 체제전환이다. 북한에서의 체제전환은 국가 목표의 변화를 전제로 하고 있다 (양운철, 2009a: 4). 러시아와 동유럽도 정치개혁을 통해 사회주의 경제체제를 단기간에 변화시켰고, 중국도 점진적이지만 과감한 개혁을 실시했다. 특히 덩샤오핑은 공산당 정권을 유지하면서 과거 마오쩌둥의 유산을 정리하는 한편 생산력 증대에 장애가 되는 정치적·경제적 관성과 타성을 제거했다. 당시 중국은 산업구조가 농업 중심이었기 때문에 농업 부문을 개혁하고 기초 경공업과 임가공 생산양식을 도입하는 전환비용이 상대적으로 적게 들었다.[38] 북한의 현 김정일 정권은 체제유지에 급급해 어떠한 과감한 개혁도 시도하지 못하고 있다. 한국의 존재도 북한의 개혁 시도에 큰 변수로 작용하고 있다. 지속적인 한국의 대북 지원으로 한국의 영향력이 증대되어 북한은 개혁보다는 한국의 지원을 통한 현실 안주에 더욱 관심을 둔 듯하다. 이처럼 비관적인 견해가 지배적이기는 하지만 북한경제는 워낙 낙후되어 있기 때문에 약간의 외부 지원이나 투자 증대 및 생산성 향상으로 신속하게 플러스 경제성장을 이룰 수 있고, 후발 주자로서 새로운 기술 및 경영기법 도입은 신속한 확산효과를 통해 경제의 부흥에 큰 도움을 줄 가능성도 높다. 결국 북한 지도부의 교체나 국가경영 전반에 걸친 발상의 전환만이 북한경제를 회생시킬 수 있을 것이다.

현재 북한은 개혁과 개방보다는 북미 관계, 남북 관계, 북중 관계 개선을 통해 국가 이익을 창출할 수 있다고 판단하는 듯하다. 북한 경제가 회복되고 유명무실한 공공재를 실제로 조달하려면 외부 지원이 절대적으로 필요하다. 그러나 문제는 주변국과의 관계 개선을 도모하려면 국제 규범을 준수하고 국제 질서에 동조해야 한다는 점이다. 개혁과 개방으로의 궤도 수정은 경제주체의 의사결정 자율권을 확대시키는 것이므로 궁극적으로 김정일 권력 유지와는 상충하는 방향으로 나아가게 된다. 따라서 북한이 선택할 수 있는 개혁과 개방 정도는 외부로 향한 정상국가로 가려는 힘과 내부적으로 정권을 유지하려는 길항력이 균형을 이루는 점에서 결정된다. <그림 1-9>는 지금은 김정일 정권의 정치적 권력 장악력이 확실하기 때문에 안정을 유지하고 있지만 경제적

---

38) 덩샤오핑의 개혁 중 주목할 만한 것은 경제특구 창설, 비국유 부문 양성, 개체기업 확대 등이다. 중국 경제발전을 북한에 적용하는 것에 관한 자세한 분석은 양운철(2006a: 제5장)을 참조하라.

<그림 1-9> 북한 개혁·개방의 한계

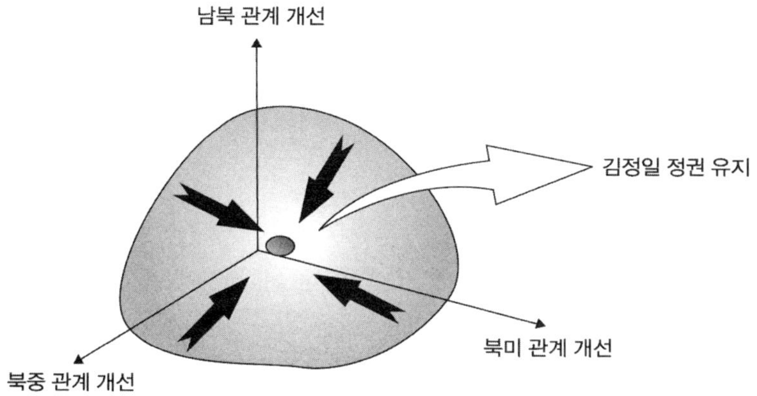

자료: 양운철(2005: 78).

자율성이 증가할수록 힘의 균형이 깨진다는 사실을 보여준다. 만약 두 힘이 균형을 이루는 현상이 장기화되면 균형점은 일종의 안장점이 되어 차후 어느 방향으로도 움직이지 못할 가능성도 배제할 수 없다. 즉, 북한이 현 체제를 유지하면서 시행하는 개혁·개방의 부조화로 인한 정책의 무기력증이 나타날 수도 있다(양운철, 2005: 78~79).

향후 북한이 핵을 포기하지 않을 경우, 국제사회로부터 배척되어 경제는 더욱 악화될 것으로 전망된다. 6자 회담의 합의에 따른 핵 불능화 작업이 성공적으로 마무리되고 미국 오바마 정부와의 관계가 정상화된다면 상황은 반전될 수도 있다. 북한이 기대하는 국제금융기관의 지원을 얻기 위해서는 우선 테러국가의 오명을 벗어야 하고, 국가를 국제 기준에 맞는 정상국가로 변화시켜야 한다. 북한의 변화에 많은 관심을 갖고 있는 국가들의 본격적인 대북 지원은 북한이 정상국가의 길을 걸을 때에야 비로소 실현될 것이다.

4. 결어

북한은 국민들의 불만이 팽배함에도 정치적 결속력을 유지하고 있다. 주체사상을 기반으로 한 전근대적인 이데올로기가 강제로 주입되고 있으며, 군부를 포함한 핵심 엘리트 지배계급이 김정일 정권을 지지하기 때문이다. 하지만 북한경제의 몰락으로 사회 전반의 질서가 흔들리면서 주민의 경제적 후생뿐 아니라 체제 안정에도 악영향을 끼치게 되었다. 경제가 악화될수록 주민들의 불만을 잠재우기 위한 정치적 압박도 함께 높아질 것이다. 또한 엘리트층에 대한 감시가 강화되고 지원도 감소하게 된다. 따라서 엘리트 계층의 정치적 위기감도 증가할 것이다. 이러한 상황에서 집권세력은 개혁·개방보다는 현상유지에 급급하게 된다. 현재 북한은 외부 충격을 최소화하기 위해 극히 제한적인 모기장식 개방정책을 실시하고 있다. 개성공단이 대표적 사례이다. 그러나 한국 기업을 유치해 유능한 경영자와 중간 간부를 양성하고 경영을 벤치마킹하는 등 자본주의를 학습하려 하기보다는 근로자 급여 같은 단기적 수입에만 관심을 갖고 있다.

사회주의 체제에서 평등을 당연시했던 일반 주민도 사회적 후생이 대폭 감소하고 부정부패가 일상화되면서 기회가 되는 대로 국가자산을 탈취하려 하고 있다. 이에 따라 사회 전반에 배금주의 사상이 만연하게 되었다. 주민들은 경제적 이득에 대해 많이 기대하고 있지만 실제 국가의 자원 배분은 소수에 집중되므로 소득 불평등이 높아져 결국 대부분은 빈민층으로 전락하게 된다. 이러한 상황이 지속되면 주민들은 국가의 권위를 인정하지 않게 되고 소극적으로라도 저항하게 된다. 현재 북한의 통치 권력은 외면상으로는 강해 보일지 모르나 내면적으로는 많은 누수 현상이 나타나고 있다. 만약 북한 지도부가 적극적인 개혁과 개방을 실시한다면 어느 정도 권력의 누수를 막을 수는 있을 것이다. 그러나 김정일 위원장의 건강 악화와 불확실한 후계 구도 등으로 권력 유지의 불확실성이 증가하고 있다. 향후 남북 관계가 호전되고 북미 관계가 개선된다고 하더라도 북한이 경제 회복을 이루기에는 역부족일 것이다. 인도적 지원에 의한 식량 및 에너지 지원은 북한경제의 규모를 감안할 때 침체된 경제를 회복시키기에는 턱없이 부족하다. 유일체제가 변화하지 않는 한 북한의 심각한 경제난은 누적되어 체제 붕괴로 이어질 가능성만 높아질 것이다.

참고문헌

강영진 외. 2006. 『최근 북한 경제변화실태 심층분석』. 중앙일보 통일문화연구소.

고일동. 2004. 『북한의 재정위기와 재정안정화를 위한 과제』, 정책연구시리즈 2004-09. 한국개발연구원.

김병로. 2008. 「김정일 시대 북한 주민의 생활과 의식변화」. 정성장 엮음. 『북한은 변하고 있는가? 1997 vs. 2007』. 세종연구소.

김정일. 1992. 『주체사상에 대해』. 조선로동당출판사.

김철. 2008. 「북한 - 중국 경제무역 합작 현황 분석」. ≪북한경제리뷰≫, 2008년 5월호. KDI.

남북경제팀. 2001. 「남북한 전력협력 방안」. ≪FKI CEO Memo≫, 2001-14. 전국경제인연합회(2001.7).

대외경제정책연구원. 2004. 『2003/04 북한경제백서』. 대외경제정책연구원.

≪로동신문≫. 2006.3.31. "사회주의는 집단주의에 기초한 가장 우월한 사회".

______. 2006.4.2. "실리 보장은 사회주의 경제관리의 중요한 요구".

≪림진강≫. 림진강 출판사.

목정균. 1999. 『북한의 위기상황 인식에 관한 연구: 김일성 사후 '로동신문' 사설(1996.1～1997.2)의 위기주제 분석』. 통일연구원.

배종렬. 2006. 「북·중 경제관계의 특성과 변화전망」. ≪수은북한경제≫, 2006년 겨울호.

______. 2007. 「7·1조치 이후 북한의 대외경제부분 변화: 평가와 전망」. ≪수은북한경제≫, 2007년 여름호.

백학순. 2007. 「당·정·군 관계」. 세종연구소 북한연구센터 엮음, 『북한의 당·국가기구·군대』. 도서출판 한울.

부캐넌, 제임스. 1996. 『왜, 시장경제인가: 글로벌라이제이션 시대와 번영의 조건』, 제2회 KERI 자유주의 심포지엄. 한국경제연구원.

북한경제팀. 2007. 「북한의 수해 실태 및 대북지원 현황」. ≪KDI 북한경제리뷰≫, 2007년 9/10월호.

(사)좋은벗들. ≪오늘의 북한소식≫.

서재진. 2007. 『북한의 경제난과 체제 내구력』, KINU 연구총서 07-03. 통일연구원.

양문수. 2007. 「2000년대 북한경제의 구조적 변화」. ≪KDI 북한경제리뷰≫, 2007년 5월호. KDI.

양운철. 2003. 「북한체제의 이행과 경제개혁: 효율과 형평의 대립과 조화」. ≪세종정책연구≫, 2003-14. 세종연구소.

______. 2005. 「남북한경제공동체 형성전략」. 정성장 엮음. 『한국의 국가전략 2020: 대북·통일』. 세종연구소.
______. 2006a. 『북한경제체제 이행의 비교연구: 계획에서 시장으로』. 도서출판 한울.
______. 2006b. 「국가독점과 렌트추구행위: 북한의 사례」. ≪세종정책연구≫, 제2권 제2호.
______. 2007. 「북한에서의 연성예산제약 분석」. ≪세종정책연구≫, 제3권 제1호.
______. 2009a. 「2009년 북한경제 현황과 전망」. ≪정세와 정책≫, 2009년 2월호. 세종연구소.
______. 2009b. 「분권화의 관점에서 본 북한의 시장 현황과 전망」. ≪세종정책연구≫, 제5권 제1호.
≪열린북한통신≫. 2009.2.2. "북한 쌀 가격 추이로 본 북한 경제". 사단법인 열린북한.
오승렬. 2002. 『북한경제의 변화: 이론과 정책』, 연구총서 02-19. 통일연구원.
이석기. 2004. 「북한의 1990년대 경제위기와 기업지배구조의 변화」. ≪비교경제연구≫, 제11권 제1호.
이영훈. 2006. 「북·중무역의 현황과 북한경제에 미치는 현황」. ≪금융경제연구≫, 246호. 한국은행 금융경제연구원.
장진우. 2007. ≪KDI 북한경제리뷰≫, 2007년 5월호.
전현준 외. 2006. 『북한체제의 내구력 평가』. 통일연구원.
정상화. 2005. 「체제유지의 관점에서 본 북한경제개혁의 함의 및 평가」. ≪국방연구≫, 제48권 제2호.
정한구. 2008. 「김정일은 시장경제를 받아들일 수 있을까?: 사회주의 국가들의 경제개혁 경험과 북한의 선택」. ≪세종정책연구≫, 제4권 제2호.
≪조선신보≫. 2008.4.21. "상원세멘트련합기업소: 외자투자유치, 목적은 경제강국 건설: 합영방식에 의한 현대화 추진".
최수영. 2007. 「7·1조치 이후 5년, 북한경제의 변화와 과제」. 『통일정세분석 2007-07』. 통일연구원.
통일부. 2007. 『2006 북한경제 종합평가』. 통일부.
한국산업정보원. 2005. 『2005 북한산업연감』. 한국산업정보원.
한규수. 2006. 「선군시대 경제건설로의 기본요구에 맞게 사회적 생산부류들 사이의 균형설정에 나서는 몇 가지 문제」. ≪경제연구≫, 2006년 1호. 과학백과사전 출판사.
한병진. 2005. 「국가 권력의 역동성과 러시아의 시장개혁」. ≪한국정치학회보≫, 39집 2호.
홍성국. 2008. 「북한경제의 시장화 여부 평가」. ≪수은북한경제≫, 2008년 여름호.

≪NK Vision≫. (사)북한민주화네트워크.

Acemoglu, Daron and James A. Robinson. 2006. *Economic Origins of Dictatorship and Democracy*. Cambridge University Press.

Akcay, Selcuk. 2006. "Corruption and Human Development." *Cato Journal*, Vol. 26.

Blanchard, Olivier J. 1997. *The Economics of Post-Communist Transition*. Oxford University Press.

Citigroup. 2006. "Asia Economic Outlook and Strategy: North Korea's Reforms." *Asia-Pacific Economics/Strategy*, July 24(2006).

Frank, Ruediger. 2005. "Economic Reforms in North Korea(1998~2004): Systematic Restrictions, Quantitative Analysis, Ideological Background," *Journal of Asia Pacific Economy*, Vol. 10(August).

Gandhi, Jennifer and Adam Przeworski. 2006. "Cooperation, Cooptation, and Rebellion Under Dictatorship." *Economics and Politics*.

Graham, Edward M. 2007. "How North Korea Finances Its International Trade Deficit: An Educated Guess." *Korea's Economy 2007*, Vol. 23. Korea Economic Institute.

Hare, Paul. 2007. "Industrial Policy for North Korea: Lessons from Transition." *International Journal of Korean Unification Studies*, Vol. 16.

Hart-Landsberg, M. and P. Burkett. 2005. *China and Socialism: Market Reforms and Class Struggle*. Monthly Review Press.

Hellman, Joel. 1998. "Winners Take All: The Politics of Partial Reform in Postcommunist Transitions." *World Politics*, January.

Hillman, Arye L. and Adi Schnytzer. 1986. "Illegal Economic Activities and Purges in a Soviet-Type Economy: A Rent-Seeking Perspective." *International Review of Law and Economics*, Vol. 12.

Hillman, Arye L. and Heinrich W. Ursprung. 2000. "Political Culture and Economic Decline." *European Journal of Political Economy*, Vol. 16.

Kaplan, Robert D. 2006. "When North Korea Falls." *The Atlantic Online*, October.

Kornai, János, Eric Maskin and Gérard Roland. 2003. "Understand the Soft Budget Constraint." *Journal of Economic Literature*, Vol. 31.

Kornai, János. 1992. *The Socialist System: The Political Economy of Communism*. Princeton University Press.

Lau, Lawrence, Yingyi Qian and Gérard Roland. 2000. "Reform without Losers: An Interpretation of Chinese Dual-Track Approach to Transition." *Journal of Political Economy*, February(2000).

Maskin, Eric S. 1996. "Theories of the Soft-Budget Constraint." *Japan and the World Economy*.

Nanto, Dick K. and Emma Chanlett-Avery. 2005. "The North Korean Economy: Background and Policy Analysis." *CRS Report for Congress*, Order Code RL32493. Updated February 9.

Newsweek. 2007. "World's Riskiest Market," August 22.

Noland, Marcus. 2000. *Avoiding the Apocalypse: The Future of the Two Koreas*. Institute for International Economies.

Perl, Rafhael F. and Dick K. Nanto. 2007. "North Korean Counterfeiting of U.S. Currency." *CRS Report for Congress*, RL33324, January 17.

Perl, Rafhael. 2007. "Drug Trafficking and North Korea: Issues for U.S. Policy." *CRS Report for Congress*, RL32167, January 25.

Roland, Gérard. 2000. *Transition and Economics: Politics, Markets and Firms*. The MIT Press.

Shen, Dingli. 2008. "Can Sanctions Stop Proliferation?" *The Washington Quarterly*, Summer.

Shleifer, Andrei and Robert W. Vishny. 1992. "Pervasive Shortages Under Socialism." *Rand Journal of Economics*, Vol. 23.

Spulber, Nicolas. 2003. *Russia's Economic Transitions: From Late Tsarism to the New Millenium.* Cambridge University Press.

Wintrobe, Ronald. 1998. *The Political Economy of Dictatorship.* Cambridge University Press.

Yang, Dali L. 2004. *Remaking the Chinese Leviathan: Market Transition and the Politics of Governance in China.* Stanford University Press.

Yang, Un-Chul. 2007a. "How Economic Hardship Aggravates Human Rights in North Korea." in Kie-Duck Park and Sang-Jin Han(eds.). *Human Rights in North Korea: Toward a Comprehensive Understanding.* The Sejong Institute.

_____. 2007b. "A New Economic Transformation in North Korea." paper presented in the 22nd Annual Conference of the Council on Korea-U.S. Security Studies titled *New Direction for ROK-U.S. Security Alliance: Go to the Basic*. Seoul, Korea, August 23~24.

_____. 2008. "Structural Change of Market and Political Slack in North Korea." in Haksoon Paik and Seong-Chang Cheong(eds.). *North Korea in Distress: Confronting Domestic and External Challenges*. The Sejong Institute.

Zhang, Wei-Wei. 2000. *Transforming China: Economic Reform and Its Political Implications*. Macmillan Press Ltd.

제2장

북한경제의 시장화

비공식화 가설 평가를 중심으로*

김병연(서울대학교 경제학부 교수)

1. 연구 배경

최근 북한경제에서 가장 두드러진 변화는 소비재 유통 부문에서 일어나고 있다. 1990년대 경제위기 이후, 특히 고난의 행군기에 장마당에서의 소비재 거래활동이 급격히 증가했다. 이 기간에 이르러 공식적인 상업·유통체계가 사실상 붕괴되면서 비공식 부문인 장마당이 급속히 확대되었던 것이다. 그 이후 북한 사회주의 소비재 유통의 근간이던 기존의 배급제와 국영상점, 그리고 국정 가격의 기능은 크게 줄어들거

* 설문조사 문항을 함께 작성한 김지홍, 김태종 교수께 깊은 사의를 표합니다. 또한 설문조사 문항 작성부터 설문과 자료 입력에 이르기까지 모든 단계에서 최선을 다해 수고한 이인숙, 자료를 정리해준 문종면에게 감사의 뜻을 전합니다. 마지막으로 논문을 읽고 유익한 평을 해주신 양문수 교수와 논문의 중간발표에서 좋은 논평을 해주신 분들에게 감사드립니다.

나 사실상 붕괴되는 추세를 보이고 있다. 특히 2002년 7·1 경제관리개선 조치 이후 소비재의 거래가 장마당시장, 종합시장, 수매상점 등으로 이전되면서 가격도 시장의 수요와 공급에 크게 의존하는 시장화 추세가 두드러지고 있다고 전해진다.

그뿐 아니라 사적 소비재 생산도 소규모로 이루어지고 있으며, 일부 연구에 따르면 그 규모나 생산량도 증가 추세에 있다고 알려진다. 양문수(2005)에 따르면 시장이 확대되자 사적으로 옷, 신발, 모자, 비누, 빵, 사탕 등을 만들어 시장에 파는 개인수공업이 확대되고 있다고 한다. 그리고 비공식적인 상업 활동으로 돈을 번 이른바 돈주〔錢主〕들이 이러한 개인수공업의 자본을 조달하기도 하는 것으로 알려져 있다.

소비재 유통 분야에서 시장화가 진행되면서 일단의 연구들은 이러한 시장화가 북한경제의 밑으로부터의 자연적인 체제전환을 초래할 것이라는 낙관적 견해를 표출하고 있다(김연철, 2003). 좀 더 자세히 살펴보자면 구소련의 붕괴를 설명하는 이론 가운데 하나인 비공식화 가설(the informalization hypothesis)은 소비재시장에서의 시장화 또는 비공식화는 중앙계획 기능을 마비시키고 북한 체제와 주민들을 시장경제 활동에 노출시킴으로써 사회주의 계획경제를 밑에서부터 와해시킬 것이라고 주장한다.[1] 이는 북한 정권이 의도적인 체제이행을 선택하지 않더라도 북한의 다수 인민의 의식과 경제 활동이 자본주의적으로 변해가면서 북한 체제는 불가피하게 시장경제로 전환되리라는 의미이다.

북한에서의 소비재 부문의 시장화가 다른 경제 변수와 체제에 미치는 효과에 대해 연구한 기존 문헌의 한계는 다음과 같다. 첫째, 사회주의

---

1) 이 가설과 경험적 증거에 관한 더욱 자세한 논의는 2절을 참조하라.

경제체제에서 소비재 부문이 갖는 의미와 역할에 대한 심층적인 연구가 부족했다. 즉, 소비재 부문과 여타 경제 부문을 연결하는 변수 또는 그 통로를 이해함으로써 사회주의 체제와 소비재 부문 간의 체계적 연관성을 파악하려는 노력이 충분하지 못했다. 사실 그동안의 북한 소비재 부문에 관한 연구들은 사회주의 체제에서 소비재시장이 지닌 의미에 대한 논의 없이 이루어져 왔다. 그 결과 대부분의 연구는 소비재 부문의 변화 현상에 대한 기술에 그칠 뿐, 변수 간의 인과 또는 상관관계를 분석하지 못함으로써 소비재시장이 사회주의 경제체제 자체의 변화에 주는 함의를 고찰하는 데 한계를 드러냈다. 둘째, 정량적 데이터가 부족해 신뢰성 높은 결과를 제시하기 어려웠다. 북한 당국이 발표하는 소비재 부문에 관한 기초자료가 거의 없는 상황에서 거의 유일한 자료는 북한을 이탈해 남한에 정착한 탈북자를 조사해 얻은 정보였다. 그나마 현재까지 탈북자를 대상으로 하는 대규모 조사가 진행된 적이 없었으며 기존의 연구 중에는 이영훈(2007)이 탈북자 335명을 대상으로 한 연구가 가장 대규모 표본을 조사한 사례이다. 셋째, 북한 사회주의의 소비재 부문에서의 변화를 구소련이나 동유럽 사회주의에서의 소비재 시장 변화와 비교·검토한 실증적 문헌이 거의 없다. 따라서 북한의 소비재시장의 변화 정도를 이해하고 그 방향을 비교·평가하기가 어려웠다.

이 연구의 주목적은 1988~2004년에 북한을 이탈해 남한에 정착한 탈북자 700명을 대상으로 2005년에 조사한 자료를 이용해 북한에서의 비공식화 가설을 검증하는 것이다. 더 구체적으로 이 연구는 비공식화 가설과 관련해 다음 두 측면을 다루고자 한다. 첫째, 북한에서의 소비재 유통과 생산 부문에서의 시장화 정도와 그 추이를 살펴본 후, 2002년

7·1 조치 이전과 이후 비공식 부문의 크기에 유의미한 변화가 있었는지 평가한다. 둘째, 다른 체제전환국의 사회주의 시기의 시장화 경험과 북한의 시장화 정도를 비교·검토한다.

이 글의 순서는 다음과 같이 구성된다. 2절에서는 사회주의 계획경제에서 소비재시장이 갖는 의미와 역할에 관해 논의한다. 특히 사회주의 경제를 분석한 기존의 이론에서 소비재시장을 어떻게 이해하고 있는지 검토한다. 3절에서는 북한 소비재 부문의 시장화와 관련된 기존의 문헌을 소개한다. 4절에서는 이 연구에서 사용한 탈북자 데이터를 소개한다. 5절에서는 북한 소비재 유통 부문에서의 시장화 정도와 추이를 살펴보고 소비재의 사적 생산의 크기를 추정한 후 다른 사회주의 경제에서 비공식 부문이 차지하는 규모와 비교한다. 그리고 북한 가계의 전체 지출 중 뇌물 지출 비중에 관해 논한다. 6절에서는 연구를 요약한다.

2. 사회주의 계획경제와 소비재시장

사회주의 경제에서 소비재시장에 대한 연구는 상대적으로 활발하지 못한 편이었다. 많은 연구들은 중앙계획자와 사회주의 기업, 또는 그 상호 관계에 초점을 맞추었는데, 그 주된 이유 중 하나는 사회주의 경제의 비효율성을 설명하는 주된 이론인 부족학파(shortage school)와 인센티브 및 정보 이론 등이 소비재시장보다는 중앙계획자와 기업 사이의 관계를 주된 분석대상으로 삼았다는 데 있다.[2] 또 다른 중요한

---

2) 부족학파의 이론은 국가와 기업의 관계가 수평적인 관계가 아니라 수직적·가

이유는 사회주의 경제에서 자본주의 경제와 가장 비슷하게 운용되는 부문이 소비재시장이라는 사실이다. 즉, 생산 부문에서 사회주의는 중앙계획기구를 통해, 자본주의는 시장 메커니즘을 통해 자원을 배분하는 등 두 체제가 명백히 대비된다. 그러나 소비재 유통 부문에서 사회주의는 정부가, 자본주의는 시장의 수요 및 공급이 가격을 결정한다는 사실을 제외한다면 두 체제 모두 소비자들이 실제적으로 재화의 구입을 결정한다는 점에서 그 차이는 두드러지지 않는다.[3)]

이러한 사실을 반영해 소련의 소비재시장에 관한 초기 연구들은 소련 가계의 소득을 추정하고 가계 지출의 규모와 구입하는 재화의

부장적 관계이며 이로 인해 기업은 연성예산제약(soft-budget constraints)을 누린다는 사실에 기초를 둔다. 즉, 기업은 문제가 생겨도 정부가 구제할 것이라고 믿고 있으며, 이러한 연성예산제약하에서는 비효율성이 발생할 수밖에 없다는 것이다. 또한 기업의 성과도 시장경제와는 달리 시장이라는 객관적 제도에서 평가받는 것이 아니라 자의성이 있는 경제계획에 의해 영향을 받기 때문에 경영자는 경제계획에 영향을 미치는 정치인과 관료와의 관계 설정 및 개선에 더 주목하며, 이것이 사회주의 경제의 비효율성을 초래한다는 지적도 있다. 한편 인센티브와 정보 이론은 사회주의 중앙계획기구가 개별 기업의 실제 생산 능력 등에 대해 기업보다 더 적은 정보(비대칭적 정보)를 가지고 있다는 사실에 주목한다. 이 문제를 해결하기 위해 정부는 전기의 목표 생산량과 실제 생산량의 차이를 금기의 목표 생산량 결정에 반영하는 톱니 원리(ratchet principle), 강도 높은 계획(taut planning) 등을 동원하려 한다. 그러나 이를 사전에 알고 있는 기업은 자신들의 실제 생산 능력에 대한 정보를 제공하지 않기 위해 실제 생산 능력에 미치지 않게 생산하려는 결과를 빚어낸다는 것이다.

3) 북한이나 1970년대 후반까지의 중국과 달리 소련 사회주의 역사에서는 소비재 배급이 사회주의 경제 초기에 시행되다가 조기에 철폐되었다. 즉, 1928년 신경제정책(NEP)에서 스탈린 경제체제로 넘어가던 시기부터 1934년에 걸쳐 소비재의 배급이 시행되었으나 1935년부터 철폐되었다.

양과 종류를 파악함으로써 소련 가계의 복지 수준, 특히 자본주의 선진국 대비 복지 수준을 이해하는 데 주력했다. 이러한 연구 추세가 바뀐 것은 소련 경제에서의 소비재 부족에 관한 논의들이 활발히 진행되면서이다(Birman, 1980). 소비재 부족 현상이 극심하다는 사실은 체제에 대한 신뢰 하락으로 이어져 체제가 붕괴될 가능성을 내포하기 때문에 이에 대한 관심에서 비롯된 소련의 소비시장에 대한 분석이 더욱 활기를 띠기 시작했다. 특히 소련에서 미국 및 이스라엘로 이민해온 이민자를 조사해 대규모 통계자료를 축적할 수 있게 되면서 1980년대에는 소련의 소비재시장에 관해 많은 연구들이 진행되었다(Pickersgill, 1980; Ofer and Pickersgill, 1980). 즉, 당시 연구들의 가장 주요한 관심은 소련에 소비재 부족이 존재하는지, 존재한다면 규모가 어느 정도인지 이해하는 것이었다.[4)]

재화 부족 여부가 한층 더 주목받게 된 것은 불균형학파의 이론이 등장한 뒤였다. 불균형학파는 소비재시장에서의 불균형(물자 부족)은 노동 공급 하락을 유발하는 경향이 있다고 주장했다. 즉, 구매력에 비해 소비할 재화가 부족하면 소비자는 상대적으로 더 비싸진 여가를 많이 확보하기 위해 노동 공급을 감소시키는 최적 행동을 취함으로써 효용을 극대화할 것이라는 주장이다. 그리고 이러한 공급승수(supply multiplier)

---

4) 당시 진행된 대부분의 연구는 소련의 거시경제적 수준에서는 소비재가 부족하지 않았던 것으로 평가했다. 즉, 개별 소비재는 부족할 수 있지만 가계의 총 유효구매력과 소비재 공급은 거의 일치하는 것으로 분석했다. 이 연구들의 문제점을 지적하고 새로운 데이터와 방법론을 사용해 김병연은 소련에서도 광범한 소비재 부족이 존재했으며 그 규모는 1991년 소련 붕괴 시까지 증가했음을 보여준다(Kim, 1997, 1999).

로 재화 생산은 더욱 위축되며 그 결과 체제가 붕괴할 수도 있음을 암시한다. 즉, 기업과 정부의 관계를 비효율성의 핵심으로 본 부족학파의 인센티브 및 정보 이론과 달리, 불균형학파는 소비재시장에서의 재화 부족이 체제의 비효율성과 지속에까지 영향을 미칠 수 있음을 지적한 것이다.

소비재 부족은 사회주의 체제의 지속만이 아니라 체제이행 과정에도 영향을 미친다. 즉, 소비재 부족은 원하지 않는 저축, 이른바 강요된 저축(forced savings)으로 이어지고, 이러한 저축이 축적되면 경제 내에는 과잉화폐(monetary overhang)가 존재한다. 과잉화폐는 체제전환을 위해 가격자유화를 시도할 때 시장으로 흘러나와 인플레이션을 유발한다. 과잉화폐의 규모가 대단히 크다면 초(hyper)인플레이션이 발생해 체제 이행 초기부터 경제는 큰 어려움에 직면할 수 있다. 따라서 과잉화폐의 규모를 추정하는 것이 이행정책을 선택하는 데 중요한 과제가 된다(International Monetary Fund, The World Bank, OECD and EBRD, 1991).

사회주의의 소비재시장이 주목을 받게 된 마지막 이유는 비공식 부문에 있다. 사회주의 경제, 특히 소비재 유통 부문에서 상당한 규모의 비공식 부문이 존재한다는 사실은 1970년대에 이미 제기된 가설이다(Grossman, 1977). 그러나 소련이 붕괴된 후 일단의 학자들은 소련이 붕괴된 주된 원인은 비공식 부문의 급팽창이라는, 이른바 '비공식화 가설'을 제시했다(Treml and Alexeev, 1994; Grossman, 1998). 그로스만에 따르면 비공식 부문의 존재는 사회주의 계획경제의 한계를 노정한 것이다. 그러나 비공식 부문은 계획의 불완전성을 부분적으로 보전하는 등 어느 정도까지는 경제 활동에 일종의 윤활유 역할을 할 수도 있다(Wellisz and Findlay, 1986). 그러나 문제는 비공식 부문이 지나치게 팽창하면 계획경제의 붕괴를 초래할 수 있다는 점이다. 더 구체적으로 보자면 비공식 부문의 팽창은 계획에 쓰이는 숫자를 부정확하게 만들거나 왜곡하기 때문에 중앙계획의 효율성을 감소시킨다. 또한 공식 부문에 사용되는 원자재와 자본 장비들이 비공식 부문에서 일하는 개인의 사익 추구를 위해 이용될 경우 공식 부문 생산량은 감소된다. 그리고 지대 추구 행위 및 부패가 증가하고 자본주의적 원리가 작동하는 비공식 부문에 경제주체가 노출되면서 사회주의 체제에 대한 신뢰가 감소한다.[5)]

따라서 사회주의 경제에서 소비재시장이 체제의 변화와 변화 경로와 관련해 지니는 함의 및 문제 제기는 다음과 같이 요약할 수 있다. 첫째, 소비재시장에서 부족 정도와 과잉화폐 규모를 추정하는 것이다. 소비재 부족 정도가 심하거나 심화되는 추세라면 체제의 붕괴 가능성은 그만큼 높아진다. 따라서 체제전환 과정에서 가격자유화도 더욱 조심스럽게 시행할 필요가 있다. 둘째, 소비재시장의 부족 현상이 공급승수 현상을 불러일으키느냐는 것이다. 만약 재화가 부족하다고 해서 공식 부문에서의 노동 공급을 줄이고 비공식 부문에서의 노동 공급을 증가시킨다면, 재화 부족과 비공식 부문이 서로 상호작용을 하면서 계획경제의 어려움을 가중시킬 것이다.[6)] 셋째, 소비재 유통 부문에서 비공식

---

5) 그러나 김병연의 연구(Kim, 2003)에 따르면 소련 경제가 비공식 부문의 팽창으로 붕괴했다는 가설은 실증적 자료에 부합되지 않는다. 1960년대부터 1990년까지 소련에서 전체 소득과 지출에 비해 비공식 부문에서 가계소득과 지출이 차지하는 비중은 감소하는 추세를 보였기 때문이다. 더 나아가 김병연은 비공식 부문에서의 생산과 지대 추구 비중이 1980년대 후반 증가하는 추세를 보였으나 미미한 수준이었음을 밝히고 있다.

6) 김병연과 송동호(Kim and Song, 2008)는 이 연구와 동일한 자료를 활용해 비공식 부문 참여가 공식 부문의 노동 공급에 미치는 효과를 실증 분석하고

부문의 크기와 추세를 이해해야 한다. 비공식 부문의 경제 활동이 많다고 해서 이를 줄이고 계획경제로 복귀하려 할 경우 커다란 부작용이 예견된다. 따라서 계획경제와 체제전환 사이의 갈등이 더욱 증폭될 것이다. 또한 경제적으로 자연스러운 과정은 체제를 전환하는 것이지만, 핵심 권력이 계획경제를 강화하고자 한다면 권력의 이해관계와 국민들의 경제적 이해가 상충해 체제의 불안정성이 증폭될 것이다. 이 글에서는 이 중 셋째, 즉 북한의 비공식 부문의 크기와 그 추세에 관해 논의하고자 한다.

3. 탈북자 조사를 이용한 기존 연구

탈북자들의 경제 활동을 비교적 체계적으로 조사해 정량적 데이터베이스를 구축한 후 이를 기초로 소비재 유통 부문을 분석한 연구로는 박석삼(2002)과 이영훈(2007)을 들 수 있다. 박석삼은 북한 가계의 사경제(私經濟) 활동을 조사하기 위해 탈북자 84명을 대상으로 설문조사를 실시했다. 84명 중 1998~2001년에 북한을 이탈한 사람은 56명이었다. 또한 전체 84명 중 함경북도 출신이 47명(56%)으로 가장 많았고, 평안남도 및 평안북도에서는 각각 9명(각 10.7%)이 설문에 응했다. 이 연구에서 발견한 특이한 점은 공식 소득에 비해 농민시장 등에서의 상업 활동을 통해 획득한 비공식 소득이 훨씬 크다는 사실이다. 즉, 공식 부문에서의 월급은 94.4원인 데 비해 비공식 부문에서의 소득은 이의 53.6배에

있다.

달하는 5,056원으로 드러났다. 그리고 북한경제가 비교적 정상적으로 작동했던 1990년과 비교해 탈북 당시의 현금 보유 규모를 물어본 질문에서는 거의 대부분의 탈북자가 현금 보유량이 증가했다고 응답했다.[7)]또한 탈북주민의 평균적인 차입자금 규모는 2,000~3,000원 정도였으며 차입자금의 용도는 대부분 장사 밑천(75~80%)이었지만 식량 구입을 위한 경우도 있었다.

박석삼은 상기 데이터를 이용해 북한 사경제 부문에서의 연간 가계소비지출 총액을 추정한다. 즉, 가구당 2만 3,590원에 달하는 연간 평균 사경제 부문 지출 금액을 가계가 거주하는 지역별로 분류하고 지역별 가계 수를 곱해 사경제 부문에서의 연간 가계소비지출 총액을 추정한 결과 그 규모는 북한 화폐로 1,223억 원가량으로 추정되었다. 여기에 북한의 장마당 환율인 1달러당 200원을 적용하면 6억 1,150만 달러에 달하는 금액이 되는데, 이는 한국은행이 추계한 2000년 북한의 GDP 167억 9,000만 달러의 3.6% 정도로 추산된다.[8)] 그리고 이 연구는 1990년대 후반 북한의 유통현금 규모는 729억 2,600만 원으로 추정되는데 이러한 현금 유통 규모는 1990년의 97억 2,400만 원에 비해 7.5배

---

7) 이러한 증가는 인플레이션을 반영했을 수도 있고 재화 부족의 증가로 인한 강요된 저축의 결과일 수도 있다. 또는 거래적 동기의 화폐수요를 반영했을 수도 있으며 탈북을 대비해 현금 보유 규모가 증가했기 때문일 수도 있다. 그러나 설문자료에서는 어떤 이유로 현금 보유가 증가했는지는 질문하지 않는다.

8) 이 주장에는 두 가지 문제가 있다. 첫째, GDP에서 사경제 부문이 차지하는 비중은 총지출이 아니라 부가가치 개념으로 비교되어야 한다. 둘째, 한국은행의 GDP추계는 북한 물량에 남한의 가격과 환율을 곱해 얻어지므로 북한 화폐를 달러로 환산한 금액과 직접 비교하기 어렵다.

늘어난 수준이라고 밝히고 있다.

이영훈은 탈북자 335명을 조사하면서 1997~1999년 및 2004~2006년 중 탈북자 219명을 중점 조사 대상으로 선정해 2002년 7·1 조치 전후의 경제 상황 변화를 가계 소득 및 지출, 그리고 시장 활동과 관련해 이해하려고 한다. 그의 연구에 따르면 2002년 7·1 조치 이후 탈북한 자들 중에는 무직자의 비중이 증가했다. 즉, 2002년 이전에는 전체 탈북자 중 무직자의 비중이 23.4%에 머물렀지만 2002년 이후에는 34.8%로 증가했다. 이는 생산직에 종사하던 여성의 퇴직이 증가했기 때문인 것으로 풀이된다. 탈북자들의 소득구조는 전체 소득 가운데 임금소득이 10% 미만, 장사소득이 90% 정도를 차지하는 등 7·1 조치 전후로 큰 변화가 없는 것으로 조사되었다. 그리고 2002년 이후에는 일정 수준의 돈을 소속 기업에 지불하고 비공식 경제 활동을 하는 사람의 비중이 그 전에 비해 증가한 것도 특이한 현상이었다. 또한 탈북자들의 1997~1999년 1인당 소득은 월평균 6달러에서 2004~2006년 20달러로 3배 이상 증가했으며, 1인당 월평균 지출액도 각각 6달러에서 12달러로 증가했다.

이영훈에 따르면 소비재의 생산에 있어 1997~1999년에는 탈북자 104명 중 37명이, 2004~2006년에는 116명 중 37명이 직접 생산에 참여했다고 응답하고 있다. 이처럼 7·1 조치 이전과 이후에 직접 생산에 참여한 개인의 비중은 증가하지 않은 반면 원자재 조달 방법에는 일정한 변화가 눈에 띄었다. 즉, 7·1 조치 이후에는 원자재를 도매상에서 구입하거나 직접 생산한 비중은 증가했으나 불법으로 공장·기업소의 기자재를 활용하는 비중은 현격히 낮아진 것이다. 소비재 유통에 있어서는 주로 국영상점을 이용한다는 응답자의 비중이 1997~1999년에는 2.0%, 2004~2006

년에는 0.8%를 나타내는 등 대부분의 소비가 비(非)국영상점에서 이루어지고 있음을 보여주었다. 특이한 것은 7·1 조치 이후 개인이 위탁 운영하는 수매상점을 이용하는 비중이 1997~1999년에는 2.0%에서 2004~2006년에는 7.8%로 크게 증가했다는 점이다.[9)]

이상의 두 연구가 정량적 데이터를 분석해 연구를 진행했다면 탈북자들의 심층면담을 통해 북한 소비재 부문의 변화를 정성적으로 분석한 연구도 있다. 양문수와 이승훈·홍두승의 연구가 대표적이다. 양문수(2005)는 7·1 조치 이후 북한을 이탈한 주민 24명을 대상으로 진행한 심층면담을 기초로 북한경제의 시장화에 관해 소비재 유통과 생산을 중심으로 논의하고 있다. 그에 따르면 2003년 3월부터 북한 정부는 기존의 '농민시장'이라는 명칭을 '시장'으로 바꾸고 유통물자의 범위도 종전의 농토산물에서 공업 제품으로까지 확대하는 것을 허용했다. 이 종합시장에서의 가격은 북한 당국이 일정한 한도가격 또는 가격상한선을 정해 고시하는데, 이 결정에는 시장에서의 수요, 공급 상황이 가장 중요한 변수로 작용한다. 즉, 북한 당국은 시장의 수급 상황을 봐가며 한도가격을 주기적 또는 비주기적으로 변경하는 등 가격 결정에도 시장적 요소가 크게 작동하고 있다는 것이다. 또한 기존 국영상점들의 일부가 수매상점으로 변모해 시장 가격으로 물건을 매수·판매하는 경우도 보고되었다.

양문수(2005)에 따르면 소비재 생산에서는 중국산 제품이 압도적으

---

9) 수매상점은 원래 개인이 부업으로 생산한 제품과 중고품을 사고파는 기능을 담당하는 상점이었으나 이후 '8·3제품'(유휴자재를 재활용해 만든 생필품)의 수매 및 판매 상점의 기능을 했다. 그러다 최근에는 개인이 돈을 지급하고 국가로부터 위탁을 받아 운영하고 있다.

로 들어오고 있으며 국내산 공업품은 옷, 신발, 비누, 치약, 칫솔, 화장품, 학습장, 연필 정도에 머무르고 있다고 한다. 그리고 이 중 상당수는 개인이 부업, 즉 가내수공업으로 생산한 것이다. 그뿐 아니라 7·1 조치 이후 기업의 현금 보유가 일정 부문 허용되었고 현금을 가지고 원자재를 구입하는 것도 가능해져서 자금만 있으면 원자재가 떨어지는 일은 없었다는 면담자의 면담 내용도 이 연구에서 보고되고 있다. 그리고 국영기업소와 협동단체가 시장에서 상품을 사고팔 수 있도록 허용되면서 안정적인 판로가 확보되어 생산에 힘을 쏟을 유인이 생겨났다. 또한 종합시장이 도입되고 개인도 직접 생산한 상품을 시장에서 팔 수 있게 되면서 개인의 부업 생산(개인수공업)이 확대되었다고 한다. 비공식적으로 임가공을 해서 옷을 만들고 임금을 받던 한 탈북자는 직접 원재료인 천을 구입해 옷을 만들기 시작했으며 나중에는 본인은 재료 구입 및 견본 생산만 하고 나머지는 다른 사람에게 넘기는 생산의 분업 현상이 나타났음도 기록하고 있다.

이승훈·홍두승(2007)은 탈북자 23명을 대상으로 심층면담을 실시한 자료를 토대로 북한의 비공식 부문 대두와 계층구조 변화에 대해 기술한다. 이 중 소비재 생산에 관해 고난의 행군 초기에는 장마당에서 거래되는 생필품이 대부분 중국산 수입품이었지만 이후 거래 규모가 급격히 증가하면서 민간 부문의 생산 활동도 일어나고 있다고 주장한다. 개인들이 자재를 구해 신발, 술, 의복, 심지어는 자동차 타이어까지 생산하며, 원자재는 중국에서 수입하거나 국영공장에서 빼돌려 사용한다고 한다. 또한 이러한 소비재 생산뿐 아니라 개인이 허가받은 기업소의 명의를 빌려 식당이나 당구장을 운영하는 사례도 많다고 한다.

위의 연구에 따르면 비공식 부문에서의 경제 활동이 증가함에 따라 뇌물 수수 행위도 빈발하는 것으로 나타났다. 무역회사 간부였던 한 탈북자는 매년 2만 달러가량을 벌어 50%인 1만 달러를 뇌물로 사용했다고 언급했으며, 병원 의사는 공식 월급이 2,800원에 불과했지만 돈주 환자에게 특별 사례금을 받아 실제 월수입은 20만 원가량이었다고 한다. 그리고 양문수의 연구에서 보여주는 바와 같이 국영상점의 국정가격으로의 거래가 수매상점의 위탁거래로 변모하고 위탁거래는 상품 주인에게 상점 또는 매대를 임대하는 형식으로 바뀌고 있다. 결론적으로 이승훈·홍두승은 비공식 부문의 확대와 계획체제를 복구하려는 김정일 체제 사이의 갈등이 고조될 것으로 전망한다. 이들은 과거의 사회 통제 관성이 어느 정도는 그 체제를 버티게 하겠지만, 결국 김정일 체제는 경제의 비공식화로 인해 변화를 강요받을 것이라고 주장한다.

이상의 논의를 종합하면 다음과 같은 공통점을 찾을 수 있다. 첫째, 북한의 소비재시장에서는 비공식 부문의 비중이 대단히 높다. 소비재 유통의 경우 배급과 국영상점을 통한 계획경제의 기능은 마비된 반면 수매상점, 장마당, 종합시장 등을 통한 비공식적 자원 배분이 지배적으로 중요한 실정이다. 둘째, 비공식 시장의 발달은 비공식 부문에서의 생산 활동을 자극하는 효과를 가진다. 가내수공업적 생산 활동이나 개인서비스업의 발달이 이러한 예로 제시된다. 셋째, 비공식적 활동이 부패의 증가로 이어지는 현상이 눈에 띈다. 소비재 유통을 통해 이윤을 남기려는 상인들은 규제권을 가지고 있는 정부 관료와 결탁함으로써 사업을 안정적으로 지속하려는 유인을 갖는다. 그 결과 비공식 부문에서의 이윤 추구와 사회주의적 통제가 갈등을 야기하면서도 서로 결탁하는 현상이 최근 두드러진다.

4. 탈북자 조사 자료

1) 탈북자 조사

탈북자 조사는 김지홍·김태종·김병연의 공동연구로, 설문지를 작성한 뒤 일부 탈북자를 대상으로 면담조사를 실시한 결과를 토대로 설문지를 수정·보완했으며 이러한 작업 후 다수의 탈북자를 대상으로 면담 또는 우편조사를 실시했다. 우편조사의 경우 설문내용의 정합성에 문제가 있거나 기입사항에 오류가 의심되면 전화로 사실을 확인했으며, 필요한 경우 내용을 수정했다. 이렇게 해서 수거한 총설문지는 700개였다. 설문은 2004년 하반기부터 2005년 상반기까지 이루어졌으며 2005년 하반기와 2006년 상반기에 설문조사 결과를 데이터화하는 입력작업이 이루어졌다.

설문지의 내용은 크게 두 부문으로 나뉜다. 첫째 부문은 탈북자들이 북한에 거주할 당시의 경제생활에 관한 질문이다. 이 부분의 초점은 북한 가계의 비공식 경제 활동과 소득 및 지출, 그리고 노동에 관한 질문이다. 둘째 부문은 탈북자들의 남한 이주 후 정착에 관한 질문으로서 직업교육과 노동, 그리고 소득에 관한 문항들이 주를 이룬다. 두 부문을 합쳐 약 200개의 문항이 설문에 포함되어 있다. 설문조사는 탈북자를 대상으로 한 현재까지의 조사 중 가장 대규모 정량조사였다는 점에 의의가 있다. 그리고 선진국에서 행해진 설문조사를 참조하고 그 내용을 북한의 특수성에 비추어 수정하는 식으로 진행함으로써 설문지의 내용이나 구성이 기존의 탈북자 조사와는 차별성이 있다고 판단된다.[10)]

그러나 조사 자료와 조사 방법에 문제점도 많다. 가장 중요한 문제는 탈북자 집단이 북한의 전체 가계를 대표하기 어려운 표본이라는 점이다. 지역적으로는 함경도 출신이 많고 경제·사회 계층의 분포도 고르지 못하다. 또한 응답 대상자들은 임의표본 추출(random sampling)한 것이 아니라 교회 등 종교집단, 탈북자 모임, 다른 탈북자의 소개 등을 통해 만나거나 그들에게서 얻은 정보를 기초로 조사한 비임의(non-random) 표본 집단이다. 둘째, 일지를 적고 면담하는 방식의 조사가 아닌 주로 우편조사 이후 전화를 통한 방식으로 검토했기 때문에 조사 결과의 신뢰성에도 문제가 있을 수 있다. 셋째, 북한경제에 관한 설문에는 과거에 대한 기억을 되살려 응답해야 하기 때문에 기억의 정확성에 문제가 있을 수 있다. 특히 많은 탈북자들이 북한을 이탈한 이후 중국 등의 제3국에서 수년 동안 거주하다 남한에 입국하기 때문에 북한 거주 마지막 해부터 설문 시점까지 5년 이상 경과한 경우도 많다. 구체적으로 보자면 설문 시점이 북한 거주 마지막 해부터 5년이 경과하지 않은 표본은 전체의 53%를 약간 상회했으며, 6~7년이 경과한 표본은 42%를 차지했다. 하지만 8년이 넘는 경우도 소수 존재한다.[11)]

---

10) 북한 거주 당시의 경제 활동에 관한 문항은 1980년대에 소련에서 미국으로 이민 간 소련 이민자를 대상으로 해서 조사한 「버클리·듀크 2차부문 경제에 관한 조사」를 주로 참고했다.

11) 이 중 첫째와 셋째 한계는 소련으로부터의 이민자를 대상으로 실시했던 설문조사에서도 동일하게 발견된다. 그리고 이는 근본적으로 해결하기 어려운 한계라고 볼 수 있다. 둘째 한계, 즉 시간 및 예산이 부족해 모든 표본에 대해 면담조사를 실시하지 못한 것은 차후 조사에서 개선할 수 있는 부분이다.

2) 표본에 관한 설명과 조사 결과에 대한 기술

조사 대상 탈북자의 탈북연도는 불균등한 분포를 보인다. <표 2-1>에 따르면 1996년 이전에 탈북한 응답자의 비중은 3.4%이며, 1997~2004년에 탈북한 응답자는 96%에 달했다. 한편 2005년에 탈북한 응답자는 1명이며, 설문 응답 시 답변을 누락해 무응답으로 분류한 경우도 1건 있었다.

조사는 주로 가장을 대상으로 이루어졌기 때문에 전체 응답자 중 96%가 가장이라고 대답했다. 그리고 조사 대상 탈북자 중 여성의 비중은 58%였다. 북한에서의 공식 직업을 살펴보면 무직이 34%로 가장 많았고, 다음으로 공장근로자와 단순직무 종사자가 각각 11%를 차지해 뒤를 이었다. <표 2-3>에서처럼 응답자의 탈북 당시 연령은 20~30대가 전체 응답자 중 65%를 차지해 가장 비중이 높았다.

조사 결과의 신뢰성과 안정성을 높이기 위해 수집한 설문조사 자료 중 일부는 분석에서 제외했다. 우선 표본 수가 10명 미만인 해를 제외하고 탈북연도 기준으로 1997년부터 2004년까지의 기간만을 분석대상에 포함했다. 설문 항목은 탈북하기 1년 전을 기준으로 작성되었으므로 분석대상 기간은 1996년부터 2003년까지이다. 또한 극단치(outlier)를 제거하기 위해 소득 기준으로 상·하 각각 약 2.5%의 샘플을 제외했기 때문에 결과적으로 648명의 탈북자에 대한 설문조사 자료를 토대로 분석했다. 그리고 응답자마다 설문조사 참여의 성실도에 차이가 있어 일부 질문 항목에 답변하지 않은 경우가 종종 있었다. 따라서 조사 항목에 따라 표본의 수에 다소간 차이가 발생했다.

<표 2-5>는 탈북자의 1인당 실질소득의 추이를 보여주는 표로 탈북

<표 2-1> 조사 대상자의 연도별·성별 분포

탈북연도	여성응답자(명)	남성응답자(명)	합계(명)	연도별 여성비중(%)	비중(%)
1988년	0	1	1	0.0	0.1
1990년	0	2	2	0.0	0.3
1992년	0	3	3	0.0	0.4
1993년	0	1	1	0.0	0.1
1994년	1	3	4	25.0	0.6
1995년	3	2	5	60.0	0.7
1996년	3	5	8	37.5	1.1
1997년	67	49	116	57.8	16.6
1998년	116	64	180	64.4	25.7
1999년	38	37	75	50.7	10.7
2000년	26	26	52	50.0	7.4
2001년	35	22	57	61.4	8.1
2002년	37	25	62	59.7	8.9
2003년	39	20	59	66.1	8.4
2004년	40	33	73	54.8	10.4
2005년	1	0	1	100.0	0.1
무응답	0	1	1	0.0	0.1
총계/평균	406	294	700	(평균) 58.0	100.0

<표 2-2> 조사 대상자의 북한에서의 공식 직업

분류	응답자 수(명)	비중(%)
무직	238	34.0
관료/군인	28	4.0
전문직	27	3.9
준전문직	20	2.9
사무직	22	3.1
서비스직	18	2.6
농어업	2	0.3
기술직	28	4.0
공장근로자	77	11.0
단순직	77	11.0
무응답	163	23.3
총계	700	100

<표 2-3> 조사 대상자의 탈북 시 연령

연령	탈북자 수(명)	비중(%)
10세 미만	1	0.1
10대	71	10.1
20대	230	32.9
30대	223	31.9
40대	99	14.1
50대	41	5.9
60대	26	3.7
70대	7	1.0
무응답	2	0.3
총계	700	100.0

<표 2-4> 북한의 장마당 환율

연도	환율(1달러)	
	이 조사	CIA
1996년	188.2	-
1997년	200.0	-
1998년	187.9	-
1999년	253.3	-
2000년	199.5	200
2001년	229.2	200
2002년	511.7	300~600
2003년	1,034.5	-

주: CIA 환율은 *World factbook*의 'market exchange rate' 항목에서 인용.

<표 2-5> 북한의 1인당 연간 실질소득

연도(년)	1996	1997	1998	1999	2000	2001	1996~2001	2002	2003	2002~2003
실질소득 (달러)	46.8	28.2	61.7	37.2	51.8	55.9	46.9	62.1	80.3	71.2

주: 북한의 장마당 환율(<표 2-4>)과 미국의 CPI(2000년=100)를 이용해 계산한 달러 소득임.

<표 2-6> 탈북자 소득에서 지출 항목이 차지하는 비중(단위: %)

연도	식료품	의복	내구재	연료	뇌물	기타
1996~2001년	67.8	13.4	3.7	9.2	3.3	3.0
2002~2003년	61.2	14.8	6.2	9.6	3.9	3.3

자의 1인당 북한원화 표시 소득을 <표 2-4>에 제시되어 있는 북한의 장마당 환율을 이용해 달러 표시 소득으로 변환시킨 후 미국의 소비자 물가지수의 변동을 고려해 연도별로 비교한 것이다. <표 2-4>에 있는 조사의 장마당 환율은 설문조사로 수집한 장마당 환율의 연도별 평균치를 사용했다.[12] 가계소득은 피설문자가 응답한 가계 총소득을 가족 수로 나누어서 구했다.[13] <표 2-5>에 따르면 탈북자의 1인당 연간 실질소득은 약간의 증가 추세를 보인다. 예를 들어 1996~2001년의 연평균 소득은 46.9달러였으나 2002~2003년의 연평균 소득은 71.2달러로 증가했다.

<표 2-6>은 탈북자의 총지출 중에서 각 항목이 차지하는 지출 비중을 보여주고 있다. 이 표에 따르면 식료품 소비 비중이 가장 높으며 의복비 지출과 연료비 지출이 그 뒤를 따른다. 2002년 이전과 이후를

---

12) 설문조사에서 파악된 연도별 장마당 환율의 평균은 장마당 환율에 관한 다른 자료에서 제시한 값과 유사한 것으로 드러났다.

13) 세부 소득 출처에 관한 응답자료에서도 가계소득과 1인당 소득을 계산할 수 있다. 이 자료를 이용할 경우 1996~2001년의 1인당 연평균 실질소득은 44.3달러, 2002~2003년의 1인당 연평균 실질소득은 80.4달러로 계산된다. 그러나 연도별로는 총소득으로부터 1인당 소득을 계산한 결과와 상당한 차이를 보이기도 한다. 중요한 이유 중 하나는 총소득은 기록했지만 세부 소득 출처는 응답하지 않은 응답자가 총소득을 기록한 응답자의 약 20%를 차지하는 등 표본편차가 컸다는 데 있는 것으로 판단된다.

비교해보면 식료품의 지출 비중은 감소했고 내구재 지출은 소폭 증가했다. 이영훈의 조사 결과와 비교하면 식료품 지출 비중이 감소하는 추세는 일치하지만 그 비중에는 상당한 차이가 관찰되었다(이영훈, 2007). 가계 지출을 음식비, 의복비, 주거비, 기타 항목으로 분류한 이영훈의 조사에서는 음식비와 의복비의 지출 비중이 전 기간에 걸쳐 90%를 상회했다. 그러나 이 조사에서는 식료품과 의복에 대한 지출 비중이 80%가량 또는 그 이하로 나타났다.[14] 또한 식료품 지출이 6% 정도 감소하고 내구재 지출이 3% 정도 증가한 것을 제외하면 지출 비중은 큰 차이를 보이지 않았다. 그러나 이영훈과 이 조사는 조사 대상 기간의 차이 등으로 인해 결과를 단순 비교하기는 어렵다.

5. 북한 소비재 부문에서의 비공식 부문 규모 추정

1) 북한 소비재시장과 비공식화 가설

비공식화 가설은 사회주의 경제체제에서 비공식 부문이 증가함에 따라 중앙계획 기능이 훼손되다가 결국에는 그 기능이 마비된다는 주장에 기초를 둔다. 즉, 비공식 부문이 커져 주민들을 위한 소비재가 비공식 부문에서 생산·판매되면 중앙계획 기능의 일부가 마비된다는

14) 일반적으로 조사 대상 기간이 길면 식료품 소비의 비중은 낮아지는 반면 내구재 소비 비중은 증가하는 경향이 있다. 이 연구에서는 조사 대상 기간을 1년으로 설정한 것이 이러한 차이를 야기할 수 있다.

것이다. 또한 공식 부문의 투입요소나 자본장비 등이 비공식 부문 생산을 위해 불법적으로 전용되면 중앙계획의 정합성이 손상을 입게 되고, 이러한 현상이 심화되면 중앙계획이 자원 배분의 메커니즘으로 작동하기 어렵게 된다는 주장이다. 그뿐 아니라 비공식 부문에서 뇌물 수수 등의 부패 행위가 만연하고 주민들이 시장경제 원리를 습득하면 체제의 정당성이 기저에서부터 흔들리는 결과를 낳는다는 가설이다.

일단의 학자들은 비공식화로 인해 소련체제가 붕괴했다는 가설을 제기했다(Treml and Alexeev, 1994). 그러나 김병연은 1964~1990년에 걸친 소련의 가계조사 자료를 이용해 비공식화 가설을 실증적으로 평가한 결과, 비공식화 가설은 소련에서는 성립되지 않는다고 주장했다(Kim, 2003). 즉, 비공식적인 소득은 소련 가계소득의 16.3%, 비공식 부문에서의 지출은 전체 지출에서 22.9%를 차지하는 등 비공식 부문의 비중이 적은 편은 아니었으나 그 비중이 급증하는 추세를 보이지는 않았다는 사실을 발견했다. 비공식 부문에서의 불법 생산과 지대 추구 행위 등이 1980년대 후반에 증가하는 추세를 보이기는 하지만 증가폭이 미미하고 증가수준도 낮은 것으로 나타났다. 이 실증적인 결과를 종합해 김병연은 소련 경제가 비공식 부문의 급증으로 붕괴했다는 비공식화 가설을 반박했다.

이상의 논의에서 암시된 바와 같이 비공식화 가설이 성립하기 위해서는 다음의 세 가지 조건이 충족되어야 한다. 첫째, 전체 경제 활동 가운데 비공식 경제 활동의 비중이 높으며 비중의 증가 현상도 뚜렷해야 한다. 비공식 경제 부문의 규모가 그리 크지 않다면 경제의 윤활유 역할을 할 수도 있고 공식 부문에서 공급 부족 상태에 있는 소비재를 생산·공급함으로써 소비재 부족 현상을 줄일 수 있다. 그러나 비공식 부문이 과도하게 커지면 경제에 미치는 음의 효과가 양의 효과를 능가하게 된다. 따라서 비공식화 가설이 성립하기 위해서는 비공식 경제 활동이 과도한지의 판단이 중요하다. 그리고 시간이 지날수록 비공식 부문의 성장 추세가 뚜렷이 드러나야 한다. 둘째, 비공식 부문 경제 활동이 공식 부문의 생산 활동을 대체하는 현상이 일어나야 한다. 즉, 비공식 부문이 성장할수록 공식 부문에서의 생산 활동은 위축되는 반면 비공식 부문에서의 생산 활동은 더욱 증가해야 한다.[15] 셋째, 비공식 경제 활동이 전체 경제, 특히 사회주의 경제를 붕괴시키는 경로 중 하나인 뇌물 수수 행위가 만연해야 한다(Shleifer and Vishny, 1993). 즉, 광범위한 뇌물 수수 행위는 규제와 통제를 기본으로 하는 사회주의 경제가 더는 작동하기 힘들다는 것을 의미한다. 이상의 조건 중 둘째에 관해서는 김병연·송동호(Kim and Song, 2008)에서 논의하고 있으며 이 연구에서는 이 중 첫째와 셋째 조건에 관해 분석하기로 한다.

2) 북한 가계의 비공식 부문 소득과 지출

북한의 비공식 경제 규모를 파악하기 위해 설문조사를 토대로 가계의

---

15) 원래의 공급승수는 소비재 부족에 직면한 가계는 노동 공급을 줄임으로써 소비재 공급이 더욱 감소한다는 가설에 기초를 둔다. 여기서는 공식 부문에서의 소비재 부족이 비공식 부문에서의 소비재시장 발달을 촉진하고 이는 비공식 부문에서의 소비재 생산 활동을 더욱 자극하게 된다. 그 결과 비공식 부문에서의 생산 활동은 증가하는 반면, 공식 부문에서의 노동 공급과 생산 활동은 감소한다는 가설이다. 이와 같이 사회주의 경제의 비공식 부문을 감안한 공급승수를 수정공급승수(modified supply multiplier)로 부를 수 있을 것이다.

<표 2-7> 총소득 중 비공식 소득이 차지하는 비중

연도(년)	1996	1997	1998	1999	2000	2001	1996~2001	2002	2003	2002~2003
비중(%)	74.7	73.8	70.8	75.9	80.1	74.1	74.6	74.6	82.3	79.1

비공식 소득과 공식 소득을 추계했다. 비공식 소득은 뙈기밭에서 생산한 농산물의 시장가치, 가내축산 생산의 시장가치, 그리고 기타 비공식 경제 활동을 통해 벌어들인 소득의 합으로 정의했다. 공식 소득은 국가 연금, 공식 임금, 그리고 협동농장에 일할 경우 가을분배량의 시장가치를 합한 것이다. 그리고 가계 총소득은 가계 구성원의 공식 소득과 비공식 소득의 합으로 정의했다.

<표 2-7>에 나타난 것처럼 가계 총소득에서 비공식 소득이 차지하는 비중은 전 기간에 걸쳐 70% 이상으로 나타났다. 그리고 2000년과 2003년에는 그 비중이 80%를 상회해 다른 기간보다 비공식 소득의 비중이 높게 나타나고 있다. 그러나 전체적으로 비공식 활동의 비중이 대단히 높은 수준이기는 하나 그 추세는 비교적 안정적인 것으로 보인다. 비공식 소득의 비중에 증가 추세가 있는지 더욱 엄밀하게 알아보기 위해 샘플을 1996~2001년과 2002~2003년으로 나누고 양표본 t검정(two-sample t-test)을 수행했다.[16] <표 2-8>에 따르면 후자의 기간에

16) 1996~2001년과 2002~2003년으로 표본을 분류한 것은 2002년 7·1 경제관리개선조치의 효과를 이해하기 위한 측면이 강하다. 그러나 2002년 중반에 7·1 조치가 시행되었기 때문에 2002년을 제외한 2003년 표본만으로 통계적 검증을 시도하는 것이 나을 수 있다. 그러나 이 경우 표본의 수가 40개 이하로 줄어들어 신뢰성 높은 결과를 얻기 어려울 수 있다. 그리고 경제개혁의 효과가 본격적으로 나타나려면 상당한 시간이 소요될 가능

<표 2-8> 비공식 소득 비중의 양표본 t검정 결과

분류	표본 수	평균	표준편차
1996~2001년(①)	437	74.6	1.8
2002~2003년(②)	103	79.1	3.5
전체	540	75.4	1.6
②의 평균 - ①의 평균		4.5	4.1
귀무가설	① = ②	대립가설	① < ②
		P-값	0.1381

비공식 소득 비중의 평균이 전자의 기간에 비해 4.5% 높게 나타났지만 이는 통계적으로 유의하지 않은 것으로 드러났다.[17] 그러나 1996~2002년과 2003년으로 샘플을 나누었을 때는 비공식 소득 비중의 평균이 약 7.7% 증가했다. 이 경우 5%의 유의수준에서는 이전과 차이가 없는 것으로 판단되지만 10% 수준에서는 그 차이가 통계적으로 유의했다.[18]

성이 많으므로 2002년 이후의 추세를 더욱 정확하게 이해하려면 2003년 이후, 특히 최근의 자료를 활용해야 할 것으로 보인다.

17) 앞으로의 논의에서도 1996~2001년, 2002~2003년으로 표본을 나누는 것 외에도 1996~2002년, 그리고 2003년으로 표본을 분리해 검정을 시도했다. 그러나 후자에 관해서는 지면을 줄이기 위해 그 결과를 자세히 보고하지는 않았다.

18) 북한에서 비공식 경제 활동이 급증한 것은 고난의 행군기인 1990년대 중반 이후인 것으로 판단된다. 따라서 비공식 부문의 크기를 비교하는 시점을 1996~2003년과 그 전의 기간으로 나누어보면 이 두 기간에 나타난 비공식 부문의 증가가 통계적으로 유의미할 것이다. 그러나 1996~2003년이라는 비교적 긴 기간에 비공식 부문 증가 현상이 두드러지지 않았다면 본질상 역동적인 비공식 경제 활동이 제도적·법적·정책적으로 제약을 받았다고 평가할 수 있다.

<표 2-9> 식품입수의 비공식 부문 비중

연도(년)	1996	1997	1998	1999	2000	2001	1996~2001	2002	2003	2002~2003
비중(%)	72.4	66.7	60.0	67.1	79.7	68.6	68.6	67.3	77.2	72.9

<표 2-10> 기타 재화입수의 비공식 부문 비중

연도(년)	1996	1997	1998	1999	2000	2001	1996~2001	2002	2003	2002~2003
비중(%)	72.8	68.7	66.7	71.2	78.2	62.5	69.8	74.7	78.1	76.6

지출 측면에서 비공식 부문의 규모를 추정하기 위해 재화의 입수 또는 구입 경로를 기초로 비공식 경제 참여율을 계산했다. 식품류와 기타 재화의 구입경로에서 배급과 국영상점 이용률을 질문했으며, 100%에서 이 비율을 차감한 값을 비공식 부문 지출 비중으로 정의했다.[19] <표 2-9>와 <표 2-10>이 보여주는 바와 같이 식품의 경우는 비공식 경제를 통한 입수 또는 구입비율이 약 70%였으며, 기타 재화의 경우 약 71%였다. 비공식 경제 참여 비중이 증가 추세가 있는지 확인하기 위해 양표본 t검정을 수행했는데, 두 항목 모두 증가 추세를 보이지만 통계적으로 유의하지는 않았다. 그러나 기간을 1996~2002년과 2003년으로 나누었을 때 식품입수의 비공식 부문 비중은 8.7% 증가했고, 이 차이는 10% 수준에서 통계적으로 유의했다.

지금까지의 논의에 따르면 소득과 지출 측면에서 추정한 북한의 비공식 부문 비중은 대단히 높은 것으로 평가된다. 소득과 지출의

19) 더 구체적으로 국영상점 이외에 재화를 구입한 비공식 경로로서 자가생산, 장마당시장, 기타로 구분해 질문했다.

70~75%가량이 비공식 부문에서 벌어들인 소득이거나 비공식 부문에서 지출한 비중이다. 1969~1990년 동안 소련 가계의 비공식 부문에서는 연평균 소득 비중이 16.3%, 연평균 지출 비중이 22.9%였음을 감안하면 북한의 경우는 소련을 훨씬 상회하는 대단히 높은 수준이다. 그런데도 비공식 부문의 비중이 뚜렷하게 증가하는 경향은 파악되지 않는다. 이는 전체 경제에서 공식 부문의 비중이 낮지만 공식 부문이 전체 생산 또는 유통에 기여하는 비중이 적어도 2003년까지는 크게 감소하지 않았음을 시사한다.

3) 북한 가계의 비공식 생산 활동

다음으로 뙈기밭 경작과 가내축산을 제외한 기타 비공식 경제 활동을 세분화해 이 중 생산 활동 건수가 비공식 경제 활동의 총 건수에서 차지하는 비중을 추계했다. 비공식 경제 활동은 피고용, 밀수, 횡령, 유통, 채취, 음식품 가공, 소비재 생산으로 분류했고, 이 중 음식품 가공과 소비재 생산을 비공식 생산 활동으로 정의했는데, 여기에서는 이 비중의 추이를 살펴본다.

공산품, 쌀 등 장마당에서의 각종 되거리 장사가 가장 빈번한 비공식 직업으로 나타나며, 이를 포함해 비공식 경제 활동 중 유통 비중은 65%로 가장 높다. 음식품 가공이 17.5%로 뒤를 잇는데, 여기에는 장마당에서의 국수장사, 두부장사, 음식장사 등이 포함된다. 음식품 유통과 가공을 제외한 소비재 생산은 전 기간에 걸쳐 6건에 불과하고 비중은 1.66%이다. 이 중에는 양복 가공, 누에치기, 개인수공, 상감제작판매 등이 포함된다. 농축산 소득을 제외한 연도별 비공식 소득에서 생산

<표 2-11> 비공식 경제 활동의 종류

	피고용	밀수	횡령	유통	채취	서비스	음식품 가공	소비재 생산	합계
표본 수	3	24	4	256	15	17	69	6	394
비중(%)	0.8	6.1	1.0	65.0	3.8	4.3	17.5	1.52	100

활동이 차지하는 비중은 2002년 이전에는 4.4%, 2002~2003년에는 7.5%로 나타났다.

되거리 장사는 지역 간 가격 격차, 시간의 차이 또는 다양한 소비자 유통망에서의 가격 격차를 이용해 상업 소득을 얻는 것으로서 공급 증가를 낳는 생산 활동으로 보기는 어렵다. 그 반면 국수, 두부, 음식장사 등의 활동은 원료를 가공해 간단한 음식품을 생산하는 것으로 생산 활동이라고 간주할 수 있다. 그러나 비공식 생산 활동으로 가장 의미 있는 것은 음식품을 제외한 소비재 생산인데 아직 이 비중은 미미한 것으로 보인다. 뙈기밭 경작과 가내축산을 제외한 비공식 경제 활동 중 대부분이 유통이라는 사실은 북한에서의 비공식 경제가 여전히 유통 중심 경제이지 생산 중심 경제가 아니라는 사실을 보여준다. 그리고 각 연도별로도 음식품 생산과 소비재 생산을 합한 비공식 생산 활동이 전체 비공식 활동에서 차지하는 비중을 살펴보면 시간에 따른 일정한 추세를 식별하기 어렵다. 그리고 이를 통계적으로 검정하기 위해 수행한 양표본 t검정에서도 두 기간에서 통계적으로 유의한 차이가 없는 것으로 판명되었다.

비공식 생산 활동의 분류가 건수로 기록되어 있고 그 생산 활동이 창출한 소득과 생산 활동에 소요된 비용 등의 자료가 부족하기 때문에 북한의 비공식 경제에서 차지하는 생산 활동 규모를 다른 사회주의 국가의 규모와 비교하기는 힘들다. 소련의 경우 1969~1990년의 가계 지출 측면의 자료를 기초로 했을 때 비공식 부문이 소련 GDP에서 차지하는 비중은 전체의 약 6~11%인 것으로 추정된다(Kim, 2003). 북한의 경우는 텃밭과 축산을 제외한 비공식 경제 활동이 되거리장사 위주의 유통 중심이므로 북한 GDP에서 비공식 부문이 차지하는 비중은 소련의 경우보다 높지 않을 것으로 판단된다. 더욱이 사회주의 시대였던 시기에 헝가리의 비공식 부문이 차지했던 생산 규모와는 현격한 격차를 보이는 것으로 판단된다. 한 연구에서는 헝가리의 비공식 부문에서 생산한 재화와 서비스의 가치가 GDP의 20%에 달했던 것으로 평가하고 있다(Tarki, 2002).

1980년대 초 헝가리의 공산당은 공산당 권력을 유지하면서 경제를 회복시킬 수 있는 방안으로 비공식 부문 경제의 활성화를 내세웠다(Walder, 1995). 비공식 부문에서 노동 공급이 증대되고 이를 기초로 소규모 기업 활동과 생산 활동이 활발해지면 재화 및 서비스 생산량이 증가할 것으로 판단했기 때문이었다. 그리고 대규모 기업 위주의 공식 부문과 소규모 기업 위주의 비공식 부문이 생산체계의 분업을 이룸으로써 경제 효율성을 증진시킬 수 있을 것이라 판단했다. 따라서 국유기업의 자본 장비 등을 이용해 생산할 수 있는 소규모 개인기업과 협업기업을 합법화시켰다. 그 결과 1981년과 1983년 사이 합법적인 소규모 사기업에서 일하는 사람들의 수가 20% 증가했다(Tarki, 2002). 그리고 1988년에는 소규모 개인기업이 391개, 소규모 협업기업이 3,900개에 달하게 되었다(Walder, 1995). 그러나 비공식 부문에서의 경제 활동은 투자와 생산의 선순환에 이르지 못하고 오히려 공식 부문에서의 노동시간을 줄이고 국유기업의 사업을 개인과 협업기업에 넘기는 경향을

<표 2-12> 가계 지출 중 뇌물의 비중

연도(년)	1996	1997	1998	1999	2000	2001	1996~2001	2002	2003	2002~2003
비중(%)	3.16	3.4	4.4	2.7	2.1	3.3	3.3	3.7	4.1	3.9

초래해 비공식 부문을 활용해 경제성장을 촉진하자는 원래의 목표 달성에는 실패한 것으로 평가된다(Tarki, 2002).

4) 뇌물 수수

이 글에서는 뇌물 수수 정도를 이해하기 위해 전체 지출 중에서 뇌물 지출이 차지하는 비중을 계산했다.[20] 1996~2003년의 가계 총지출 중 뇌물이 차지하는 비중은 평균 3.4%였다. 이를 다시 2002년 이전과 이후로 나누어 살펴보면 전자의 경우는 3.3%, 후자의 경우는 3.9%로 증가 추세를 보이고 있다. 그러나 이러한 경향이 통계적으로 유의하지는 않았다.

뇌물 수수 정도를 사회주의 소련 경제와 비교하면 흥미롭다. 1980년대에는 소련에서 뇌물 수수 등을 포함하는 지대 추구가 GDP에서 차지하는 비중이 약 2%였던 것으로 추정된다(Kim, 2003). 그리고 그 추세는 1969년의 1.4%에서 1990년의 2.2%로 증가한 것으로 평가된다. 북한 가계의 소비가 북한 GDP에서 차지하는 비중이 약 70%라고 가정하면 2002~2003년 전체 지출 중 뇌물이 차지하는 비중인 3.9%는 북한

20) 설문에는 탈북하기 1년 전 한 해 동안의 전체 지출 중 뇌물(웃돈)의 비중과 월평균 금액에 대한 항목이 포함되어 있다.

GDP의 2.7%에 해당한다. 즉, 북한의 뇌물 수수 행위는 소련 경제의 붕괴 직전인 1980년대 말보다 더 심하다는 의미이다. 비록 그 추세가 증가하지는 않지만 높은 수준의 뇌물 수수는 북한의 계획경제가 지닌 효율성을 떨어뜨리고 경제 통제를 더욱 어렵게 만들 것으로 판단된다.

6. 요약 및 결론

이 글은 1997~2004년에 북한을 이탈해 남한에 정착한 탈북자 650여 명을 대상으로 한 설문조사 자료를 이용해 북한의 비공식 소비재 유통과 생산 부문의 규모를 평가하고 있다. 이 글의 초점은 비공식 부문의 급격한 확대를 소련 경제 붕괴의 원인으로 이해하는 비공식화 가설이 북한의 경우에 성립하는지 여부, 즉 북한의 소비재 유통 부문에서의 시장화가 밑으로부터의 체제이행을 초래할 가능성이 있는지를 실증 분석하는 데 있다. 특히 비공식 부문의 크기를 1996~2001년과 2002~2003년으로 나누어 두 시점 사이에 통계적으로 유의미한 변화가 존재하는지 분석한다.

이 글은 다음의 세 가지 조건이 충족되어야 비공식화 가설이 경험적 증거의 지지를 받을 수 있을 것이라고 제시한다. 첫째는 비공식 경제 활동이 전체 경제 활동에서 차지하는 비중이 높으며 그 비중이 증가하는 추세를 지녀야 한다는 것이다. 둘째는 뇌물 수수 행위가 만연해 사회주의 경제가 효과적으로 작동하기 어려워야 한다는 것이다. 셋째는 비공식 부문에서의 경제 활동이 공식 부문의 생산 활동을 대체하는 현상이 일어나야 한다는 것이다. 이 연구는 이 중 첫째와 둘째 조건을 검토한다.

북한 가계의 소득과 지출 측면에서 평가한 비공식 부문의 비중은 구사회주의 경제의 어느 나라와 비교해도 월등히 높은 수준으로 평가된다. 더욱 구체적으로는 북한 가계의 소득과 지출의 70~75%가량이 비공식 부문에서 벌어들인 소득이거나 비공식 부문에서 사용한 지출인 것으로 평가된다. 이는 1969~1990년에 소련 가계의 비공식 부문에서 소득과 지출이 차지한 비중인 16.3%, 22.9%를 크게 상회하는 매우 높은 수준이다. 그러나 추세 면에서는 비공식화 가설이 성립되기 어려워 보인다. 즉, 전체적으로 시간이 흐름에 따라 비공식 부문의 비중이 증가하는 뚜렷한 추세는 보이지 않는다. 분석의 마지막 해인 2003년에는 그 비중이 약간의 증가 현상을 보이지만 통계적으로 유의하지는 않았다.

가계 지출 중 뇌물이 차지하는 비중을 계산해봐도 시간이 흐름에 따라 증가하는 추세는 확인되지 않았다. 즉, 1996~2001년의 가계 지출 중 뇌물 비중은 3.3%인 데 비해 2002~2003년에는 3.9%로 증가했지만 통계적인 의미는 없는 것으로 평가되었다. 그리고 국내총생산(GDP)에서 뇌물이 차지하는 비중은 부패가 심했던 구소련 말기에 비해서도 높은 수준으로 평가되지만 급증 추세는 발견되지 않는다.

이를 종합해볼 때 소비재 유통의 비공식화, 즉 밑에서부터의 시장경제화의 진전으로 북한경제가 자연적인 체제이행 과정에 들어간 것이라는 가설은 적어도 1996~2003년의 탈북자 자료를 토대로 한 경험적 증거와는 부합되지 않은 것으로 평가된다. 그리고 사회주의 시절의 헝가리와는 달리 북한은 비공식 활동이 장사 등 유통 부문에 집중되어 있고 소비재 생산 부문의 비공식화 정도는 미미한 수준이다. 이와 같이 비공식 부문에서 생산 증대 없이 비공식 유통의 확대만 이루어진다면 북한경제의 자생적인 회복은 어려울 것으로 전망된다. 그리고 실제로 비공식 부문의 합법화를 통해 경제 회복을 꾀한 사회주의 헝가리의 실험도 실패로 끝났다는 사실은 사회주의 경제체제와 제도를 그대로 둔 채 단지 비공식 시장을 확대하는 것만으로도 경제가 자연스럽게 자본주의로 이행할 수 있다는 낙관적 전망을 하기 어렵게 만든다.

그러나 이 연구에서 사용하는 자료의 한계 때문에 비공식화 가설에 대해 확고한 결론을 내리기는 어렵다. 무엇보다 탈북자라는 표본이 전체 북한 주민의 대표적인 표본이 될 수 없다는 문제가 있다. 그리고 2002년의 7·1 경제관리개선조치 등 경제개혁의 효과가 시간이 지날수록 서서히 드러날 수 있기 때문에 이 연구가 이용한 2003년까지의 북한 경제생활에 대한 자료로는 최근의 변화를 이해·평가하는 데 큰 무리가 따른다. 또한 비공식 유통시장의 발달이 최근에 이르러 비공식적 소비재 생산 활동으로 이어지고 있다는 가설에 대해서도 자료가 부족해 충분히 평가할 수 없었다. 만약 더 많은 탈북자, 특히 2004년 이후의 탈북자를 대상으로 해서 더 많은 설문조사를 실시하고 더욱 신뢰성 있는 조사기법이 동원된다면 북한경제의 변화 양상과 추이, 그리고 비공식화가 체제이행에 주는 더 구체적이고 정확한 평가가 가능할 것으로 전망된다.

참고문헌

김연철. 2003.「북한 경제개혁의 성격과 전망」. ≪북한경제포럼 논총≫, 9호.

박석삼. 2002.「북한의 사경제부문 연구: 사경제 규모, 유통현금 및 민간보유 외화 규모 추정」. ≪한은조사연구≫, 2002-3.

양문수. 2005.「북한에서의 시장의 형성과 발전: 생산물 시장을 중심으로」. ≪비교경제연구≫, 제12권.

이승훈·홍두승. 2007.『북한의 사회경제적 변화: 비공식 부문의 대두와 계층구조 변화』. 서울대학교출판부.

이영훈. 2007.『탈북자를 통한 북한경제 변화상황 조사』. 금융경제연구원.

Birman, Igor. 1980. "The Financial Crisis in the USSR." *Soviet Studies*, Vol. 32.

Grossman, Gregory. 1977. "The 'Second Economy' of the USSR." *Problems of Communism*, Vol. 26.

_____. 1998. "Subverted Sovereignty: Historic Role of the Soviet Underground." in Stephen S. Cohen, Andrew Schwartz and John Zysman(eds.). *The Tunnel at the End of the Light: Privatization, Business Networks, and Economic Transformation in Russia*. Berkeley, CA: University of California.

International Monetary Fund, The World Bank, OECD and EBRD. 1991. "A Study of the Soviet Economy Vols. 1~3." Paris: Organisation for Economic Co-operation and Development.

Kim, Byung-Yeon. 1997. "Soviet Household Saving Function." *Economics of Planning*, Vol. 30.

_____. 1999. "Income, Savings and Monetary Overhang of Soviet Households." *Journal of Comparative Economics*, Vol. 27.

_____. 2003. "Informal Economy Activities of Soviet Households." *Journal of Comparative Economics*, Vol. 31.

Kim, Byung-Yeon and Dongho Song. 2008. "The Participation of North Korean Households in the Informal Economy: Size, Determinants, and Effect." *Seoul Journal of Economics*, Vol. 21.

Ofer, Gur and Joyce Pickersgill. 1980. "Soviet Household Saving: A Cross-Section Study of Soviet Emigrant Families." *Quarterly Journal of Economics*, Vol. 95.

Pickersgill, Joyce. 1980. "Recent Evidence on Soviet Households' Saving Behavior."

The Review of Economics and Statistics, Vol. 62.

Shleifer, Andrei and Robert W. Vishny. 1993. "Corruption." *The Quarterly Journal of Economics*, Vol. 108.

Tarki, Marton. 2002. "Households, Work and Flexibility: Literature Review - Hungary." Research Report.

Treml, Vladimir G. and Michael Alexeev. 1994. "The Growth of the Second Economy in the Soviet Union and Its Impact on the System." in Robert W. Campbell(ed.). *The Postcommunist Economic Transformation: Essays in Honor of Gregory Grossman*. Westview Press, Boulder, CO.

Walder, Andrew(ed.). 1995. *The Waning of the Communist State: Economic Origins of Political Decline in China and Hungary*. Berkeley, University of California Press.

Wellisz, Stanislaw and Ronald Findlay. 1986. "Central Planning and the Second Economy in Soviet-Type Systems." *The Economic Journal*, Vol. 96.

제3장

북한 기업관리체계의 변화

이석기(산업연구원 북한산업팀장)

1. 들어가는 말

1990년대 후반 이후의 위기를 지나면서 북한경제에는 여러 방면의 많은 변화가 발생하고 있다. 기업관리체계 및 기업의 행동양식도 예외는 아니다.

하지만 지금까지 북한 기업에 대한 연구는 북한경제 추락 원인, 북한경제의 생존 가능성 등에 대한 연구에 비해 상대적으로 부족했다. 이는 북한 기업에 대한 실증적 자료와 정보가 극히 제한되어 있다는 현실적 한계 때문이기는 하지만 극복해나가야 할 과제인 것도 사실이다. 북한이 경제를 독자적으로 이행해가든 남북한 경제가 통합되든 경제활동 주체의 가장 기초적인 단위가 되는 기업의 구조와 행동양식을 이해하지 않고서는 이러한 과정을 정확하게 분석하기 어렵기 때문이다.

이 글은 이러한 문제의식하에 북한 기업관리체계 및 기업 행동양식의 변화에 대한 분석을 주된 목적으로 한다.

북한 경제관리체계는 1990년대 경제위기를 겪으면서 실질적으로 변화되고 있으며, 이러한 경제관리체계의 변화는 말단 단위인 기업의 관리체계에도 영향을 미치고 있다. 계획경제의 핵심을 구성하는 중앙집중적 물자공급체계가 사실상 붕괴되면서 계획의 일원화·세부화 체계가 기업 활동을 규정하는 힘이 점차 줄어들고 있으며, 초보적인 시장관계가 그 공백을 대체하고 있다. 2002년 7·1 경제관리개선조치는 이러한 변화를 공식적으로 수용하는 것이기도 하다.

여기에서는 1990년대 경제위기 이후 여전히 공식적으로는 계획의 일원화·세부화 체계에 의해 운영되고 있지만 실질적으로는 계획화 체계와 시장 메커니즘이라는 이중 체계하에 운영되고 있는 북한 기업의 실질적인 운영 메커니즘을 북한 기업의 대내외 관계의 변화 측면에서 분석하고, 이것이 북한 경제체제, 나아가 북한 사회에 미치는 영향을 검토하고자 한다. 또한 문헌조사에 의한 연구는 많이 진행되었기 때문에 여기에서는 탈북자들의 인터뷰를 통해 변화를 확인하는 데 중점을 두고 논의를 진행하고자 한다.

2. 북한 기업관리체계의 형성과 변화: 1940~1980년대

1) 사회주의 공업화와 기업관리체계 구축

북한은 정권 수립 이후 토지 및 기간산업의 국유화 등을 통해 '생산관계의 사회주의적 개조'(1940년대 후반~1950년대)를 추진한 이후 이를 기반으로 한 공업화, 이른바 '사회주의 공업화'(1960년대)를 추진했다.

1950년대 말에 '경제의 사회주의적 개조'가 완료되고 사회주의 공업화가 본격적으로 추진되면서 현대적인 기업을 관리하기 위해 구소련 및 중국 등을 모델로 한 사회주의 경제관리체계 구축을 본격적으로 추진했다. 그 결과 북한 경제관리 및 기업관리체계의 원형이 1960년대에 대체로 완성되었다. 이 시기에 구축된 경제관리 및 기업관리체계의 핵심은 경제관리 4대 원칙을 경제순환의 전 과정에 구체화한 '계획의 일원화·세부화 체계'와 이를 기업관리체계에 구체화한 '대안의 사업체계'라고 할 수 있다.

(1) 계획의 일원화·세부화: 북한경제의 조정양식

북한 계획화의 원칙은 '계획의 일원화·세부화'로 표현된다. 계획의 일원화·세부화는 경제관리의 기본원칙을 북한경제의 순환 과정 전체를 포괄하는 계획화 체계에 구체화한 것인데, 1964년부터 김일성의 지시에 따라 추진되었다. 이를 위해 당시 약 10만 개에 이르는 생산물의 수급 균형을 계획하는 체계를 구축했는데, 계획의 일원화·세부화의 목적은 소수의 중요한 품목에 대한 강조가 사소한 품목에서의 불균형을 초래하고 이것이 다른 중요한 품목의 안정된 생산을 위태롭게 하는 상황을 극복해 더욱 안정적인 경제성장을 위해 되도록 모든 경제 활동을 통제하는 것이다.

일원화 계획체제란 "국가계획위원회가 도들에 자기의 현지 주재기관인 지구계획위원회를 두고 전국의 모든 행정경제기관, 기업소의 계획부들을 자기의 계획화 체계의 하부 조직으로 전환시켜 계획화 과정을 통일적으로 지도통제하며 모든 계획화 단위들을 국가계획기관에 복종시키는 단일한 계획화 체계"이다(박영일, 1990: 68~72). 북한은 계획화

사업을 일원화하기 위해 국가계획위원회 직속의 지구계획위원회와 시·군 국가계획부 및 공장·기업소 국가계획부를 설치함과 동시에 정무원의 부와 위원회, 중앙기관 및 모든 국민경제 부문의 계획부서가 해당 기관과 국가계획위원회에 이중으로 종속하는 체제를 확립했다.

계획의 세부화는 "국가계획기관이 직접 전반적 경제발전과 기업소의 경영활동을 밀접히 연결시키면서 계획을 구체화해 모든 지표를 세부에 이르기까지 똑바로 맞물리는 계획화 방법"이다(박영일, 1990: 68). 계획의 세부화 원칙은 다음과 같이 설정된다. 첫째, 공장, 기업소의 경영활동을 전반적인 경제발전과 밀접하게 연계시킨다. 계획의 세부화는 전반적 경제발전의 요구를 실현하기 위해 각 공장, 기업소의 생산활동과 관리·운영을 계획화한다. 결국 국가의 전반적인 경제생활상 요구가 각 공장, 기업소의 경영활동을 통해 정확하게 구현된다. 둘째, 모든 기업소의 구체적인 실상에 따라 계획을 구체화하고 경영활동을 세부에 이르기까지 엄밀하게 결합한다. 셋째, 모든 계획목표를 국가계획의 지표로 설정한다. 세부화된 계획과제의 수행을 법적 의무로 규정함으로써 계획과제의 수행을 법적으로 보장하고 있다.

물론 계획의 일원화·세부화라는 것이 국가계획위원회가 모든 계획지표를 직접 장악하고 계획함을 의미하는 것은 아니다. 그것은 현실적으로 불가능하다. 따라서 국가계획위원회는 각급 계획기관과 계획부서들에 일정한 범위의 계획지표들을 분담해주고, 그 지표들이 상호 맞물리고 실현될 수 있도록 지도·통제한다. 따라서 계획의 일원화·세부화 원칙이 현실에서 실현되기 위해서는 국가계획기관과 계획부서 간에 세부화 지표의 합리적 분담이 중요한 문제가 된다. 이를 해결할 방법의 하나로 생산기술적 연계가 자체적으로 맞물리고 실현될 수 있도록 세부화 지표들에 대한 분담이 시도되었다. 그리고 이를 위해 "부분체계들의 생산기술적 구조가 자립적으로 되도록 생산체계의 구조를 개선해 나갈 것"을 요구하고 있다.[1)]

(2) 대안의 사업체계: 북한 기업의 지배구조

대안의 사업체계는 1961년 11월 말부터 12월 초까지 진행된 노동당 중앙위원회 제4기 제2차 전원회의 확대회의에서 김일성이 사회주의 제도의 본성에 맞게 경제지도와 기업관리를 개선하기 위한 방향과 방도를 제시하고 뒤이어 1961년 12월 대안전기공장에 10일간 머무르면서 현지지도를 하고 그 경험을 종합해 제시한 경제관리방법이다.

대안의 사업체계는 그 이전의 지배 방식인 유일관리제를 관료주의, 기관본위주의, 개인주의 등이라고 비판하면서 도입되었다. 생산 과정에 대한 노동자 대중의 참여, 북한식으로 표현하면 군중노선을 특히 강조하고 있다. 김일성은 대안의 사업체계를 "한마디로 말하면 경제관리에서 군중노선[2)]을 구현한 것"이라 표현한다.

대안의 사업체계에서 가장 중요한 특징은 공장 당위원회를 중심으로

---

1) "지방 및 부문별 계획기관이나 공장, 기업소 계획부서들이 분담하는 계획지표들은 될수록 자체의 관리범위 안에서 닫히는 생산기술적 연계에 맞게 이루어지도록 만드는 것이라고 말할 수 있다"(안혁진, 1993: 26).

2) 군중노선이 갑자기 이 시기에 강조된 것은 아니다. 군중노선 또는 혁명적 군중노선은 '대중 속에서 나와 다시 대중 속으로 들어간다'는 중국의 대중노선을 북한식으로 적용한 것이다. 혁명적 군중노선은 북한의 사회주의 건설 초기부터 적용되었으며 조선노동당의 기본 노선의 하나로 북한의 모든 정치·경제 과정에 영향을 미치고 있다. 북한에서의 군중노선 적용과 영향에 관해서는 김은경(1993: 49~54) 참조.

하는 집단관리체제에 의해 기업이 관리·운영되고 있다는 점이다. 공장 당위원회의 집체적 지도는 생산과 관리에서 생산자들이 공장·기업소의 일을 자기 일처럼 생각하는 주인의식을 갖게 함으로써 생산자 대중의 자발적 노동 의욕과 창의성을 높인다는 것이다. 따라서 공장 당위원회에 의한 집체적 지도는 경제관리에서 민주주의를 보장하는 관리체제라고 주장된다.

동시에 당위원회에 의한 집체적 지도는 당의 정치적 의도를 공장·기업소에서 직접적으로 구현하는 수단이기도 하다. 공장 당위원회의 집체적 지도는 공장·기업소를 운영하는 데 당의 통제를 더욱 효과적으로 관철시키는 방안의 하나로 채택된 것으로 보인다. 당이 목표를 설정하고 설정된 목표를 공장·기업소가 충실히 수행하게 하는 데 공장 당위원회가 필요했던 것으로 보인다. 대안의 사업체계를 "혁명적 군중노선과 당의 집체적 영도를 옳게 결합"(박영근, 1990: 2)한 경제관리체제라고 부르는 것은 이 때문이다.

이처럼 대안의 사업체계는 '당위원회에 의한 집체적 지도'를 기업 지배구조의 핵심으로 설정한다. 당위원회에 의한 집체적 지도는 다시 두 가지 측면, 즉 당 조직에 의한 지배인 등 경영자의 감독과 군중노선으로 분리할 수 있다.

지배인 유일지도체제의 관료주의, 독단주의를 비판하면서 '당위원회에 의한 집체적 지도'가 도입되었다는 데서 알 수 있듯 외부 감독기관만으로는 대리인으로서 기업 경영자의 행위를 충분히 감독할 수 없다는 반성에서 당 조직에 의한 통제가 출발했다. 따라서 당 조직은 주인으로서의 중앙계획자가 기업 내부에 설치한 감독기구라고 볼 수 있다. 김일성이 "일부 공장당 위원회들은 공장에서 설비 등록대장과 설비 경력서를 없애버리고 설비 점검제도와 예비부속품 확보제도를 실시하지 않는 것을 알면서도 그것을 제때에 문제시하지 않았으며 대책을 세우지 않았습니다"(이정철, 2002: 128에서 재인용)라고 비판한 사실을 통해 지배인의 경영행위에 대한 모니터링 기능을 역설적으로 당 조직이 부여받고 있음을 확인할 수 있다.

또한 '당위원회의 집체적 관리'의 또 다른 측면, 즉 군중노선도 기업의 전 구성원을 하나의 감독기구처럼 활용한다는 의도를 내포한다. 물론 군중노선에는 이러한 감독 기능보다는 노동자에 대한 동원체제라는 의미가 더 크지만, 이것이 자발적 감시기구로서의 성격을 내포하고 있음을 무시할 수 없다. 그리고 실제로 군중노선은 지배인에 대한 통제 기능을 부분적으로 수행한 것으로 보인다.[3)]

따라서 대안의 사업체계 구축에 의해 대리인으로서의 지배인이 주인이라고 할 수 있는 중앙계획당국, 중앙계획당국의 위임을 받아 기업을 감독하는 중간관리기관, 그리고 기업 내부의 감독기구인 당 조직과 집단으로서의 노동자에 의해 중첩적으로 감독되는 기업 지배구조가 구축되었다.

그런데 문제는 당 조직에 모니터링 기능만 부여된 것이 아니라는 점이다. 당위원회의 집체적 지도는 기업의 모든 의사결정이 공장·기업소 당비서를 위원장으로 하는 당위원회에서 이루어지게 하고 있다. 당비서는 정치사업을, 지배인은 행정경제사업을 담당하게 되어 있지만

3) 한 탈북자는 1990년대 중반 노동자들에 의한 지배인 고발이 상부기관들에 의해 무마되는 과정을 설명하면서 1980년대 초반까지 노동자들의 지배인 비판이 종종 있었다고 증언한다(민족통일연구원, 1996에서 '종이공장 책임기사 출신 탈북자').

당비서는 당위원회를 통해 사실상 기업의 모든 의사결정에 최종적인 결정권을 보유한다. 따라서 기업 운영과 관련한 권한이 명확하게 배분되지 않고 있다. 기본적으로 정치조직인 당 조직이 형식적으로 기업의 모든 의사결정에 결정적인 역할을 하도록 설정되며, 이와 동시에 지배인은 기업 행정경제 활동의 책임자로 설정된다. 이렇게 기업 운영과 관련한 권한이 명확하게 설정되지 않으면 이를 해결하기 위한 비용이 많이 든다는 것이 소유권 이론의 주요한 성과 가운데 하나이다. 결국 당위원회의 집체적 지도는 의사결정 권한을 둘러싸고 지배인과 당비서가 갈등관계에 처할 수밖에 없는 내적 모순을 내포하고 있다.

대안의 사업체계는 공장장위원회의 집체적 지도와 함께 생산, 자재공급, 후방공급체계 등 기업 운영 전반에 걸친 변화를 가져오고 있다. 먼저 생산 과정에 대해서는 '통일적이며 집중적인 생산지도체계'를 도입했다. 기술을 가장 잘 알고 있는 기사장을 참모장으로 해서 생산지도부, 계획부, 기술부를 두고 이들로 공장참모부를 구성하는 한편 공장참모부로 하여금 기업소의 계획, 생산, 기술활동을 통일적으로 관리하게 하는 생산지도체제로 구체화했다.

둘째, 위에서 아래로 내려다주는 자재공급체계를 도입했다. 대안의 사업체계에서 자재공급체계의 핵심적인 원칙은 '자재를 상급 기관에서 하급기관으로 공급해주는 것'이다.[4] 성, 관리국이 공장·기업소에 대한

---

4) 이는 생산기업이 직접 생산에 필요한 자재를 확보해야 했던 이전의 물자공급체계가 갖는 문제점을 해결하기 위한 것이다. "자재는 반드시 우에서 책임지고 아래로 현물로 날라주어야 합니다. 생산하는 사람들이 종이쪼각을 들고 이리저리 돌아다녀서는 공장에서 생산계획이 잘 수행될 수 없습니다"(김일성, 1969: 18).

자재 공급 책임을 지고 공장·기업소는 직장에, 직장은 생산현장에 자재를 현물로 책임지고 날라다주는 체계이다. 대안의 사업체계는 이러한 중앙집중적 자재공급체계의 도입과 함께 자재상사를 통한 상업적 형태의 자재공급체계를 도입하고 있다. 즉, 모든 자재 공급은 자재상사와의 상업적 계약을 통해 이루어지게 하고 있다.

셋째, 후방 공급체계[5]를 새로 구축했다. 후방부 지배인의 유일적인 지도 아래 경리계획부, 식량부, 부식물공급부, 노동보호물자공급부, 주택관리부, 편의시설부 등 공장 내 부서들을 설정하고 이를 총망라한 후방부 지배인제를 공장 내에 수립했다.

2) 모순 축적과 기업관리체계의 분권화 모색

1980년대 북한은 계획경제 모순의 심화와 경제성장률의 급속한 저하에 직면해 경제 및 기업관리의 부분적 수정을 통해 상황을 타개하고자 했다. 이 시기 기업관리체계의 수정은 부분적인 분권화를 주요한 방향으로 하고 있다. 즉, 도인민위원회의 도입을 통한 지역별 분권화, 연합기업소 체계의 전면적 도입을 통한 부문별 관리의 분권화, 독립채산제의 강화를 통한 경리 측면에서의 분권화, 그리고 8·3 인민소비품 도입에 의한 소비재 생산의 분권화 등이 이 시기 기업관리체계의 부분적 수정의 주요 내용이다. 그러나 1980년대 기업관리체계의 부분적인 변화는

---

5) 후방공급사업이란 근로자들의 물질문화생활의 향상을 도모하는 국가적·사회적 봉사활동으로, 여기에는 소비품의 계획적 보장, 편의봉사, 합숙운영, 주택관리, 보건사업 등이 포함된다(『경제사전』, 1970: 745).

전체적으로 북한 기업관리체계에 의미 있는 변화를 가져오지는 못했다.

우선 연합기업소 체계가 일정한 분권화를 가져온 것은 분명하지만 북한의 연합기업소에 주어진 의사결정 권한은 1960년대 중반 이후 테크노크라트형의 개혁을 시도한 동독이나 불가리아의 경우에 비하면 미미한 편이다. 또한 북한의 연합기업소는 많은 기업을 하나의 조직으로 묶어놓았을 뿐 그 내부에 잘 정의된 조정체계를 확보하지 못했다. 연합기업소는 하나의 거대한 관료조직과 다를 바 없게 되었고, 이러한 관료적 구조를 가진 연합기업소가 자체 기업들을 사전적으로 조정하는 데에는 많은 비용이 필요했으며, 실질적인 균형을 달성하는 것도 힘들어졌다(최신림·이석기, 1998). 또한 연합기업소는 소속 기업 간의 모호한 재산권 관계(소득권과 통제권 모두) 때문에 소속 기업 간의 역할과 권한을 어떻게 조정할지의 문제를 안고 있었다(Kang and Lee, 1992). 이런 점에서 연합기업소 체계는 개별 기업에는 또 다른 중간관리기구와 그다지 다르지 않게 되었다.

북한의 독립채산제가 개별 기업의 경영상 상대적 독자성을 부분적으로 확대하고 계획화 체계 내에 이윤이나 수익성 같은 경제적 지렛대의 사용 폭을 넓히는 방향으로 강화되었지만 그 의미는 지극히 제한적이며 형식적이었다. 기본적으로 독립채산제가 계획화 체계의 근본적인 변화를 수반하지 못하고 있으며 물적 생산지표를 중심으로 하는 계획의 일원화·세부화의 틀 내에서 적용되기 때문이다.[6] 계획화 체계에서 물

---

6) "채산을 맞출 데 대한 요구는 금액본위로 나가면서 현물지표별 계획수행을 소홀히 하는 현상과는 아무런 인연도 없다. 그 어떤 불리한 환경 속에서도 생산계획을 현물지표별로 수행하면서 수익성을 보장해야 한다"(한인호, 1984: 58).

적 생산지표가 주된 지표로 남아 있는 상황에서는 생산비나 이윤 같은 지표들이 계획지표의 하나로 추가된다 하더라도 기업의 생산행위에 근본적인 변화가 발생하지 않는다. 특히 생산물 조합이나 생산요소 투입 등에 기업의 독자성이 보장되지 않는 상태에서 독립채산제를 강조하는 것은 기업의 생산가격처럼 기업 이윤에 영향을 미치는 변수들을 둘러싸고 개별기업과 상부 당국 간의 협상 필요성만 강화시킬 뿐이다. 설사 기업 경영활동의 결과로 나타난 수익성 관련 지표가 기업 경영활동의 효율성을 정확하게 반영하더라도 이러한 수익성이 기업 종사자들의 후생 수준, 나아가 기업의 성장과 존폐 등에 큰 영향을 미치지 않는다면 독립채산제는 실질적인 내용을 가진다고 보기 어렵다. 기업의 경영활동 결과 발생한 이윤 중 국가에 납부되지 않고 기업 내부에 유보되는 부분인 기업소기금, 상금기금 등의 비율이 1980년대 후반에 증가했다고 추정되고 있지만 이는 제한적인 의미만을 가진다. 여전히 생활비는 북한 근로자의 임금에 절대적인 비중을 차지하고 있다. 수익의 의미가 제한적일 뿐 아니라 손실의 의미도 지극히 제한적이다. 손실 발생이 추가적인 보수 지급에 어느 정도 영향을 미치지만 기업의 운명에 큰 영향을 미치지는 않는다. 그 반면 물적 생산지표의 미달 또는 초과 달성, 그리고 설비 규모 확대가 기업 및 기업 종사자에게 미치는 영향은 막대하다. 따라서 수익성 지표는 부차적인 의미를 지녔을 뿐이다.

결국 1980년대 중반의 부분적 분권화 시도는 새로운 기업관리체계 구축으로 이어지지 못했다.[7] 그 반면 경제의 성장동력은 지속적으로

---

7) 강명규(1994)는 1980년대 중반 북한경제관리체계 개혁을 중국의 국영기업

악화되어 중앙집중적 계획화체제의 약한 고리인 물자공급체계는 약화일로에 있었다. 중앙집중적 물자공급체계가 유지되기는 했지만 계획 및 행정기구의 모든 역량이 생산에 필요한 물자를 공급하는 데 투입되어야 할 정도로 상황은 악화되고 있었다. 지방에 있는 기업의 지배인이 필수 중간재의 안정적 공급과 특혜적 세금 감면을 위해 국가관료들과 교섭하고자 대부분의 시간을 평양에서 보낼 정도로 자재 공급 사정은 악화되어갔다(강명규, 1994).

1980년대 중반경까지 중앙집중적 물자공급체계가 계획의 일원화·세부화 체계와 대안의 사업체계가 묘사하는 방식대로 작동하지는 않았지만 기업의 생산 자체가 불가능할 정도로 약화되지는 않은 것으로 보인다. 자재공급체계가 계획에 의해 완벽하게 이루어지지는 않았지만 줄서기나 뇌물, 그리고 기업 간 상호 협조와 같은 추가적인 방법을 통해 비효율적으로나마 기능하고는 있었다. 자재 공급은 자재 공급의 시기, 공급되는 자재의 질적 수준 등에 있어서는 큰 문제를 띠고 있었지만 기업의 생산 자체를 마비시킬 정도는 아니었다. 말하자면 중앙집중적 물자공급체계를 전제로 한 기업관리체계는 효율성 측면에서는 모순이 심화되고 있었지만 기업 경영을 규정한다는 측면에서는 여전히 유효한 제도로 존속되고 있었다. 바로 이 점이 1990년대 이전의 북한의 공식적인 기업관리체계와 1990년대의 기업관리체계를 구분하는 가장 중요한 요인이다. 그렇지만 성장 추세의 급속한 둔화로 인해 근원적으로 모순

개혁과 비교하면서 비슷한 개혁조치들을 취한 중국 국영기업에서 뚜렷한 개선이 없었으므로 북한 기업의 개혁도 비슷한 결과를 가져오리라는 결론을 내린다.

을 내포하고 있는 중앙집중적 물자공급체계는 시간이 지날수록 약화되어갔으며, 이는 다시 북한의 공식적인 기업관리체계와 그 물적 토대 간의 모순을 심화시켰다. 결국 부분적 분권화가 이루어졌음에도 공식적인 기업관리체계와 그 물적 토대 간의 모순이 심화된 것이야말로 1980년대 북한 기업관리체계의 가장 큰 특징이라고 할 수 있다.

3. 경제위기와 기업 행동양식의 변화: 1990년대

1) 아래로부터의 변화 압력과 기업관리체계의 부분적인 수정

1990년대 북한경제의 위기는 동원 가능한 내부 자원의 고갈로 외연적 축적 시스템이 더는 기능할 수 없는 상황에서 닥친 외부적 충격이 공식 시스템의 급작스러운 기능 저하를 초래해 발생한 것으로 요약할 수 있다. 심화되는 계획경제의 모순이 이러한 위기 발생 메커니즘의 근저에 자리 잡고 있음을 굳이 언급할 필요는 없다. 북한경제의 이러한 위기는 1990년 이후 9년 연속 진행된 마이너스 성장이나 30%를 하회하는 산업가동률 등으로 극적으로 표출되었으며, 대외무역의 급감, 극심한 식량난, 에너지·원자재 사정 악화 등에 따라 산업순환 자체가 붕괴되기에 이르렀다.

극심한 식량난과 산업생산 붕괴 등으로 계획경제의 근간을 이루는 배급체계가 붕괴되고 공식적인 법률, 규정, 제도의 권위가 약화되었으며, 이를 비공식적인 관계가 대체해가는 공식 시스템의 퇴화 현상이 가속화되었다. 국가는 이를 효과적으로 통제하지 못하거나 부분적으로

방임하는 실정이었다. 북한 당국은 장마당 등 비공식 부문의 확산을 암묵적으로 용인함으로써 체제 생존을 도모했다.

1980년대 중반 이후 나름대로 기업관리체계의 변화를 시도했던 북한이 1990년대에는 이렇다 할 변화를 시도하지 않았다. 실용주의적 경제 정책과 부분적인 대외개방 정책의 추진 등 정책 변화는 목격되지만 기업관리체계에서는 연합기업소 체계의 도입에 비견될 만한 변화가 일어나지는 않았다. 물론 독립채산제를 지속적으로 강조하거나 경제관리에 당적 측면보다는 행정 측면을 강조하는 등 1980년대의 부분적인 분권화 흐름이 어느 정도 이어지는 것은 사실이다. 그러나 이러한 경향은 공식적인 기업관리체계 내의 강조점이 부분적으로 이동한 것에 불과했으며 기업관리체계의 뚜렷한 변화로 구체화되지는 못했다.

북한 당국이 공식적인 기업관리체계를 뚜렷하게 변화시키지는 않았지만 경제체제의 존속 자체를 위협할 정도의 경제 침체와 식량난, 그에 따른 물자배급체계의 붕괴는 중앙 당국이 의도하지 않은 기업 행동양식의 변화를 강제하게 했다. 이는 일차적으로 1980년대에 취한 일련의 조치들이 새로운 의미를 가지는 형태로 나타났다. 그 대표적인 것이 독립채산제의 실질적인 강화이다. 북한은 1970년대 이래 독립채산제를 강조해왔지만 물적 계획이 가장 우선시되는 계획화 체계에서는 수익성 지표의 부분적인 강조가 기업 행동에 큰 영향을 미치지 못했다. 역설적으로 독립채산제의 의미는 수익성 지표가 그 의미를 사실상 상실한 1990년대에 더욱 강화되는 것으로 보이는데, 이는 중앙집중적 물자공급체계가 약화되고 그에 따라 자력갱생이 지속적으로 강조되면서 독립채산제가 기업의 예산제약에 대한 강화로 귀결되고 있기 때문이다. 독립채산제에 따른 이윤 배분 원칙이나 작업반 도급제 등 구체적인 규정이 기업의 행동을 변화시키는 것이 아니라 독립채산제 자체가 자력갱생과 동의어가 되고 '스스로 벌어서 종업원을 먹여 살려야 하는 체제'와 같은 의미를 지니게 되면서 기업 행동에 적지 않은 변화가 일어났다.

1990년대에 기업 행동양식이 변화한 가장 큰 동인은 중앙집중적 물자공급체계의 약화였다. 20~30%에 불과한 산업설비 가동률이 명확하게 보여주듯 산업생산의 침체로 중앙 당국은 군수 부문 및 일부 전략적인 분야를 제외하고는 물자를 공급할 여력을 상실했다. 연합기업소 제도를 도입한 가장 큰 동인이 물자공급체계 개선에 있을 정도로 물자공급체계는 북한경제의 가장 큰 약점을 구성했다. 그러나 적어도 1980년대까지 북한의 물자공급체계는 비효율적이고도 모순적이었지만 기능이 전면적으로 중단된 것은 아니었다. 그러나 1990년대 중반 이후에는 북한의 중앙집중적 물자공급체계가 사실상 기능을 상실했다. 이는 북한 기업이 1980년대와는 근본적으로 다른 환경에서 운영되고 있음을 의미한다. 따라서 북한이 1990년대에 공식적으로 새로운 기업관리체계를 도입하지는 않았지만 이와 무관하게 기업 행동은 변화할 수밖에 없었다. 이에 따라 계획의 일원화·세부화 체계는 급속도로 실질적인 내용을 상실하고 의제화되어 갔으며, 기업 내부에서도 새로운 관계가 구축되고 있었다.

북한 당국은 이러한 공식적인 기업관리체계 약화에 대해 계획규율을 강화함으로써 체제 이완을 막는 한편 부분적으로는 변화된 현실을 수용하려는 이중적인 태도를 취했다.[8] 이러한 정책 흐름은 이른바

8) 박형중(2002a)은 북한의 이러한 경제정책 노선을 '중앙집권적 통일적 지도

<표 3-1> 시기별 기업관리체계의 변화

	경제발전 과정의 특징	기업관리체계 변화의 동인	기업관리체계의 변화
1960년대 이전	경제의 사회주의적 개조	과도기적 기업관리체계	• 상대적으로 느슨한 계획화 체계 • 지배인 유일관리제
1960년대	사회주의 공업화	사회주의 경제 운영을 위한 기업관리체계 필요성	• 계획의 일원화·세부화 체계 구축 • 대안의 사업체계 구축
1970~1980년대	저성장과 침체, 모순 누적	분권화를 통한 경제 침체 탈피 시도	• 도인민경제위원회 도입을 통한 지역별 분권화 • 연합기업소의 전면적 도입 • 독립채산제 강화 • 8·3 인민소비제품의 도입
1990년대	경제위기와 모순 폭발	경제 위기와 아래로부터의 변화	• 내각중심제로의 전환 • 인민경제계획법 제정 • 계획규율 강화 시도 • 예산납부제 수정 • 지방예산편성제도 변경 • 기업에 의한 자발적 시장화 전개

고난의 시기를 지나고 김정일 체제가 확립되어 강성대국 건설론이 주창되는 1998년경부터 본격화된다. 1998년의 헌법 개정과 1999년의 「인민경제계획법」 제정은 이러한 정책 방향이 구체화된 것이다.

신헌법에서 1990년대에 일어난 사회경제적 변화를 상당 부분 공식적으로 수용한다는 점에 주목할 필요가 있다. 즉, 대외무역의 다양한 주체 인정,[9] 개인 소유 확대,[10] 독립채산제 강조[11] 등이다. 1999년에

강화 + 실리 보장론'으로 평가하고 이를 2001년 이후의 '경제관리의 개선 + 실리 추구론'과 대비한다.

9) 대외무역 주체에 사회·협동단체를 추가하고 있다.

10) 텃밭 경리 외에 기타 합법적인 경리활동의 수입도 개인의 소유로 한다는 조항을 신설했다.

11) 경제관리에 "독립채산제의 실시와 원가, 가격 수익성을 고려한다"라는 조

제정된 「인민경제계획법」도 “계획적 조건의 타산과 실리 보장의 원칙에서 내부실사, 경제실사, 계획실사를 잇는 방법으로 현행계획을 작성해야 한다”라고 규정하고 있어 현실에 입각한 경제계획을 요구한다.

그러나 「인민경제계획법」 제정은 ‘계획규율 문란’에 대한 경고와 함께 이루어지고 있어 이 시기의 경제정책 방향을 잘 보여준다. 아울러 신헌법을 통해 정무원 체제에서 내각 중심체제로 전환되면서 중앙집중적 계획화 체제 복원이 더욱 강조된다. 이 시기의 북한경제 관련 학술지인 ≪경제연구≫의 논문들을 살펴보면 현실적인 경제계획을 수립할 필요성이 지적되기는 하지만, 그보다는 중앙집중적 계획의 복원에 대한 필요성이 더욱 강조된다.

다음 분석을 통해 중앙집중적 계획화 체계의 복원과 실리 보장을 동시에 추구하는 정책 시도는 중앙 당국의 경제 전반에 대한 규정력이 크게 약화된 상황에서 별다른 성과를 거두지 못했음을 확인할 수 있다. 이에 북한 당국은 2001년부터 정책 전환을 시도했는데, 7·1 경제관리개선조치는 그러한 정책 전환의 산물이다.

2) 계획화 체계 해체와 기업 행동양식 변화

(1) 내부자 통제 경향의 발생과 자발적 시장화

가. 계획화 체제의 해체와 내부자 통제 경향의 발생

1990년대의 극심한 경제 침체로 중앙집중적 물자공급체계가 사실상

항을 추가했다.

붕괴되면서 계획 수립, 생산, 물자 조달, 생산물 처분, 계획 평가 등 계획화의 제 측면에서 계획의 일원화·세부화 체계는 실질적으로 해체되어갔다.

공식적인 제도 변화가 수반되지 않아 계획 작성 체계는 큰 변화를 겪지 않았지만 계획의 성격은 상당히 변화되었으며, 이러한 성격 변화는 계획 수립 시 기업의 통제권이 상당히 강화되는 방향으로 이루어졌다. 기본적으로 기업이 제공한 정보를 기초로 한 계획이 작성되었고, 기업의 요구에 의해 수시로 계획이 수정되었으며, 계획 작성 과정에 기업의 발언권이 강화되었다. 계획지표 구성이나 지표 수에서는 큰 변화가 없지만 물적 지표보다는 금액지표, 특히 생산총액의 의미를 지니는 액상계획이 사실상 계획의 주된 지표가 됨으로써 기업은 주어진 계획을 수행하는 데 많은 자율성을 갖게 되었다.

계획의 일원화·세부화 체계의 해체는 계획 수립보다는 계획 실행 과정에서 두드러진다. 먼저 중앙집중적 자재공급체계 붕괴, 그에 따른 현물계획의 사실상 포기, 액상계획 위주의 계획 평가 등이 결합되면서 기업은 생산물 조합에 매우 큰 재량권을 확보하게 되었다. 당초 기업의 재량권은 주어진 현물계획 내의 생산물 조합을 부분적으로 수정해 계획이 쉽게 수행되게 한다는 차원에 머물렀다. 그랬던 것이 1990년대에는 중앙정부가 개별적으로 지령하는 생산품목을 제외하고는 계획지표와는 거의 관계없이 기업이 독자적으로 생산물 조합을 결정하는 정도에까지 이른 것으로 판단된다.

생산에 대한 중앙 당국의 통제도 유지되고 있다. 그러나 생산에 대한 통제는 계획을 통하기보다 직접적인 명령을 통해 이루어진다. 주석(主席)펀드 등 통제물자나 중앙에서 특별히 중요하다고 판단하는 물품에 대한 생산통제는 상대적으로 강하게 이루어지고 있다. 특히 중앙 당국의 직접적인 명령에 의한 생산이 대규모 중앙공장을 중심으로 광범위하게 통제되고 있다.

> 다른 모든 공급계획을 중단하고 지금부터 생산하는 모든 석탄은 어디로 공급하라는 지시가 수시로 내려온다. 실제 생산은 대부분 이런 형태로 이루어진다.[12)]

요약하면 지방 산업 공장을 비롯해 중앙의 직접적인 통제가 약한 기업에서는 기업에 의한 자율적인 생산물 조합을 선택하는 형태로, 그리고 전략적 중요성을 지닌 대규모 중앙공장에서는 계획이 포기된 채 이루어지는 직접적인 명령에 따라 생산하는 형태로 계획의 일원화·세부화에 의한 생산이 대체되고 있다. 이러한 생산통제 변화는 국가가 전략적으로 중요한 품목에 직접적인 통제권을 유지하고 그렇지 않은 품목에는 기업의 재량권을 확대하는 중국의 기업개혁과 결과적으로 유사한 측면이 있다. 그러나 중국의 경우 계획경제의 모순을 완화하기 위해 국가가 위로부터의 개혁을 시도함으로써 이러한 변화가 발생한 데 반해 북한의 경우는 체계가 급속히 약화되면서 국가가 통제 가능한 부분으로 물러나고 그 빈자리를 기업들이 메우고 있다는 점에서 변화 원인은 판이하다. 또한 이는 생산 과정에 대한 기업의 실질적인 통제력이 강화되는 과정이기도 하다.

---

12) 도급 탄광지배인 출신 탈북자(연합기업소급 탄광 간부 경력). 이 절의 탈북자 증언은 필자가 2002년에 행한 탈북자 인터뷰 자료에 근거함.

생산을 위한 물자 조달과 생산된 제품의 처분도 계획의 일원화·세부화 체계에서 크게 이탈하고 있다. 중앙 당국은 계획화에 의해 자재를 조달하기보다는 전략적인 품목에 대해 개별적으로 지령을 내려 자재를 공급하고 있으며, 그 이외의 부문에 대해서는 사실상 기업이 자체적으로 자재를 공급하도록 요구하고 있다. 이는 정도의 차이는 있지만 중앙공업과 지방공업에서 동일하게 일어나는 현상이다. 기업은 1990년대 초반까지만 해도 되도록 계획화 체제 내에서 자재를 조달하고자 했으며 불가피한 경우에만 비공식적으로 또는 불법적으로 자재 조달을 시도했다. 그러나 1990년대 중후반 이후에는 공식적 자재 조달과 비공식적 자재 조달을 구분하는 것 자체가 의미를 상실한 것으로 보인다. 기업 간 소규모 거래나 기업과 개인 간 거래에서는 현금 거래도 이루어졌지만 기업 간 거래, 특히 대규모 기업 간 거래에서는 주로 물물교환이 이루어졌다. 그러나 물물교환의 경우에도 국정 가격과는 무관하게 시장가격에 가까운 웃돈이 붙어서 거래되었다.

생산물 처분도 비슷한 양상을 띠고 있다. 1990년대 초까지는 계획화된 기업 중 영향력이 있는 인사가 압력을 넣거나 뇌물을 주는 기업에 우선적으로 생산물을 공급했다. 그런데 1990년대 중반 이후로는 중앙정부가 개별적으로 명령하거나 특별하게 공급처가 고정되어 있는 경우가 아니면 기업이 임의로 생산물을 처분하는 비중이 크게 늘어났다. 기업은 계획화된 공급선만이 아니라 계획화되지 않은 기업과 비공식부문에 대해서도 광범위하게 생산물을 공급하고 있다. 이러한 과정을 통해 기업은 생산물을 가장 효과적으로 처분함으로써 기업이 필요로 하는 자재를 구입하고 있으며 종업원에게 임금을 지불하거나 식량을 공급하고 있다.

계획 자체가 점차 형식화되어가고 중앙 당국이 스스로 계획과 무관한 직접적인 지시를 통해 생산과 자재 공급을 추구함에 따라 계획 평가도 형식적인 의미만을 담게 되었다.

따라서 계획의 수립, 실행, 평가의 제 측면에서 계획의 일원화·세부화는 형식적으로 전락하고 있으며 생산 순환의 전 과정에서 기업의 실질적인 통제력이 강화되고 있다.[13] 이때 계획의 일원화·세부화 체계의 약화를 나타내는 제반 현상이 1990년대 특유의 현상은 아니라는 점을 주의해야 한다. 중앙집중적 물자공급체계는 그 체계가 구축된 초기를 제외하고는 제대로 작동한 적이 없으며, 1990년대와 정도의 차이는 있지만 이전에도 기업들은 공식적인 물자공급체계가 제대로 공급하지 못하는 자재를 조달하기 위해 비공식적인 거래를 많이 해왔다. 생산물 조합의 자의적 변경이나 생산물의 임의 처분도 1990년대 이전부터 드물지 않게 이루어졌다. 1990년대 이전과 1990년대의 차이는 다음과 같다. 1990년대 이전에는 계획경제의 모순이 심화되어 그 효율성이 지속적으로 약화되는 상황에서도 계획의 일원화·세부화로 대변되는 공식적인 시스템이 경제순환을 전반적으로 규정하고 있었지만 1990년대부터 이 체계가 경제순환을 전체적으로 규정하지 못하게 되었다는 것이다. 즉, 1990년대 이전부터 지속된 모순의 양적 축적이 1990년대 들어 질적인 변화로 전환된 것이다.

기업의 실질적인 통제력이 강화되는 반면 중간관리기관 및 감독기관

---

13) "사회주의 건설 과정에 일시적인 난관이 있다고 하여 국가의 통일적 지도를 포기하면 지방분권화, 자유화가 조장되어 나라의 경제를 파멸에로 몰아간다"(리영화, 1999: 11). 이 같은 경고는 이러한 상황에 대한 반응이라고 할 수 있다.

의 기업에 대한 감독·통제 기능의 실효성은 크게 약화되고 있다.[14] 관료적 통제는 약화되는 반면 기업과 중간관리기관 간 이해관계가 일치되면서 담합할 가능성은 증대되고 있다. 특히 지방행정기관은 관내 지방 산업 공장에 대한 통제 기능을 거의 수행하지 못하고 있으며, 기업과 담합해 기업이 강화된 통제권을 원활하게 사용할 수 있도록 지원하는 경향이 강화되고 있다. 검찰 등 독립적인 감독기관도 기업과 일정하게 담합해 기업이 실질적으로 확보한 통제권에 대해 용인하고 있는 것으로 보인다.

따라서 기업 경영의 제 측면에서 통제권이 중앙 당국에서 기업으로 이전되고 있으며, 기업에 대한 외부 감독기관의 감독·통제가 효과적으로 이루어지지 않는 상황, 즉 내부자 통제 경향이 북한에서 초보적으로 발생하고 있다고 판단된다.

나. 북한 내부자 통제의 특징

북한에서 발생하는 내부자 통제 경향은 중국이나 구소련 등의 내부자 통제와는 매우 다른 형태로 발현된다.

내부자 통제는 사회주의 경제의 개혁 과정에서 연유한다. 이 개혁 과정은 장기간에 걸쳐 이루어지기 때문에 내부자 통제는 단계적으로 발전된다. 장기간에 걸친 내부자 통제의 발생 과정은 러시아에서 가장 명확하게 나타나는데, 계획경제 모순에 따른 경제 침체에서 벗어나기

---

14) “석탄공업 총국 지도원들에 대해서는 이제 신경 쓰지 않는다. 그들은 손님일 뿐이다. 탄광에 내려오면 적당히 대접해서 보낸다. 그 이상 신경 쓰지 않는다. 그들이 해줄 수 있는 일이 없을 뿐 아니라 그들에게 잘못 보여서 해될 것도 별로 없다”(자재상사 사장 출신 탈북자).

위해 구소련의 중앙계획당국은 끊임없이 경제개혁을 추진했으며 기업개혁은 이러한 경제개혁의 주요한 구성요소 가운데 하나였다. 경제개혁 또는 기업개혁이 소기의 목적을 충분히 달성하지는 못했지만 이러한 과정을 통해 기업의 자율성이 점차 확대되었으며, 이처럼 기업의 자율성이 확대되는 과정은 전통적으로 기업 내 권한이 강한 구소련 기업에서 경영자들의 권한이 더욱 강화되는 과정이기도 했다. 그 결과 공산주의 정권이 갑작스럽게 몰락하기 이전에 이미 국유기업의 경영자들은 기업의 통제와 관련해 누구도 범접할 수 없는 강력한 권한을 확보하게 되었다. 마찬가지로 사회주의 기업관리체계에서 노동자들이 확보해간 직업의 안정성은 사회주의 국유기업에서 이미 확고해졌다. 이러한 상황에서 사회주의가 붕괴되고 체제가 급속하게 전환함에 따라 기업 지배구조에서 국가의 역할이 갑자기 제거되었고, 이로써 경영자를 중심으로 한 기업 내부자가 기업의 실질적인 지배권을 확보하는 현상, 즉 내부자 통제현상이 발생했다.

러시아에서 경영자가 기업에 대해 강력한 통제권을 확보한 것과는 달리 폴란드의 경우에는 노동자가 이행 과정에서 강한 통제력을 행사했다. 폴란드에서는 공산정권이 붕괴되기 훨씬 이전에도 개혁 과정을 통해 노동자평의회가 강한 권한을 확보하고 있었으며, 일단 이행이 시작되자 노동자들은 시장지향적인 사유화가 시작되기도 전에 기업 자산에 대한 통제권을 접수하기 시작했다. 그 결과 많은 국유기업들은 주식회사로 전환되기보다는 회사 자체가 청산되었으며, 노동자들이 다수의 지분을 가지는 새로운 회사가 설립되었다.

여타 동유럽 국가에서도 정도의 차이는 있지만 오랜 경제개혁 과정을 거치면서 내부자의 기업통제력이 강화되어왔으며, 체제전환 과정을 거치면서 각 나라에서 그 정도와 형태가 다양한 내부자 통제 경향이 발생했다. 따라서 구소련 및 동유럽에서의 내부자 통제 경향은 이전의 중앙집중적 계획화 시스템의 유산으로부터 진화하는 자연스러운 과정이라고 할 수 있다(Aoki, 1995).

한편 체제전환 과정이 러시아나 동유럽과는 다른 중국에서는 이 나라들과는 다른 형태로 내부자 통제 경향이 발생했다. 이근·한동훈(1999)은 중국에서의 내부자 통제는 기업개혁 진전과 함께 단계적으로 강화되었으며 그 성격도 점차 경영자 중심으로 변화되었다고 분석한다. 그들은 국유기업 개혁이 재산권 문제보다는 인센티브제 개혁에 머물렀던 초기 개혁시기에는 기업 경영에 대한 통제권이 기업 내부자로 많이 이전되었지만, 정부의 관리 부문이 여전히 상당한 통제권을 보유하고 있었고, 경영자와 종업원 등 내부자의 권한은 상대적으로 약했기 때문에 내부자 통제가 본격적으로 진전되었다고 보기는 어려우며, 개시 단계였던 것으로 보고 있다. 이후 국유기업 개혁이 단순한 인센티브제 개혁을 넘어 소유제 및 주식제 도입으로까지 진행되는 단계에서는 경영자 권한이 상당히 진전되어 경영자 위주의 내부자 통제가 본격적으로 발생했다고 분석한다.

많은 연구자가 이행경제의 내부자 통제 경향에 주목하는 것은 기업통제권을 확보한 내부자들이 자신들의 이해관계를 위해 통제력을 적극적으로 활용하지만 국가는 이를 통제할 적절한 수단을 확보하지 못해 여러 가지 부정적인 결과가 초래되기 때문이다. 그뿐 아니라 내부자 통제 경향은 국가가 국유기업의 사유화 전략을 수립할 때 일정한 제약을 가하는 등 이행의 주요한 초기 조건 가운데 하나이다.

러시아에서 내부자 통제는 경영자가 노동자와 담합해 기업을 사실상 통제하는 형태로 나타났다. 이러한 내부자 통제는 국가로 하여금 사유화 전략을 수립하거나 실행할 때 내부자에게 일정 정도 양보할 수밖에 없도록 강요함으로써 사유화 과정에 큰 영향을 미친다. 그뿐 아니라 이러한 내부자 통제는 외부자로 하여금 내부자 통제 기업에 투자할 때 상당한 대리비용이 발생할 것이라고 예상하게 함으로써 적절한 투자가 이루어지지 못하게 하는 등 사유화 과정에 부정적인 영향을 미친다(Berglof, 1995).

러시아의 내부자 통제는 사유화 과정에서 내부자의 이해관계 관철이라는 형태로 부정적인 영향이 발현되었던 한편, 초기 중국의 내부자 통제는 기업 이윤을 국가와 기업 간에 배분하는 데 영향을 미쳤다. 즉, 이윤청부제하의 중국 국유기업의 내부자 통제는 내부자와 외부자 간 담합, 즉 하급 국가기관과 기업 경영자 간 담합 및 내부자인 기업 경영자와 종업원 간 담합을 통해 기업 이윤의 과도한 내부 유보 및 배분을 초래했다. 하급 국가기관은 중앙정부의 이익에 반해 기업 경영자와 담합해 기업통제권 유지와 이에 따른 경제적 이익을 도모했으며, 경영자는 그 반대급부로 하급 국가기관으로부터 가부장적 보호를 받으려고 했다. 기업 내부에서는 기업 경영자가 종업원들과 담합해 자신의 기업 내 위상과 생산 과정에서의 협조를 보장받았으며, 그 반대급부로 종업원들에 대한 과도한 복지를 제공했다. 국유기업 개혁이 소유제 및 주식제 도입으로 확대되는 시기에는 내부자 통제에 의한 국유자산 유실이 기업자산의 자의적인 운용을 통해 나타났다(이근·한동훈, 1999).

그러나 북한에서는 내부자들이 새롭게 확보한 통제력을 통해 이득을 취할 경제적 기반이 존재하지 않는다. 내부자들은 생존을 위해 이러한 통제력을 소극적으로 활용할 뿐이며, 이에 따라 내부자 통제는 기업에 의한 자발적인 시장화 형태로 구체화된다. 앞서 살펴봤듯이 생산을 위한 물자 조달, 생산된 제품 처분 등에서 사전적 계획화가 지배하는 영역은 크게 축소되었으며 기업은 계획화 체계에서 벗어나 물물교환이나 현금을 통해 물자를 조달하거나 생산된 제품을 처분하고 있다. 이때 물자 조달이나 생산된 제품 처분은 명령이나 공식적 규정에 의해 이루어지는 것이 아니라 기업과 기업 간, 또는 기업과 개인 간의 자발적인 거래에 의해 이루어지고 있다. 이러한 거래를 매개하는 것은 가격이다. 따라서 일종의 시장조정양식이 일원화·세부화 계획체계를 대체하고 있는 것이다. 국가에 의해 공식적으로 제도가 변화하지 않은 상황에서 기업들이 생존, 즉 생산의 지속을 위해 사실상의 시장 거래를 통해 물자를 구매하고, 이 물자를 이용해 생산한 제품을 판매하고 있다는 점에서 자발적인 시장화가 1990년대 북한 기업 행동양식 변화의 핵심을 구성한다고 할 수 있다.

그런데 1990년대에는 기업에 의한 자발적인 시장화가 공식적인 제도의 뒷받침을 받지 못했기 때문에 기형적인 형태로 이루어졌다는 한계가 있다. 기업 간 거래에서 화폐의 사용은 강력하게 억제되었을 뿐 아니라, 화폐적 거래를 가능하게 할 정도의 현금이 기업 내부에 축적되거나 유통되지도 못했다. 따라서 소규모 기업 간 또는 기업과 개인 간 거래에서 현금 거래가 부분적으로 이루어졌지만 기업 간 거래, 특히 대규모 국유기업 간 자발적인 거래는 대부분 물물교환 형태로 이루어졌다. 비록 일종의 시장 가격이 이 물물교환을 매개했지만 현대적인 대규모 기업 간 물물교환은 효율성을 담보하기 힘들다. 특히 전국적인 의미를 가지는 대규모 중앙기업 간 교환이 석탄 - 식량, 석탄 - 식량 - 기계 간 교환이라는 형태로 이루어지면서 계획의 일원화·세부화 체계가 제한적으로나마 달성했던 전국적인 규모의 조정이 크게 훼손될 수밖에 없었다. 중앙집중적 물자공급체계가 작동하지 못하는 상황에서 물물교환은 개별 기업의 생산 활동을 지속하기 위한 어쩔 수 없는 방편이었다. 그런 점에서 물물교환은 1990년대 북한경제의 재생산에 일정하게 기여하는 측면이 있지만, 이러한 교환은 매우 국지적인 규모에서만 조정할 수 있을 뿐이며, 전국적인 수준에서의 균형은 오히려 파괴한다는 점에서 계획화 체계에 비해 퇴행적이라고 해야 할 것이다. 따라서 1990년대 북한의 자발적 시장화는 퇴행적 시장화의 형태로 구체화되었다고 판단할 수 있다.

중앙공장에 대한 국가 통제가 사전적 계획화의 틀이 아니라 직접적인 명령에 의해 이루어지는 경향이 심화되고 있다는 점도 1990년대 계획화 체제의 약화에 따른 부정적인 측면이다. 전국적인 의미를 가지는 대규모 중앙공장에서 직접적인 명령에 의해 생산하고 공급함으로써 국지적인 균형을 부분적으로는 회복할 수 있었지만 전국적인 규모에서의 조정과 균형 회복에는 부정적으로 작용했음이 분명하다. 물적 균형방식에 의해 수립된 계획을 수행할 때 기업들이 액상계획에 치중하는 것도 분업과 조정이라는 측면에서는 결코 효율적인 방식이 아니다.

따라서 계획의 일원화·세부화 체계가 약화되더라도 효율적인 조정양식의 발전에 의해 대체되고 있는 것은 아니다. 중앙집중적 계획화 체제가 한편으로는 물물교환이 주된 교환양식인 퇴행적인 시장조정에 의해, 또 한편으로는 재생산 순환의 균형을 보장하지 못하는 직접적 명령에 따른 조정방식에 의해 대체되고 있는 과도기적 상황인 것이다.

(2) 기업 내부 지배구조 변화

내부자 통제와 생존을 위한 자발적인 시장화는 기업 내부 의사결정 권한의 배분구조 변화, 기업 내부자 간의 담합, 노동자에 대한 국가와 당의 통제력 약화 등 기업 내부 구조 변화를 수반하며 진전되고 있다.

가. 내부자 간의 담합과 의사결정 권한 배분구조 변화

1990년대 들어 계획의 수행 자체가 극히 어려워지고 심지어 생산의 지속 자체가 기업 관련자의 생존에 큰 영향을 미치게 됨에 따라 계획의 수행 또는 생산의 지속이라는 측면에서 기업 구성원의 이해관계가 단순화되는 경향이 발생했다. 특히 중앙 당국에 의한 배급제가 사실상 중단되고 기업이 종업원의 생계를 책임지게 되면서 생산의 지속은 기업 구성원의 생존과 직결되는 문제가 되었다. 따라서 생산을 직접적으로 장악하고 있는 지배인의 역할이 더욱 강화되고 당비서의 발언권은 상대적으로 약화되었다. 경제 사정이 극도로 악화되면서 생산물에 대한 직접적인 통제권 자체가 지배인의 권한을 강화하는 작용을 하기 시작했다. 즉, 기업이 생산물 처분에 상당한 자율권을 갖게 되고 생산물의 처분을 통해 기업 운영에 필요한 자재만이 아니라 기업 관계자의 임금 또는 식량까지 조달하게 됨에 따라 생산물 처분에 통제권이 강한 지배인이 기업 당비서 등에게 일정한 영향력을 행사할 수 있게 된 것이다.

우리 자재상사는 크지 않으니까 한 개당 세포가 있어서 당 세포비서가 종합지도를 하면서 세포비서를 겸임했는데, 이 사람은 사장이 결정한 사항을 거부하지 못한다. 국가에서 배급을 주지 않으니 기업에서 공급하는 것으로 생활해야 하는데 사장의 말을 듣지 않으면 배급 시 우대조치를 하지 않을 수 있다. 당 세포비서가 이를 알고 내 말을 잘 들었다. 과거에는 그렇지 않았는데 이제는 나라에서 배급을 안 주니까 당비서도 어쩔 수 없다.[15)]

물론 지배인의 이러한 권한 강화는 제한적이다. 북한에서 가장 강력한 영향력을 확보하고 있는 조직이 군과 당 조직이라고 할 때 당 조직이 인사권을 장악하고 있는 한 지배인의 권한 확대는 제한적일 수밖에 없다. 기업 내 당 조직이 생산의 지속이라는 이해관계에 따라 지배인과 타협해갈 수밖에 없기는 하지만 지배인이 기업을 장악하는 것은 용인할 수 없기 때문이다. 그러나 당 조직에 의한 인사권 장악이 기업 내 의사결정 과정에 대한 지배인의 상대적 권한 강화를 전면적으로 불가능하게 하는 것은 아니다. 생산의 지속 자체가 기업의 가장 중요한 목적이 되면서 생산, 물자 조달, 생산물 처분 등 기업의 제반 경영활동에 지배인의 실질적인 권한이 확대되고 있다고 봐야 한다.[16)]

1990년대 기업 내부 지배구조 변화의 또 다른 측면은 기업 내부의 부분적인 분권화 경향이다. 당비서와 지배인 간의 의사결정 권한 배분 상황이 미세하게 변화되는 가운데 기업 내 하부 단위로 의사결정 권한

---

15) 자재상사 사장 출신 탈북자.

16) 지배인과 당비서 간의 권력관계의 변화, 정확하게는 당비서의 지위 변화는 기업 내 생산 과정으로만 설명될 수 있는 것은 아니다. '당의 행정대행'(행정경제사업에 당이 관여하는 것을 의미한다. 이론적으로 당은 정치사업만 담당하게 되어 있으나 실제로 당은 북한의 모든 행정경제사업에 직접적으로 개입한다. 이를 비판하는 개념이 바로 '당의 행정대행'이다)에 대해서는 중앙의 꾸준한 문제 제기가 있어왔을 뿐 아니라 노동당의 통치 기능 자체가 약화되고 있다.

이 부분적으로 이전되었다. 이는 물자공급체계가 붕괴되면서 기업이 실질적인 통제권을 확보하게 된 것과 비슷한 현상이다. 즉, 생산을 직접 담당하거나 물자를 조달하는 역할을 하는 간부의 권한이 다소 커지는 경향이 발생했다. 대규모 기업의 경우 직장장 등 중간 간부가 생산물 처분, 자재 조달, 생산물 조합 결정 등에 상당한 자율권을 확보했다. 이는 사전에 확정된 계획에 의해 생산이 이루어지지 못함에 따라 현장에 가까운 간부들의 결정 권한을 어느 정도 인정할 수밖에 없기 때문인 것으로 보인다. 이러한 결정 권한의 부분적인 분권화는 직장장 수준이 아니라 작업반 수준에서도 부분적으로 이루어졌다.

기업 내부에서 생산이나 자재 조달을 담당하는 기업 간부의 권한이 부분적으로 강화되고 기업의 주요한 경영행위가 공식적인 제도의 틀 밖에서 이루어지면서 의사결정도 소수의 기업 간부를 중심으로 하여 비공식적으로 이루어지는 경우가 많아졌다. 이러한 비공식적 의사결정 과정은 부분적으로 권한이 확대된 소수에게 기업 경영과 관련한 정보가 집중될 가능성을 높였다. 정보의 집중과 불균형은 기업 간부 간의 담합을 촉발시킬 가능성이 있다.

나. 국가 - 기업 - 노동자 관계의 변화

계획화 체계가 약화되면서 노동자에 대한 통제 방식에 있어 큰 변화가 발생했다. 중앙 당국이 규정하는 임금체계는 화폐임금이 그 의미를 상실하면서 실효성을 현저하게 상실했다. 생산이 어느 정도 이루어지던 1980년대 후반경에 이미 화폐임금이 제대로 지급되지 않았지만, 생산을 통한 기업의 유지 자체가 극도로 위협받게 된 1990년대에는 단순히 기업에 소속되어 노동한다는 것만으로 화폐임금을 취득하고 필요한 생필품을 공급받는다는 것이 불가능해졌다. 특히 1990년대 중반 이후 국가에 의한 배급이 실질적으로 중단됨에 따라 국가 - 기업 - 노동자 간의 관계는 이전과는 전혀 다른 양상으로 발전했다. 식량 및 생필품 배급을 수단으로 한 국가의 노동자 통제는 실효성이 크게 약화되었고 노동자에 대한 책임은 이제 기업이 거의 전적으로 맡게 되었다. 어떻게든 기업이 생산하고 수익을 올려 노동자를 먹여 살려야 했던 것이다.

> 연초가 되면 기업소 노동자의 식량 공급은 기업소가 자체적으로 해결하라는 지시가 행정기관과 당으로부터 내려온다. 당도 전에는 비법을 하지 않으면서 생산계획을 달성하라고 독려했지만 이제는 기업이 종업원들에게 월급을 제대로 주는가 하는 것에만 신경 쓴다.[17]

노동자들의 생계를 기업이 부담하게 되기는 했지만 새롭게 형성된 기업 - 노동자 관계에서 일방적으로 기업이 노동자를 부양하지는 않는다. 기업의 경영여건이 악화되면서 기업과 노동자 간에는 이전에는 존재하지 않던 새로운 형태의 상호의존 관계가 생겨났다. 생산여건이 악화되어 공장에 출근해서 일거리가 줄어들자 기업은 노동자가 일정한 금액을 지불하면 출근하지 않는 것을 묵인하기 시작했다. 기업은 액상계획을 달성하고 노동자들에게 일정한 임금(화폐 임금이든 식량 또는 생산물 임금이든)을 지불하기 위해 화폐수입이 필요한데, 생산이 제대로 이루어지지 않기 때문에 이러한 방식을 통해 필요한 화폐수입의 일부를 충당했던 것이다.[18] 노동자들은 기업에 일정 금액을 납부하고 그 반대

17) 자재상사 사장 출신 탈북자.

급부로 출근하는 대신 장사를 하든지 해서 생계를 유지했다. 일정 금액을 회사에 지불하고 1년 동안 출근하지 않았다는 탈북자도 있었다.

노동자들은 일종의 보험처럼 기업을 활용했으며 기업은 이러한 보험 기능을 제공하는 대가로 노동자들로부터 일정한 대가를 수취했다고 볼 수도 있다. 말하자면 노동시장에서의 계약과는 다르지만 기업과 노동자 간에 일종의 초보적인 계약관계가 발생했던 것이다.

기업과 노동자 간의 이러한 관계는 주로 지방 산업 공장에서 발생했으며 대규모 중앙공장에서는 잘 나타나지 않았다. 기업이 노동자들의 식량을 책임져야 하고 이를 위해 생산물을 처분하는 행위는 대규모 중앙공장에서도 나타나기는 했지만 대규모 중앙공장이 노동자에게 돈을 받아 기업을 유지하기란 불가능했다. 더구나 전략적인 중요성을 지니는 대규모 중앙공장에서는 노동자에 대한 통제가 훨씬 엄격해 노동자가 기업으로부터 이탈하는 것이 그만큼 더 어려웠다.[19)]

상황이 이처럼 전개되자 노동자에 대한 당 조직의 통제력도 현저하게 약화되었다. 기업에 일정 금액을 지불하고 출근하지 않는 노동자도 당 조직에 의한 정치사업에는 참가하는 경우가 있었지만 그 빈도는

---

18) 이는 생산이 어느 정도 이루어지는 기업에서도 발생하고 있다. 예를 들어 "상부에서 금을 노동자당 얼마씩 바치라는 지령이 내려오는데 노동자들이 금을 바칠 능력이 없다. 몇몇 사람이 공장에 출근하지 않고 장사하는 대가로 전체 노동자들이 바쳐야 할 금을 바치는 경우가 있었다"라고 증언하기도 한다(천연스레트공장 사로청위원장 출신 탈북자).

19) 이런 점 때문에 성진제강소 등 대규모 국유기업에 국가의 식량이 더 양호하게 배급되지만, 식량 사정이 극도로 악화되었을 때는 지방 산업 공장보다 노동자들의 사정이 더 악화될 때도 있다고 한다(성진제강소 여맹 지도원 출신 탈북자).

점차 줄어들었다. 더구나 기업에서 실질적인 생산이 전혀 이루어지지 않아 기업이 청산된 것과 유사한 경우에는 노동자들도 종업원 지위를 유지하기 위한 돈을 기업에 지불하려 하지 않았다. 또한 장사나 외국에 있는 친지의 도움으로 어느 정도 경제력을 갖춘 노동자들은 기업 지배인 및 당비서에게 경제적 지원을 하는 경우가 있었는데, 이러한 노동자들에 대한 당 조직의 통제는 약화될 수밖에 없었다.[20)]

경제적인 의미에서의 국가 및 당의 노동자 통제력이 약화되고 그 공백을 기업과 노동자들 간의 초보적인 계약관계가 부분적으로 대체했지만 이러한 관계는 자유로운 계약관계와는 거리가 멀다. 아직 본래적인 의미의 노동시장은 존재하지 않으며, 노동자들은 경제적인 수단이 아니라 법적인 수단에 의해 기업, 실제로는 국가 및 당에 종속된다. 그리고 기업이 노동자와 직접적인 관계를 맺게 되었지만 이것이 노동자에 대한 지배인의 통제력이 강화되었음을 의미하는 것은 아니다. 지배인은 여전히 노동자의 고용과 해고 등의 권한을 갖지 못하고 있다. 지배인과 노동자는 생산의 지속과 생존을 위해 국가의 형식적 통제를 회피하고 있다는 점에서 지배 - 종속 관계보다는 일종의 담합 관계에 있다고 볼 수 있다.

다. 북한 기업 지배구조 변화의 특징

공식적인 제도가 기업의 재생산을 보장해주지 못함에 따라 생산을 통한 생존을 위해 기업의 내부자와 외부자 사이에 담합이 발생하고 있다. 특히 기업의 생존을 위해 지배인과 당비서 간에 일종의 부분적인

---

20) 성진제강소 여맹 지도원 출신 탈북자.

담합이 이루어지고 있다. 기업이 공식적인 규제체제를 벗어나 운영되는 영역이 넓어지면서 기업 경영자에 대한 당비서의 모니터링 기능이 필요한 영역이 넓어졌는데, 오히려 당비서들이 지배인을 중심으로 하는 기업의 비공식적인 경영활동을 소극적으로 묵인하거나 적극적으로 동의하는 경우가 늘고 있다. 지배인과 경영자만이 아니라 부분적인 분권화에 따라 권한이 강화된 기업 간부와 노동자 등 기업 내 전 구성원에 이르는 광범위한 담합 관계를 형성하고 있다. 그리고 기업과 중간관리기관이나 감독기관 간에도 담합 관계가 발생하고 있는데, 이때에도 담합의 목적은 기업생산의 지속과 그로부터 발생하는 생산물의 배분에 있다.

하지만 이러한 담합의 결과로 기업소득이나 국유자산의 침식이 발생한다고 보기는 힘들다. 담합은 공식적인 체제가 보장하지 못하는 생산활동을 지속하기 위한 것이며, 이 과정에서 내부자에 의한 기업소득의 자의적인 재분배가 부분적으로 행해지고 있지만 이는 적극적인 이익의 추구라기보다는 생존을 위한 수단의 성격이 강하다.

이런 점들을 고려할 때 1990년대 북한에서 발생하고 있는 내부자 통제는 구소련·동유럽이나 중국에서 발전한 이익추구형 내부자 통제와는 구분되는 생존추구형 내부자 통제라고 할 수 있다.

4. 2002년 7월 경제관리개선조치와 기업관리체계의 변화

1) 7 · 1 경제관리개선조치의 주요 내용

7·1 경제관리개선조치는 무엇보다도 가격체계를 수정했다. 식량을 비롯한 모든 물가를 종전보다 평균 25배 인상했으며 임금 인상도 단행했다. 가격 및 임금 수준만이 아니라 가격 제정 및 임금 결정 원칙에서도 변화가 일어났다. 가격과 가치 간의 괴리를 줄였으며 일한 만큼 받는다는 원칙에서 번 만큼 받는다는 원칙으로 전환한 것이다.

계획 작성, 가격 제정, 물자 조달 등 계획화 전반에서 분권화를 시도했다. '계획지표들을 중앙과 지방, 위·아래 단위 간에 합리적으로 분담'하며 '국가계획위원회는 전략적 지표를 계획하고 세부적인 지표들은 해당 기관·기업소에서 계획'하게 한다는 것이었다. 가격 제정에서도 지방공업에서 생산한 소비품에 대해서는 가격 제정 권한을 기업과 지방행정기관에 이양하도록 요구했다. 또한 '공장, 기업소들 간에 과부족되는 일부 원자재, 부속품 등을 유무상통하게 하며, 생산물의 일정 비율을 자재용 물자 교류에 사용할 수도 있을 것'이라고 하여 물자시장을 부분적으로 허용할 것을 시사했다. 벌어들인 수입 지표에 의한 평가를 실시하기로 한 것도 의미 있는 조치로 평가되고 있다.

7·1 조치로 가격 및 임금이 크게 인상되는 동시에 국가보조금이 폐지되고 국가가 공급을 책임지는 품목의 수도 크게 줄어들었다. 그런데 이 조치로 식량 배급이 전면적으로 중단되었다기보다는 축소되었다고 판단하는 편이 정확할 것이다.

2) 7 · 1 경제관리개선조치와 북한 기업관리체계의 변화

(1) 기업관리체계의 변화

가. 계획화 과정에 대한 기업의 자율성 강화

김정일은 7·1개선조치의 기반이 되는 '경제관리개선방침'(2001년 10월)에서 '중앙과 지방, 위·아래 단위 간에, 국가계획위원회와 해당 기관·기업소 간에 계획지표의 분담'을 지시했다. 그리고 '성·중앙기관이나 도·시·군의 역할 분담'도 강조했다. 그러나 실제로 계획화 과정에서 이러한 분권화가 실현되고 있는지는 아직 명확하게 판단하기 어렵다. 그러나 탈북자들과의 인터뷰를 통해 계획화 과정에서 기업을 비롯한 하부 단위의 자율성이 증대되었음을 단편적으로 추론할 수는 있다.

첫째, 계획화 영역이 사실상 축소된 것으로 보인다. '사회주의 물자교류 시장'은 계획화 틀 밖에서 물자 흐름을 사실상 허용한다는 것을 의미한다. 계획의 외부에서 이루어지는 물자 흐름을 1990년대에는 묵인했다면, 경제관리개선조치는 이러한 물자 흐름의 일부를 공식적으로 승인함을 의미한다. 이를 위해서는 기업 생산 능력의 일부는 계획화 체계 외부에서 생산할 수 있도록 남겨둬야 한다.

이미 대부분의 기업이 생산 능력의 일부만을 생산을 위해 사용한다는 점을 감안한다면 100%의 생산 능력을 토대로 계획을 수립하지 않는다는 것은 실질적으로 큰 의미가 없다고 볼 수도 있다. 그러나 기업이 자체적인 계획에 따라 생산 활동을 할 여지를 공식적으로 확보했다는 점은 큰 의미를 가진다. 이러한 조치가 시장에서의 판매 또는 기업 간 물자 거래의 공식적 승인과 함께 이루어졌다는 점도 의미가 있다.

즉, 적어도 일부의 생산 능력에 대해서는 시장을 대상으로 한 생산계획을 합법적으로 수립하고, 물자를 조달하며, 생산된 제품을 판매할 수 있게 된 것이다.[21]

둘째, 1990년대에 목격된 '기업에 의한 계획'의 영역이 더욱 확대되고 있다. 기업들은 기본 생산물이 아닌 경우 자체적으로 생산지표를 개발해 승인을 받으면 공식적인 계획지표로 삼을 수 있게 되었다. 예를 들어 자동차 회사는 타 기업들에 의해 수요가 많은 특정 부품을 자체적으로 개발해 이를 계획지표로 승인받을 수 있으며, 이러한 제품에 대해서는 생산을 위한 물자 조달, 가격 책정, 판매 등에 큰 제약을 받지 않게 되었다.

> 국가지표를 만드는 전문공장에서는 국정 가격으로, 전문공장이 아닌 곳에서 필요한 것을 생산할 때는 국가가 상관하지 않는 것으로 된다. 이 경우는 국가지표가 아닌 것이다.[22]

---

21) 양문수(2003: 9)는 이와 관련해 7·1 조치가 도입한 번 수입 지표의 중요성을 강조한다. "국가계획에 의해 생산이 의무화된 제품에 대해 계획목표를 달성하고 남은 여분의 생산물을 처분(시장 판매)해서 획득한 수입은 물론 국가계획에 의해 생산이 의무화된 제품 이외의 제품을 생산·처분해 획득한 수입도 인정하겠다는 것이다. 달리 보면 기업에 대해 계획 외 생산과 계획 외 유통을 할 수 있는 합법적인 공간을 제공한 것이다." 한편 설비조립연합기업소 출신 탈북자의 증언에 의하면 기업에 따라 자체적으로 처분할 수 있는 비율이 다르기는 하지만 30% 전후인 것으로 보인다.

22) 승리자동차 출신 탈북자. 이하 인용은 필자가 2007~2008년에 행한 인터뷰 자료에 근거함.

즉, 전문공장이 아닌 경우 국가지표가 아니어서 계획화 체계에 포함되지 않는다. 그리고 전문공장의 국가지표인 경우에도 국가에서 필요한 자재가 공급되지 않으면 사실상 국가지표가 아닌 것으로 간주되는 듯하다.[23] 그리고 새로운 생산지표를 개발할 수 있는 권한도 크게 확대되었다.[24]

셋째, 계획 이행 과정에서 기업 자율성이 크게 증대되었다. 액상계획이 사실상 지배적인 계획지표가 되면서 기업들이 생산물 조합을 선택할 여지가 매우 확대되었다.

> 여전히 물적 지표도 내려온다. 그러나 7·1 조치 이후 액상지표만 달성해도 문제가 되지 않는다. 기업의 주된 생산품이 아니더라도 시장에서 수요가 많은 제품을 생산해서 액상지표만 달성하면 된다.[25]

즉, 계획화 영역은 국가에서 자재를 공급해주는 주요 생산 영역에 한정된다는 것이다. 이러한 점은 현재 북한의 기업관리체계가 크게 동요해 실체가 명확하게 드러나지는 않았지만 계획화 시스템 전반에 매우 큰 충격으로 다가오고 있음을 의미한다. 국가가 물자의 공급을

---

23) "국가에서 자재를 대주면 국가에서 정한 가격으로 판다. 하지만 국가에서 자재를 대주지 못했으니까 상관없다"(승리자동차 출신 탈북자).

24) "지표도 자기 마음대로 할 수 있는 권한이 많아졌다. 새로운 경제관리체계하에서 독립적으로 할 수 있는 권한이 더 많아진 것이다. 국가에서 승인을 받아야 하지만 수요자가 많다면 지배인 결정으로 할 수 있다"(승리자동차 출신 탈북자).

25) 설비조립연합기업소 출신 탈북자.

책임지는 일부 생산 영역을 제외하고는 사실상 계획화의 주도권이 기업으로 넘어갔거나 계획화 체계가 해체되는 과정에 들어섰다고 볼 수도 있다. 물론 아직까지 북한의 계획화 원칙인 계획의 일원화·세부화는 유지되고 있다. 그러나 실질적인 규정력은 크게 약화되고 있는 것이다. 1990년대에는 기업의 비공식적인 행위에 의해, 그리고 경제관리개선조치 이후에는 공식적인 기업관리체계에 의해 일원화·세부화·계획화 체계가 약화되고 있다.

나. 시장 거래의 공식적 승인

시장과 관련해 경제관리개선조치가 갖는 의미는 임금 및 가격체계의 부분적 조정에 그치지 않는다. 시장화와 관련해 더욱 근본적인 의미는 공장·기업소에서 생산한 제품을 시장에서 판매하는 행위가 사실상 허용되었다는 점이다.

이 점은 2003년 3월부터 북한이 종래의 농민시장을 시장(또는 종합시장)으로 개칭하고 농산품만이 아니라 공산품도 판매하도록 허용하면서 분명해졌다. 사실 농민시장에서의 공산품 판매는 7·1 조치의 시행 시기부터 허용된 것으로 보인다.

> (경제관리개선조치가 시행되면서) 시장에 새로운 가격들을 고시했다. 농산품만이 아니라 옷 등 공산품의 가격도 고시했다.[26)]

이때 이미 공산품 판매가 허용되었던 것이다. 농민시장의 종합시장

---

26) 남포항 재정경리담당 출신 탈북자.

으로의 개칭은 이러한 공산품 판매가 더욱 공식적으로 승인되었음을 의미한다. 그런데 시장에서 공산품 판매가 허용된 것은 어떤 의미를 가지는가?[27] 앞 절에서 살펴봤듯이 지방 산업 공장을 비롯해 생활필수품을 생산하는 기업 또는 그렇지 않은 기업이라도 8·3 인민소비품을 생산해 이를 비공식적으로 시장에 판매하거나 국영 상업망을 통해 판매할 경우 사실상 시장 가격에 근접하게 판매했음을 확인할 수 있었다. 이제 시장에서 공산품 판매가 허용됨에 따라 시장을 대상으로 한 생산이 사실상 허용되었다고 할 수 있다.

8·3 인민소비품이란 정규 자재를 이용하지 않고 폐기물이나 부산물을 이용해 생산한 제품을 의미하지만 이러한 규정의 강제력은 이미 1990년대에 크게 약화되었다. 8·3 인민소비품 개념은 경제관리개선조치로 더욱 약화되고 있는 것으로 보인다. 뒤에서 살펴보겠지만 사회주의 물자 교류 시장이 공식적으로 허용되어 실질적으로 기업 간 물자 교류가 합법화되면서 정규 자재와 그렇지 않은 자재를 구분하는 것은 큰 의미가 없어졌다. 이제 국가에서 공식적인 계획화 시스템을 통해 공급받은 자재인가 그렇지 않은가만 차이로 남게 되었다.

국가에서 공식적으로 공급받지 않은 자재를 통해 생산한 제품은 그 제품이 사실상 기업소의 주력 제품이라고 하더라도 소비재인 경우 8·3 인민소비품으로 규정되며 그 처분은 기업에 맡겨진다. 그리고 그

---

27) 북한 계획위원회 최홍규 국장은 종합시장 개설에 대해 "나라에서는 시장을 통제의 대상으로 보지 않고 사회주의 상품 유통의 일환으로 인정하고 있다"라며 "명칭 변경은 시장이 사회적 수요를 충족시키는 공간으로서 제대로 기능하도록 나라가 더욱 적극적인 관리정책을 실시해나가자는 의지의 표현"이라고 주장했다(≪조선신보≫, 2003.4.2).

제품이 생산재인 경우에는 기업 간 거래의 대상이 된다. 따라서 공장·기업소는 자재를 확보할 수 있으며, 이를 통해 생산한 제품을 판매할 수 있다면 어떠한 제품을 얼마만큼 생산한다 하더라도 문제가 되지 않는다. 말하자면 시장을 대상으로 한 생산이 이미 공식적으로 승인된 것이다.

> 예전에는 생필품도 원자재를 못 쓰게 했으니까 제한적이었고 얼마든지 돈을 벌 수 있는 것들도 못 벌었는데, 이제는 합법적으로 원자재를 쓰고 팔아서 이윤을 남겨 원자재를 사고는 했다.[28]

그런데 기업이 생산한 제품을 시장에 판매할 수 있게 되었다는 사실을 확대해석해서는 안 될 것이다. 기업이 8·3 제품이든 생산재이든 시장을 대상으로 생산하고 이를 처분할 수 있는 권한을 갖게 되었지만 기업소 차원에서 이러한 제품을 종합시장에서 판매하는 것은 여전히 합법적인 영역에 속하지는 못하는 것으로 보인다. 즉, 기업이 종합시장에 매대를 차리고 제품을 판매하지는 못한다. 소비재의 경우에는 직매점이나 국영상점에 판매하고, 생산재의 경우 도매시장을 이용하게 되어 있다. 그러나 기업들은 소비재의 경우 직매점이나 국영상점에 국정가격으로 판매하기보다는 시장에서 장사하는 상인이나 내부 직원에게 판매함으로써 사실상 시장에서 판매한다. 당국은 기업이 소비재를 어디에 어떻게 판매했는지 따지지 않으며 시장에서 판매되는 물건의 출처를 묻지 않음으로써 기업들의 시장 거래를 사실상 허용하고 있다.[29]

---

28) 승리자동차 출신 탈북자.

다. 기업 간 거래의 부분적 허용

모든 중앙집중적 계획경제의 아킬레스건은 중앙집중적 물자공급체계이다. 따라서 사회주의 국가의 경제개혁은 물자공급체계의 개혁이 가장 중요한 자리를 차지한다. 북한에서도 물자공급체계의 붕괴는 1990년대 기업 행동양식이 변화한 가장 중요한 원인이다. 7·1 경제관리개선조치는 바로 이러한 물자공급체계의 부분적인 수정을 시도하는 것이라 할 수 있다.

이른바 '사회주의 물자 교류 시장'이 그것이다. 기업 간 물자 거래에 대한 합리화로서 사회주의 상품경제론은 북한에서도 존재해왔다. 그리고 기업 간에 상호 필요한 물자를 교환한다는 사회주의 물자 교류 시장론은 경제관리개선조치 이전에도 존재했다. 그러나 당시의 사회주의 물자 교류 시장론은 북한 기업관리체계에 큰 의미를 지니지 않았다. 7·1 경제관리개선조치는 바로 이 사회주의 물자 교류 시장을 현실적인 것으로 바꾸어놓았다는 데 의의가 있다.

앞에서 설명한 대로 기업 간 거래는 이미 광범위하게 이루어지고 있다. 중앙집중적 물자공급체계가 사실상 작동하지 않는 상황에서 기업들은 생산을 지속하기 위해 스스로 물자를 조달하지 않을 수 없으며, 많은 경우 이 과정은 기업 간 물물교환 거래의 형태로 이루어진다. 이러한 기업 간 물자 거래는 국정 가격보다는 일종의 시장 가격에 의해 매개되는 경우가 많았다. 그러한 물자 거래가 계획화되었는지

29) "연합기업소에서 라이터를 만들어 팔았다. 시장에서 판매되는 라이터가 연합기업소에서 만든 것이라는 사실을 모두 알았지만 문제되지 않았다"(설비조립연합기업소 출신 탈북자).

여부와 상관없이 그러했다. 그러나 1990년대의 이러한 기업 간 물자 거래는 합법적이기보다는 대부분 계획 당국의 묵인하에 비공식적으로 이루어졌다. 기업 간 물자 교류의 제도적 제한성 때문에 물자 거래는 물물교환이라는 형태로 이루어질 수밖에 없었던 것이다.

그러나 사회주의 물자 교류 시장이 공식적으로 허용되면 사정은 크게 달라진다. 물론 경제관리개선조치에는 사회주의 물자 교류 시장에 대한 명확한 언급은 없으며, 김정일의 지시가 실제로 현장에서 시행되고 있는지는 아직 불분명하다. 그런데 탈북자들은 사회주의 물자 교류 시장이 현실적으로 작동하고 있다고 증언한다.

> 사회주의 물자 교류 시장을 허용했다. 이전에 생산 능력의 100을 계획 지표로 하달했다면 이제 70을 지표로 하달하고 나머지 30에 대해서는 사회주의 물자시장을 통해 생산한 제품을 판매해 필요한 자재를 다른 기업으로부터 구입할 수 있게 했다.[30)]

> 물물교환을 하자는 곳이 많아졌다. 합법적으로 필요한 자재를 주고받게 되었다. 전기가 보장되고 자재만 조달되면 일할 수 있는 조건은 되어 있다.[31)]

> 기업 간에 물자를 거래하는 것이 예전에는 비합법적이었다. 하지만 기업소의 이익을 위해 몰래 다 했다. 자재 공급 일꾼들은 호상 기업소끼

---

30) 합영기업 사장 출신 탈북자.

31) 승리자동차 출신 탈북자.

리 다 했다. 하지만 교류 시장 자체는 합법적으로 다 승인된 것이다. 이제는 눈치를 안 봐도 되니까 다르다.[32)]

자재를 조달할 수 있으면 얼마든지 생산을 늘릴 수 있다. 어디에서 물자를 조달하는지는 문제가 안 된다. 8·3 제품으로 만들어서 시장에 팔면 된다.[33)]

경제관리개선조치 이후 기업의 행동에 대한 조총련계 잡지 ≪조국≫의 기사도 기업 간 물자 교류에 대한 태도가 변화했음을 간접적으로 보여주고 있다. ≪조국≫ 2003년 7월호는 7·1 조치 1년과 관련한 특집 기사에서 공장 간부들이 "지난 시기 국가에서 자재를 대주기만을 앉아서 기다렸다면 이제는 발 벗고 나서 생산 정상화에 필요한 자재 확보 사업에서 책임과 의무를 다하고 있다"라고 선전하고 있다. 공장 간부들이 생산 정상화에 필요한 자재 확보 사업을 하는 것은 북한에서는 항상 존재했던 일이며, 특히 1990년대에는 기업의 생존조건이 되었다. 그러나 공장 간부들에 의한 자체적인 자재 확보 노력은 비공식적으로 이루어질 수밖에 없었다. 따라서 이러한 노력은 계획규율을 어기는 행위로 공식적으로는 비판의 대상이 되었다. 이렇게 비판의 대상이 되던 행위가 이제 생산 정상화를 위한 바람직한 행위로 변하고 있는 것이다. 이는 북한 당국이 기업 간 물자 교류를 공식적으로 허용하고 있음을 의미한다.

---

32) 승리자동차 출신 탈북자.

33) 남포항 재정경리부 출신 탈북자.

기업 간 거래는 어떠한 형태로 이루어지는가? 기업 간 물자 거래는 형식적으로 당국의 승인을 받아야 하는 것으로 보인다. 경제관리개선조치 이전에는 사전에 계획화되어 있지 않으면 기업 간 거래가 불가능했으나 경제관리개선조치 이후에는 승인을 받으면 계획화 여부와 관계없이 거래할 수 있게 되었다. 거래할 기업과 거래물품이 있으면 승인을 통해 거래할 수 있는 것이다. 승인 과정이라는 것이 존재하지만 애초에 불법이던 1990년대와 비교하면 적지 않은 진전이다. 그리고 북한에서는 공식적 체계와 비공식적 행동양식 간의 괴리가 심하다는 점을 감안하면 이러한 승인 과정이 기업 간의 거래에 큰 걸림돌이 되지 않을 것이라 추정된다.

이러한 공식적인 기업 간 거래를 위해 일종의 도매시장 제도를 개설했으며 이 도매시장에서 기업이 필요한 자재를 물물교환 형태로 사고팔게 한 것으로 보인다. 그런데 기업으로서는 이러한 도매시장에서 물물교환 형태로 물자시장을 이용할 유인이 크지 않은 듯하다. 도매소에서 물물교환을 통해 필요한 자재를 조달하기보다는 시장을 통해 잉여 자재를 팔고 판매한 대금으로 필요한 자재를 사는 것이 훨씬 효율적이기 때문이다.[34)]

이때 주목할 변화는 기업 간 거래에서 현금 거래가 적어도 암묵적으로 허용되고 있다는 점이다. 1990년대에는 기업 간 거래가 묵인되는 상황에서도 현금 거래가 상당히 강력하게 통제되었다. 그 결과 기업 간 거래는 물물교환이라는 퇴행적인 형태로 이루어질 수밖에 없었다. 그러나 7·1 경제관리개선조치 이후에는 기업 간 거래 형태에 대한

34) 설비조립연합기업소 출신 탈북자.

통제가 약화된 것으로 보인다.

> 자재는 현금을 주고 사 온다. 이전에는 행표만으로 거래했는데 이제는 아무나 필요하면 가능해졌다.[35)]

(2) 기업 지배구조의 변화

7·1 경제관리개선조치는 1990년대 경제위기에 따른 아래로부터의 변화 압력을 사후적으로 수용한 측면이 강하다. 계획화 과정에서의 기업의 자율성 강화라든가 기업 간 거래의 부분적 허용 같은 조치가 그러하다. 시장 거래 허용도 같은 맥락에서 이해할 수 있다.

7·1 조치의 성격이 이러한데도 변화의 폭이 매우 제한적이기 때문에 공식적 기업관리체계와 기업의 실질적인 행동양식 간에는 여전히 상당한 간극이 존재한다. 여기에서는 공식적인 기업관리체계의 변화에서 포착되지 않은 몇 가지 측면을 검토하고자 한다.

가. 지배인의 권한 강화

1990년대에 북한에서는 생산에 대한 직접적인 통제권을 지닌 지배인의 권한이 부분적으로 확대되었으며, 기업 내 당 조직의 통제력은 배급제가 약화됨에 따라 노동자 통제력도 약해지면서 전반적으로 축소되고 있다는 사실을 앞에서 확인한 바 있다. 지배인의 권한 강화와 함께 직장장, 작업반장 등의 권한도 부분적으로 확대되어 기업소 내에서의 부분적인 분권화 경향도 발생하고 있었다.

---

35) 승리자동차 출신 탈북자.

지배인의 권한 강화를 포함한 기업 지배구조 변화 경향이 7·1 경제관리개선조치에 의해 승인·강화되었는지 여부는 북한 기업관리체계 또는 기업 지배구조와 관련해 중요한 의미를 지닌다. 그런데 7·1 경제관리개선조치에서는 이 부분이 명확하게 드러나지 않고 있다. 다만 7·1 경제관리개선조치가 계획, 생산, 물자 조달, 판매 등에서 기업의 자율성을 강화시키고 있다는 사실로부터 북한 당국이 기업 경영에 대한 책임을 지고 있는 지배인의 권한 강화 경향을 적어도 암묵적으로는 인정한다는 사실을 추론할 수 있다.

이와 관련해 김영윤(2005)은 북한이 7·1 조치 시 종래 공장 당위원회에 집중되었던 기업의 경영 권한을 지배인에게 이양했다고 평가하고 있다. 또한 2004년부터 일부 공장·기업소에 대해 생산계획 수립, 임금 결정, 노무관리 등에 대한 지배인의 경영권을 강화시키는 조치를 시범 실시하고 있다고 지적하면서 북한의 기업개혁이 진행 중이라고 평가하고 있다. 한편 양문수(2007)는 탈북자에 대한 설문조사를 통해 7·1 조치 이후 기업 지배구조의 변화를 추론하고 있는데, 이에 따르면 약 65%의 탈북자들이 7·1 조치 이후 지배인의 권한이 강화되었다고 답하고 있다. 또한 탈북자들은 직장장이나 작업반장의 권한도 강화되고 있는 것으로 인식했다.

이러한 지배인의 상대적인 권한 강화는 기업의 자율성 강화 등 기업관리체계의 변화나 경제 운영에서 이념지향적인 당관료보다 실무 능력을 갖춘 테크노크라트의 역할을 강조하는 최근의 정책 방향 등과 무관하지 않다. 그러나 더욱 결정적인 요인은 기업이 처한 환경 변화이다. 공장·기업소의 당 조직은 직접적인 생산 활동에 대한 통제가 아닌 노동력에 대한 통제 및 정치적 통제를 통해 기업을 지배하며, 한편으로는 중앙집중적 계획화 체계를 기업 내에서 강화하는 역할을 한다. 그러나 중앙집중적 계획화 체계가 사실상 해체되면서 기업 내 당 조직의 역할은 약화될 수밖에 없다. 이제 기업은 문자 그대로 자력갱생해야 하며, 살아남기 위해서는 직접 생산을 담당하는 지배인의 권한이 강화될 수밖에 없다. 국가가 요구해서가 아니라 기업의 필요에 의해서 지배인이 기업 운영에 더욱 큰 결정권을 가지게 되는 것이다.[36] 이미 1990년대 후반에 자력갱생이 기업 행동양식 변화의 가장 큰 동인이 되었는데, 2002년 7·1 조치는 이러한 환경 변화를 사실상 공식적으로 추인함으로써 기업 내부의 지배구조 변화를 촉진시키고 있는 것이다.

나. 노동력에 대한 기업의 통제권 확대

당비서에 비해 지배인의 권한이 상대적으로 강화되는 현상과 함께 나타난 기업 지배구조 변화의 또 다른 측면은 기업의 노동력 통제 권한에 관한 것이다. 기업에 대한 당 조직의 통제력에서 핵심은 노동력에 대한 통제이다. 당 조직은 간부뿐 아니라 일반 노동자에 대한 통제력도 확보하고 있다. 그런데 탈북자들은 노동자에 대한 통제력이 부분적으로 지배인에게 이전되고 있다고 증언한다.

과거에는 노동력이 경제계획에 의해 결정된 생산목표에 따라 지역의 노동자관리구에서 필요한 수를 결정함으로써 배치되고는 했다. 그리고 지배인은 이를 수동적으로 받아들일 수밖에 없었다. 전통적으로 사회주

---

36) "지배인에게 직접 지시하고 그런 게 아니고, 나라에서 공장은 공장대로 먹여 살리고, 도는 도가 도민을 먹여 살리라고 하니까 자연히 당비서나 노동책임비서가 나서서 할 게 없었어요. 현장 일꾼들이 해야 하니까"(설비조립연합기업소 출신 탈북자).

의 기업은 노동력을 축장하려는 경향을 가지기 때문에 기업에 배치되는 노동력을 마다할 이유가 없기도 했다. 그런데 7·1 경제관리개선조치 이후 기업, 정확하게 말해 지배인은 기업의 생산계획 달성을 위해 필요한 노동력만을 요구할 수 있게 되었으며 노동자관리구에서 배치하려는 노동력의 규모가 실제 필요한 노동력보다 많을 경우에는 초과 부분을 거부할 수도 있게 되었다.

이처럼 북한이 지배인에게 노동력 통제의 권한을 부분적으로나마 이전한 것은 독립채산제를 실질적으로 적용하기 위해 노동력을 효율적으로 활용할 필요가 있다고 판단했기 때문인 것으로 보인다. 지배인에게는 이러한 권한뿐 아니라 소속 노동자를 먹여 살려야 하는 책무도 공식적으로 부여되었다. 1990년대 후반에도 국가가 노동자들에게 식량을 배급하지 못해 공장이 소속 노동자들을 부양하라는 지시가 공식적인 라인을 통해 하달된 적이 있었다. 그렇지만 7·1 경제관리개선조치 이후로는 지배인의 노동력에 대한 통제 강화와 함께 이러한 요구가 공식적으로 제기되면서 지배인과 당 조직의 역할이 크게 변화할 것으로 보인다. 즉, 지배인은 노동력을 포함해 기업 운영에 상당한 권한을 부여받았고 이러한 권한을 활용해 생산을 지속함으로써 소속 노동자들에게 일거리와 임금을 제공해야 하는 것이다. 이러한 책무를 충분히 수행하지 못하는 지배인은 자리를 내놓아야 한다.

이에 대해 한 탈북자는 북한이 지배인 유일지도체제로 전환했다고 평가하기도 했다. 이는 현시점에서는 지나친 평가인 것으로 보이지만, 경제관리개선조치 이후 기업 내부의 지배구조에 일정한 변화가 일어나고 있는 것은 부정하기 어려운 것으로 보인다.

이처럼 지배인에게 상당한 권한이 부여되었다고 하더라도 실제로 기업 현장에서 지배인이 노동력에 대한 통제 권한을 행사하고 있는지는 또 다른 문제이다. 이 부분에 대해서는 탈북자들의 증언도 엇갈린다. 한 탈북자는 지배인이 불필요한 노동력을 기업에서 사실상 해고할 수도 있다고 평가한다.

> 지배인은 필요 없다고 생각되는 노동자를 기업에서 내보낼 수 있는 권한을 가지게 되었다.[37]

그 반면 또 다른 탈북자는 7·1 조치 이후에도 기업이 노동자 수를 줄이기란 불가능하다고 밝혔다. 그에 의하면 7·1 조치가 시행될 즈음에 당에서 노동자 수를 줄일 수 있다고 시사했고 그에 따라 기업들이 내보낼 노동자를 선별한 적이 있다고 한다.[38] 그러나 기업에서 방출될 노동자의 수가 너무 많고 이들을 받아들일 기업소가 없어 이 조치는 시행되지 못했다고 한다. 다만 그 과정에서 군수 부문의 힘 있는 공장들은 실질적으로 노동자를 상당수 줄이기도 했다고 한다.

공장 가동률이 30%도 되지 않는 현재 상황을 감안할 때 기업에 노동자 수를 자유롭게 조정할 수 있도록 허락하면 극도의 혼란이 올 것이 분명하다. 따라서 노동력에 대한 상당한 통제 권한이 국가나 당에서 기업 내부로 이전되고 과잉 노동력을 축소하려는 유인이 있다고 하더라도 기업이 노동자를 실질적으로 해고할 수는 없는 것으로 보인

37) 남포항 재정경리부 출신 탈북자.

38) 이 탈북자가 속한 연합기업소에는 종업원이 3,500명이었으나 1,500명으로도 연합기업소를 운영할 수 있기에 2,000명을 내보낼 계획을 수립했다고 한다(설비조립연합기업소 출신 탈북자).

다. 다만 지배인은 기업이 보유한 노동력의 활용에 대해서는 상당한 권한을 행사하는 것으로 보인다. 이에 관해 승리자동차 연합기업소 출신의 탈북자는 생산라인에 투입되는 노동력의 규모를 결정하는 데 지배인이 실제로 일정한 통제력을 행사하고 있음을 시사하는 증언을 했다. 즉, 생산라인에 투입되는 노동력 규모를 기업이 조절할 수 있게 되었으며 경제관리개선조치 이후 동일한 생산 과정을 위해 투입되는 노동력을 20~30% 줄일 수 있었다고 증언한 것이다. 그는 생산 과정에 대한 재조정을 통해 절약한 노동력은 다른 부분, 예를 들어 기업 외부 활동, 주택 건설이나 도로교통 정비 등에 활용한다고 했다. 물론 이전에도 기업 노동력의 건설현장 투입은 다반사로 이루어졌으며, 1990년대의 극심한 경제위기 시기에는 일거리가 없는 기업이 노동자들을 이러한 공사현장에 대규모로 투입하기도 했다. 그런데 경제관리개선조치 이후에는 이처럼 기업 외부에 투입되는 노동력에 대해 기업이 대가를 받게 되었다는 것이다. 이는 무보수 노동이 없어졌음을 의미한다. 만약 기업이 노동력을 절약하고 절약한 노동력을 다른 부문에 투입해 그 노동에 대한 대가를 받을 수 있다면 기업은 생산 과정의 효율화를 높일 인센티브를 부여받는다. 이러한 과정은 지배인에 의해 주도될 수밖에 없다. 따라서 비록 지배인이 노동력을 해고할 수 있는 권한을 확보하지는 못했지만 노동력 재배치나 효율화 권한, 이를 위한 인센티브는 보유한 것으로 보인다.

기존 노동력을 감축할 수는 없더라도 신규 노동력에 대한 거부 권한을 가진 것만으로도 의미 있는 변화이다. 노동력을 비용이라는 관점에서 파악하게 된 기업들로서는 필요한 노동력만을 보유하려는 강력한 유인을 가지게 된 것이다. 또한 실업이 공식적으로 허용되지는 않고 있지만 실질적으로 실업 상태에 있는 노동자가 매우 많은 상황에서 기업들은 언제든지 필요하면 노동력을 충원할 수 있게 되었기 때문에 불필요한 노동력을 확보하고 있을 이유가 없게 되었다. 다만 제도적으로 노동력을 배분하는 것은 여전히 기업이 아니라 당 조직 및 노동자관리구 등 행정 조직의 권한이다. 따라서 신규 노동력의 배분을 둘러싸고 기업과 당 조직 및 행정 조직 간의 갈등이 발생하고 있는 것으로 보이는데, 기업은 적어도 원하지 않는 신규 노동자를 거부할 실질적인 권한을 상당 부분 확보한 것으로 보인다.[39]

(3) 비공식적인 계약관계 확산

3절에서 노동자가 기업에 일정한 금액을 지불하고 직장에 출근하지 않는 일종의 계약관계가 형성되고 있음을 지적한 바 있는데, 7·1 조치 이후에도 기업과 노동자 간의 이러한 관계는 약화되지 않고 있으며 오히려 심화되고 있는 것으로 추정된다.

기업으로서는 생산환경이 개선되지 않는 상황에서 액상계획이 사실상의 계획 평가지표가 됨으로써 노동자들로부터 돈을 거두어들일 수 있는 이 관계를 마다할 이유가 없기 때문이다. 노동자들도 상업 등을

---

39) 기업의 불필요한 신규 노동력 배치에 대한 거부와 관련해 다음과 같은 사례가 보고된다. 최근 북한 당국은 장사를 할 수 있는 여성의 연령을 크게 높임으로써 장사를 할 수 없게 된 여성 노동자들을 기업에 배치하고자 했으나 기업들이 이에 강력하게 반발한다는 보도가 있었다는 것이다. (사)좋은벗들, ≪오늘의 북한소식≫, 95호 참조. 한편 설비조립연합기업소 출신 탈북자는 다음과 같이 증언한다. “원치 않는 노동자를 받아들이라고 요구하면, 노동자를 먹여 살리는 것은 기업의 책임이며 먹여 살릴 능력이 없으니 받아들일 수 없다고 거부하면 위에서도 어쩔 수 없다.”

통해 돈을 벌 수 있는 여지가 확대되면서 기업의 제약으로부터 벗어나려는 요구가 강화되고 있다. 이에 따라 이른바 8·3 노동자가 계속 확대되고 있다. 신의주에 거주하는 한 북한 주민은 순천 구두공장 소속 노동자들이 한 달에 약 1만 원 정도를 기업에 지불하고 장사를 하고 있으며 실제 공장에 출근하는 인원은 간부 등 100명 정도에 불과한데 이는 전체 노동자의 20%를 약간 넘는 수치라고 전한다. 양문수(2007)도 7·1 조치 이후 8·3 노동자가 급증했다고 평가하고 있다.[40)]

8·3 노동자는 기업과 노동자 간에 맺어진 일종의 비공식적인 계약관계라고 할 수 있는데, 이러한 비공식적인 계약관계는 북한 전체에서 매우 광범위하게 확산되고 있다. 단순히 출근하지 않는 대가를 지불하는 것에 그치는 대신 일종의 사업 관계로 발전하는 경우가 많다. 그 근저에는 시장이 존재한다. 중국과의 무역 확대 등에 따라 이윤을 창출할 기회가 확대되자 이를 활용하려는 개인이 늘고 있다. 그러나 공식적인 기업관리체계는 특정 기업이나 기관에만 시장을 이용할 수 있는 권한을 부여하고 있다. 시장이 제공하는 기회를 직접 이용하는 기업이나 기관도 있지만, 그 권한을 직접 활용하지 않고 개인에게 대가를 받고 그 권한을 일부 양도하는 기업, 기관도 있다. 즉, 일정한 자금력을 가진 개인이 기업이나 기관에 일정한 대가를 지불해 기업이나 기관 소속이라는 자격을 획득해 무역이나 장사를 하는 것이다.

북한 당국이 개인의 자본 축적을 강력하게 억제하고 있어 이러한

40) 해당 설문에서 8·3 노동자 비율이 40% 정도라고 답한 탈북자는 약 41%였으며, 30% 정도라고 답한 탈북자는 약 10%였다. 절반 이상이 8·3 노동자의 비율이 30% 이상이라고 인식하는 것이다.

관계가 기업 형태로까지 발전하는 경우는 아직 없지만, 제한적으로나마 생산수단을 갖고 기업이나 기관과 계약관계를 통해 영업활동을 하는 개인은 나타나고 있다.

예를 들어보자. 중국과의 무역이 활발하게 이루어지면서 평양 등지에서 신의주로의 여객 수송 수요가 크게 늘어나고 있다. 이처럼 신의주로 가려는 개인들은 상당한 지불 능력을 가진 자들이다. 국가기관이 이들의 수요를 충족시키지 못하기 때문에 여객 수송이라는 새로운 시장이 형성되고 있다. 이 시장이 제공하는 기회를 포착하기 위해 새로운 관계가 발전하고 있다. 즉, 차량 보유 권한을 가진 기업이나 기관이 버스를 살 수 있는 개인에게 여객 운송 사업을 하는 대가로 일정한 금액을 받고 사업을 허용하며, 이러한 개인은 자신이 구입한 버스로 일종의 여객 수송 사업을 하는 것이다.[41] 이러한 형태가 상당히 발전해 평성이나 신의주에는 비공식적인 터미널이 형성될 정도라고 한다.[42]

최근 평양 등에서 많이 생기고 있는 아이스크림이나 음료수 매대도 대부분 이러한 방식으로 운영되고 있다. 나아가 이러한 계약관계를 통해 새로운 회사를 창설할 수도 있다고 한다. 앞서 버스 운송사업의 예를 다시 들면 자금력이 있는 개인이 기존의 기관, 기업소와 계약을 맺는 대신 지방인민위원회 등과 계약을 맺어 버스 운송사업을 위한

41) 기관·기업소와 개인 간의 계약관계는 계약 조건이 맞지 않으면 해소되며, 이 경우 버스의 처분권은 개인에게 주어진다. 버스를 소유한 개인은 계약 조건이 맞는 다른 기관·기업소와 계약을 맺어 다시 사업을 하게 된다(설비조립연합기업소 출신 탈북자).

42) 평성 - 신의주 간 운임은 1만 5,000원, 평성 - 순천 간 운임은 3,000원 정도라고 한다(친척 방문차 중국에 온 북한 주민).

사업체를 신설하고 그 사업체의 사장이 되어 사업을 운영할 수도 있다는 것이다. 물론 이 경우에도 명목적으로 회사의 자산은 지방인민위원회의 소유가 되지만, 자산 처분권과 이익 수취권 등 실질적인 소유권은 버스를 제공한 개인이 가진다.

비공식적인 계약관계는 기업과 개인 간에만 이루어지는 것이 아니라 기업과 기업 간에도 나타나고 있다. 대외무역권의 거래가 대표적인데, 최근에는 중국으로부터 광물, 수산물 등 1차 산품의 수요가 크게 늘어나면서 이를 둘러싼 거래가 늘어나고 있다고 한다. 즉, 대외무역권은 없지만 중국 측과 직접 거래선을 가진 기업이 일정한 대가를 지불하고 대외무역권을 가진 기업소로부터 특정 품목의 무역권을 사들여서 무역거래를 하는 방식이다.

5. 맺음말

2002년 7월의 경제관리개선조치는 1990년대 후반 이후 진행되고 있는, 기업에 의한 아래로부터의 변화를 기업관리체계로 공식 승인하는 성격이 강하다는 사실을 알 수 있다. 1990년대 기업 행동양식의 변화는 '중앙집중적 계획화 체계의 약화와 기업 내부자의 통제권 강화, 그리고 그에 따른 기업에 의한 자발적인 시장화' 및 '생산을 직접 장악하고 있는 기업 지배인의 권한 강화와 국가 및 당 조직의 노동자 통제력 약화'로 요약할 수 있다. 7·1 조치와 그에 따른 기업관리체계의 변화는 이러한 변화의 상당 부분을 사실상 사후적으로 승인하고 있다.[43]

그에 따라 비공식적으로 이루어지던 기업 간 거래가 부분적으로 허용되고 있으며, 물물교환 형태에서 화폐교환 형태로 전환되는 등 실질적인 진전도 나타나고 있다. 지배인의 권한 강화나 기업의 노동력 통제권 확대도 긍정적으로 평가할 수 있다.

그러나 7·1 조치는 전체 경제운영체계의 변화가 아닌 매우 부분적인 개혁조치였다. 따라서 내부적으로 모순되는 측면이 나타나기도 했고 부분적으로 후퇴하기도 했다. 예를 들어 '번 수입'에 따른 임금 지급 방식은 분명 노동자에 대한 인센티브를 강화하는 개혁조치이다. 그리고 이 제도 시행 초기에는 노동자 간의 임금 격차가 크게 발생한 것으로 보인다. 그러나 시장 물가가 크게 올라 기업에서 받는 임금이 거의 무의미해진 상황에서는 임금 격차가 갖는 의미가 제한될 수밖에 없다. 평균주의적 압력이 여전한 북한에서 노동자로서는 그다지 큰 의미도 없는 임금을 더 받기 위해 더 많이 일할 유인이 크지 않으며, 기업으로서는 노동자 간의 임금 격차를 크게 만드는 것이 쉽지 않다. 여기에 국가가 기업의 수입을 기업 종사자 간에 분배하는 것을 통제하려는 경향이 발생함으로써 번 수입이 갖는 의미가 점차 퇴색했던 것이다.

7·1 조치의 또 다른 측면은 이 조치 이후로도 공식적인 제도와 실제 행동양식 간의 괴리는 줄어들지 않고 있으며 비공식적인 계약관계가 확산되는 등 오히려 그 괴리가 심화되는 양상을 보인다는 점이다. 앞서

---

43) 한 탈북자는 1990년대 기업 행동양식 변화와 7·1 조치 간의 관계가 더욱 직접적임을 시사한다. 그는 1990년대 후반 당국의 요구로 기업이 실제로는 어떻게 운영되고 있는지, 그리고 어떻게 해야 기업이 효과적으로 운영될 수 있는지에 대해 기업 실무진이 조사해 보고했으며, 이때 보고된 내용이 여러 단계의 토론을 거쳐 상당 부분 7·1 경제관리개선조치에 반영되었다고 증언했다(설비조립연합기업소 출신 탈북자).

언급했듯이 기업은 제품을 판매할 때 직매점이나 여타 국영상점을 통하게 되어 있으나, 이러한 공식 유통경로를 통하는 경우보다 시장을 통해 판매되는 비중이 높으며 당국은 이를 묵인하고 있는 것으로 보인다. 7·1 조치가 기업이 시장을 대상으로 생산할 수 있는 공간을 확대했음을 감안할 때 이 조치로 공식적인 제도와 기업의 실제 행동양식 사이의 간격이 축소되기보다는 오히려 확대되고 있다고 볼 수도 있다.

2002년 7월의 경제관리개선조치가 북한의 기업관리체계에 갖는 더욱 중요한 의미는 1990년대 이후 확산되어온 "국가가 기업을 책임지지 않으며, 기업은 자력으로 살아남아야 하고, 이를 위한 시장 활용은 허용된다"라는 인식을 국가가 사실상 공식적으로 승인했다는 점이다. 이러한 인식의 확산은 어떠한 제도의 변화보다 기업의 행동을 더 크게 변화시키고 있다. 실제로 시장을 이용하든 구조조정을 하든 성과를 거두지 못하는 기업의 종사자들은 생존이 위협받는 상황이며, 이러한 상황은 이제 일부 기업의 문제가 아니라 모든 기관, 기업소, 경제주체에 해당된다. 이에 따라 북한 기업들은 초보적이기는 하지만 사회주의 기업에서 보편적으로 발생하는 '연성예산제약'이 아닌 '경성예산제약' 하에 있는 기업인 것처럼 행동하기 시작했다. 노동 당국이 기업에 노동자를 추가적으로 받도록 요구하자 기업들이 강력하게 반발한 것은 이러한 경향의 한 측면이라고 할 수 있다. 다만 이러한 경향이 아직 경제관리체계 전반의 변화와 결합되지 못해 뚜렷한 경제적 성과와 연결되지는 못하고 있다.

이처럼 공식적인 기업관리체계가 기업의 행동을 실질적으로 통제하지 못하고 이를 대체할 시장관계도 형성되지 못한 상황에서 기업 내부자가 기업에 대한 실질적인 권한을 확대해가는 내부자 통제 경향이

2002년 이후에도 강화되고 있다. 러시아 등에서 나타난 기업 내부자에 의한 기업의 실질적인 사유화 같은 국유자산의 침식이 본격적으로 일어나고 있지는 않지만, 기업 내부자의 담합에 의해 기업 자산의 일부가 사적으로 전용되는 사례는 빈번하게 발생하고 있다.

이러한 기업 행동양식이나 기업 지배구조의 변화는 중앙집중적인 계획경제로부터 시장경제로의 전환 과정에서 중요한 의미를 가지지만 사회적인 영향도 무시할 수 없다. 앞에서 개인과 기업, 기업과 기업 간에 거래관계가 확산되고 있음을 확인했는데, 이러한 경향이 모든 사회 구성원들 간의 관계로 확산되고 있는 것이다. 이에 따라 '돈이면 무엇이든 된다'는 사고가 북한 사회에 확산되고 있다. 아직까지는 이러한 관계가 공식적인 제도적 틀을 파괴할 정도로 진행되고 있지는 않지만 점차 그 지배력을 확대해가고 있는 것은 사실이다. 북한이 최근 경제범죄 관련 법들을 잇달아 제정하고 있는 것은 그만큼 북한 사회의 중심이 정치적 관계에서 경제적 관계로 변화한다는 것을 나타내는 징후라고 할 수 있다. 2002년 7·1 경제관리개선조치는 북한 사회의 경제관계 중심으로의 전환 과정을 촉진하고 있다는 점에서 또 다른 의미를 지닌다.

참고문헌

강명규. 1994. 「북한의 경제체제: 중국과의 비교분석」. 이근 엮음. 『발전, 개혁, 통일의 제모델』. 21세기북스.

강응철. 2002. 「주체적인 계획경제관리원칙을 철저히 관철하는 것은 우리 제도제일주의를 구현해 나가기 위한 확고한 담보」. ≪경제연구≫, 2002년 제4호.

경남대학교 북한대학원. 2003. 「북한의 경제개혁」. 2003년 제2회 북한 전문가 워크숍 보고자료.

『경제사전』(2권). 1970. 사회과학출판사.

김석진. 2002. 「북한경제의 성장과 위기: 실적과 전망」. 서울대학교 경제학과 박사학위 논문.

김연철. 1996. 「북한의 산업화 과정과 공장관리의 정치(1953~70): '수령제' 정치체제의 사회경제적 기원」. 성균관대학교 정치외교학과 박사학위 논문.

______. 2002. 「북한 경제관리 개혁의 성격과 전망」. 김연철·박순성 엮음. 『북한 경제개혁 연구』. 후마니타스.

김영윤. 2005. 「북한의 경제개혁 동향분석」. ≪북한경제논총≫, 제11호. 북한경제포럼.

김영홍. 2003. 「계획화의 4대 요소를 합리적으로 분배리용하는 것은 경제적 실리를 보장하기 위한 중요요구」. ≪경제연구≫, 2003년 제1호.

김은경. 1993. 「북한의 경제관리에 대한 일연구」. 서울대학교 대학원 경제학과 석사학위 논문.

김일성. 1969. 「사회주의 경제의 몇 가지 이론적 문제에 대해」. 『사회주의 경제관리 문제에 대해』. 조선노동당출판사.

______. 1973. 「사회주의 경제관리 문제를 개선하기 위한 몇 가지 문제에 대해」. 『김일성 저작선집』, 6권.

______. 1984. 「독립채산제를 바로 실시하는데서 나서는 몇 가지 문제에 대해」. 『김일성 저작집』, 38권.

______. 1985. 「연합기업소를 조직하며 정무원의 사업체계와 방법을 개선할 데 대해」. 『사회주의 경제관리 문제에 대해』, 7권.

______. 1988. 「국가계획기관들의 계획단위를 바로 정할 데 대해」. 계획부문 책임일군 협의회에서 한 연설. 『사회주의 경제관리 문제에 대해』, 7권.

김하광. 1988. 「우리 당이 사회주의 경제에 대한 지도와 관리에서 일관하게 견지하고 있는 기본원칙」. ≪경제연구≫, 1988년 제4호.

리경제. 1991. 「독립채산제를 바로 실시하는 것은 공장, 기업소들에서 재정관리를 개선하기 위한 중요방도」. ≪근로자≫, 1991년 8월호.
리영근. 2003. 「기업소 경영활동에서 번 수입을 늘이기 위한 방도」. ≪경제연구≫, 2003년 제1호.
리영화. 1999. 「경제에 대한 국가의 중앙집권적 통일적 지도는 사회주의 경제강국건설의 근본담보」. ≪경제연구≫, 1999년 제4호.
리장희. 2002. 「사회주의사회에서 생산수단 유통영역에 대한 주체적 견해」. ≪경제연구≫, 2002년 제1호.
민족통일연구원. 1996. 「탈북자 면담자료」. 내부자료.
박영근. 1989. 「사회주의경제에 대한 지도와 관리에서 민주주의와 유일적 지휘의 옳은 결합」. ≪경제연구≫, 1989년 제2호.
_____. 1990. 「위대한 수령 김일성동지께서 창시하신 대안의 사업체계는 당의 영도와 혁명적 군중노선을 결합한 우월한 경제관리체계」. ≪경제연구≫, 1990년 제2호.
박영일. 1990. 「계획의 일원화, 세부화는 우리식의 우월한 계획화체계이며 방법」. ≪근로자≫, 1990년 9월호.
박형중. 2002a. 「'노임 및 물가인상' 및 '경제관리의 개선강화'에 대한 평가」. ≪통일문제 연구≫, 2002년 하반기.
_____. 2002b. 「'부분'개혁과 '시장도입형' 개혁의 구분: 북한과 소련의 비교를 중심으로」. ≪현대북한연구≫, 5권 2호.
박홍엽. 2001. 「국영기업소 경영상 상대적 독자성의 사회경제적 기초」. ≪경제연구≫, 2001년 제3호.
서승환. 1989. 「사회주의 경제관리에서 정치도덕적 자극과 물질적 자극의 옳은 결합」. ≪경제연구≫, 1989년 제1호.
_____. 1990. 「사회주의적 노동보수제는 근로자들의 창조적 노동활동을 추동하는 주요공간」. ≪경제연구≫, 1990년 제2호.
신지호. 2002. 「7·1 경제관리 개선조치의 평가와 전망」. 『2002년, 격변하는 한반도 정세의 분석과 평가』. 북한연구학회.
_____. 2003. 「7·1조치 이후의 북한경제」. ≪KDI 북한경제리뷰≫, 2003년 7월호.
안혁진. 1993. 「생산체계의 구조를 합리적으로 개선하는 것은 계획의 일원화, 세부화 실현의 중요요구」. ≪경제연구≫, 1993년 제3호.
양문수. 2001a. 「북한경제의 구조: 경제개발과 침체의 메커니즘」. 서울대학교 출판부.
_____. 2001b. 「중국과 북한의 계획화 비교」. ≪경제학연구≫, 제49집.
_____. 2003. 「7·1 경제관리개선조치와 북한의 변화」. 남북경제협력포럼. 『남북경제협력포럼 발족기념 세미나 자료』.

_____. 2007. 「1990년대 이후 북한의 기업지배구조 변화: 제도경제학적 접근」. ≪통일정책연구≫.

오승렬. 1996. 「북한의 경제적 생존전략: 비공식 부문의 기능과 한계」. ≪통일연구논총≫, 제5권 제2호.

_____. 2002. 『북한경제의 변화: 이론과 정책』. 통일연구원.

윤덕룡·이형근. 2002. 『북한의 물가인상 및 배급제 폐지의 의미와 시사점』. 대외경제연구원.

이근. 1994. 「중국식 사회주의 기업모델의 발전」. 이근 엮음. 『발전, 개혁, 통일의 제모델』. 21세기북스.

이근·한동훈. 1999. 「중국 국유기업의 이중적 담합과 내부자 통제에 관한 연구」. ≪현대중국연구≫, 2집. 현대중국학회.

이상직·최신림·이석기. 1995. 『북한경제 전망과 남북경협』. 산업연구원.

이석기. 2003. 「북한의 1990년대 경제위기와 기업 형태의 변화: 생존추구형 내부자 통제와 퇴행적 시장화」. 서울대학교 경제학과 박사학위 논문.

이성봉. 1990. 「북한의 경제관리체계 연구: 당, 국가, 기업소의 역할관계 변화를 중심으로」. 고려대학교 석사학위 논문.

이윤. 1994. 「기업경영체계가 사유화에 미친 영향연구: 러시아의 경우를 중심으로」. 한국외국어대학교 대학원 경제학과 박사학위 논문.

이정철. 2002. 「사회주의 북한의 경제동학과 정치체제: 현물동학과 가격동학의 긴장이 정치체계에 미치는 영향을 중심으로」. 서울대학교 정치학과 박사학위 논문.

이태섭. 2001. 「집단주의적 발전 전략과 수령체계의 확립」. 서울대학교 정치학과 박사학위 논문.

장성은. 2002. 「공장, 기업소에서 번 수입의 본질과 그 분배에서 나서는 원칙적 요구」. ≪경제연구≫, 2002년 제4호.

장인백. 2002. 「생산수단 류통에서의 경제적 공간리용의 본질적 특징」. ≪경제연구≫, 2000년 제1호.

정세진. 2000. 『계획에서 시장으로: 북한 체제변동의 정치경제』. 도서출판 한울.

조동호. 2002. 「계획경제 시스템의 정상화: 최근 북한 경제조치의 분석 및 평가」. 한국개발연구원.

조명철. 1995. 「추가적인 노동보수형태를 잘 적용하는 것은 근로자들의 생산적 열의를 높이기 위한 중요 담보」. ≪경제연구≫, 1995년 제1호.

_____. 2002. 「북한경제의 운영메커니즘에 관한 연구」(미발표).

조명철·홍익표. 2000. 『중국·베트남의 초기 개혁·개방 정책과 북한의 개혁방향』. 대외경제정책연구원.

조현태·이문형·김홍석. 1994. 『중국의 국유기업 개혁과 시사점』. 산업연구원.
주형남. 1994. 「계획의 일원화, 세부화는 사회주의 경제건설의 앙양을 이룩하기 위한 중요담보」. ≪경제연구≫, 1994년 제2호.
최신림·이석기. 1998. 『북한의 산업관리체계와 기업관리제도』. 산업연구원.
한인호. 1984. 「기업관리에서 원가공간의 합리적 이용」. ≪근로자≫, 1984년 7월호.
함택영·김근식. 2003. 「지방정치: 당적 통제 기제의 형성과 발전과정」. 『북한도시의 역사적 형성과정: 청진, 신의주, 혜산을 중심으로』. 경남대 극동문제연구소.

Akamatsu, N. 1995. "Enterprise Governance and Investment Funds in Russian Privatization." in M. Aoki and H. Kim(eds.). *Corporate Governance in Transitional Economies*. Washington D. C.: World Bank.
Aoki, M. 1995. "Controling Insider Control: Issues of Corporate Governance in Transition Economies." in M. Aoki and H. Kim(eds.). *Corporate Governance in Transitional Economies*. Washington D. C.: World Bank.
Aoki, M. and H. Kim(eds.). 1995. *Corporate Governance in Transitional Economies*. World Bank.
Berglof, Erik. 1995. "Corporate Governance in Transition Economies: The Theory and Its Policy Implication." in M. Aoki and H. Kim(eds.). *Corporate Governance in Transitional Economies*. Washington D. C.: World Bank.
Kang, Myoung-kyu and Joon-koo Lee. 1990. "Economic Consequence of National Division in Korea." in M. Kang and H. Wagner(eds.). *Korea and Germany: Lessons in Division*. Seoul National University Press.
Kang, Myoung-kyu and Keun Lee. 1992. "Industrial Systems and Reforms in North Korea: A Comparison with China." *World Development*, Vol. 20, No. 7.
Kornai, Janos. 1986. "The Hungarian Reform Process: Visions, Hopes, and Reality." *Journal of Economic Literature*, Vol. 24.
Lee, Hy-Sang. 1992. "The Economic Reform of North Koera: The Strategy of Hidden and Assimilated Reforms." *Korea Observer*, 23(1).
Lee, Keun. 1991. *Chinese Firms and the State in Transition and Agency Problems in the Reform China*. M. E. Shape, Inc.
_____. 1997. "Between Collapse and Survival in North Korea: An Economic Assessment of the Dilemma." *MOCT-MOST: Economic Policy in Transitional Economies*, 7(4).
Lee, Keun and Hong-Tack Chun. 2001. "Secretes for Survival and the Role of

The Non-State Sector in the North Korean Economy." *Asian Perspectives*, Vol. 25, No. 2.

제4장

북한의 농산물 가격 변화에 따른 식량 수급 및 협동농장체제의 변화

남성욱(국가안보전략연구소 소장)

1. 서론

북한의 식량난은 고질적이고 구조적인 문제이다. 북한의 식량난을 해결하는 방법에는 근본적인 제도를 변경하는 것과 운용 시스템을 바꾸는 정책 변화가 있다.

근본적인 제도를 변경하는 방법은 북한 식량 생산량의 90% 이상을 차지하는 협동농장을 1978년 중국의 농업개혁과 같이 해체하는 것이다. 그러나 급진적인 개혁은 최고 지도자의 정치적 결단이 선행되어야 하기 때문에 현실적으로 가능하지 않다. 다른 방안은 협동농장의 생산조직을 현행대로 유지하면서 일차적으로 생산 및 운용 시스템을 바꾸는 것이다. 이와 동시에 농업 생산물 가격체계를 변동시킴으로써 농민들의 소득을 변화시키는 방법이다.

이 글은 2002년 7월 경제관리개선조치 이후 북한 농정에서 핵심적인 변화 요인이 된 생산물 가격의 변화가 북한 농정에 미치는 영향을 분석하고자 한다. 사회주의 국가의 가격체계 및 결정 과정 분석에서는 야노스 코르나이(Janos Kornai)의 사회주의 가격 결정 이론을 원용했다(Kornai, 1992). 이 외에 체제전환국가에서 시장자유화와 경제성장 간에 유의적 상관관계가 있다고 주장하는 이즈보르스키 하브릴리슨(Izvorski Havrylyshyn)과 반 루덴(van Rooden)의 이론을 북한 사례에 부분적으로 적용해서 가격자유화와 농업 생산 증가 간의 유의미한 상관관계를 분석했다.

또한 이론적인 분석 이외에 북한 농업 생산의 특수성을 고려해 실증적인 분석을 시도했다. 북한에 대한 현장 접근이 곤란한 만큼 2006년 하반기와 2007년 5월에서 9월까지 국내에 거주했던 탈북자 150명을 집중 조사했다. 북한 체류 당시 협동농장에서의 근무 경험과 당시 식량을 획득했던 방식 및 경로, 가격 변화에 따른 반응도 등을 설문을 통해 조사했다. 이 중에서 설문조사에 유효한 응답을 보인 121명의 표본으로 사회과학통계프로그램(SPSS)을 통해 계량분석을 시도했다.

농업 외적인 국제정치적 환경 악화에 따른 외부 세계의 대북 식량 지원 중단은 북한에서의 정상적인 농업개혁을 어렵게 만들 것이다. 식량 부족량의 증가는 역설적으로 인센티브를 바탕으로 한 식량 생산 체계의 위축을 가져올 수밖에 없다. 따라서 사회주의 국가가 경험한 가격자유화를 통한 시장 기능 활성화는 당분간 유보될 수밖에 없을 것이다.

2. 북한의 시장개방 현황과 농산물 가격체계 변화

1) 2002년 7월 경제관리개선조치 이후 시장개혁 추진 동향의 함의

2002년 7월 경제관리개선조치 발표 이후 북한경제는 역설적으로 매년 1월 1일에 발표하는 새해공동사설에 나타난 계획대로 활성화되지 않았다. 선군정치라는 키워드에 가려 제대로 된 경제개혁을 추진하려는 정책 방향이 분명하게 제시되지 않았다. 2002년 7·1 경제관리개선조치 발표 이후 2003년에는 종합시장 등 각종 후속 조치가 발표됨에 따라 2004~2005년 들어 경제의 실리를 강화하려는 더욱 적극적인 개혁조치가 기대되었다.

특히 금융개혁 등 투자재원 조달을 중심으로 한 재정의 효율성을 강화하고 개인의 시장경제 활동을 더욱 적극적으로 허용함으로써 가격자유화(price liberalization) 등 가격개혁(price reform)이 급진적으로 진행되어 소유제 개혁(ownership reform)으로 전환되기를 요망했으나 이는 실행되지 않았다.

북한 정권은 북핵 문제에 따른 대미 항전과 체제 내부의 단속 그리고 주민들의 체제 결속을 염두에 둔 나머지 개혁적인 경제정책 추진 의지를 제대로 표출하지 못했다. 북한 당국은 시장지향적인 개혁조치가 주민들의 자본주의 사상을 확산시켜 체제를 이완하는 촉매 요인이 될 것을 우려해 개혁에 소극적이었다.

경제정책에서 가장 핵심적인 내용은 과학기술 발전을 통한 경제회복이었다. 매년 신년사설에서는 당의 과학기술 중시 노선을 높이 받들어 빠른 시일 내에 선진국 수준으로 과학기술을 발전시킬 것을 주장했다. 북한 당국도 국제사회의 대북 경제 제재로 인해 자본 조달이 어려운 실정에서 경제 회복을 추진하기 위해서는 과학기술 발전이 불가피하다는 사실을 절감했다.

그러나 과학기술 발전은 구호에 그쳐 결과적으로 성과는 그렇게 크지 않았다. 국제사회의 첨단기술을 도입하고 외국 기업들의 투자를 적극적으로 유치하지 않는 한 과학기술의 발전에는 한계가 있을 수밖에 없다.

북한이 해마다 연초에 제시한 구체적인 역점 사업에는 중공업 분야에서 전력, 석탄, 금속공업과 철도운수 등이 있다. 경제 회복의 발목을 잡고 있는 심각한 전력난을 해결하기 위해 화력발전소들의 개건 보수와 함께 대규모 수력발전소와 중소형 발전소를 신속하게 건설할 것을 선언한 바 있으나 재원 부족으로 5,000킬로와트 미만의 중소형 발전소 건설에 그쳤다.

북한은 2004년 9월 17일에 김일성의 노작 『수력발전소를 대대적으로 건설해 전력생산을 늘이자』 발표 20주년을 맞이해 전국 각지에서 가동 중이거나 건설 중인 수력발전소 현황을 대대적으로 소개한 바 있다. 북한은 함경남도 금야강발전소, 평북 태천4호발전소, 양강도의 백암발전소 등 중대형 발전소를 비롯해 수백 개의 중소형 발전소를 건설하는 중이라고 주장하고 있으나 전력난을 획기적으로 개선하지는 못하고 있다.

경공업 분야에서는 현재의 생산토대를 효과적으로 이용하고 기술개건을 적극 추진해 인민소비품 생산량을 증가시키고 품질을 개선할 것을 제시했으나 역시 성과는 크지 않았다. 식량 문제 해결을 위해서는 종자혁명, 두벌농사, 감자농사, 콩농사, 토지정리사업, 닭공장을 비롯한 축산기지 건설 등을 추진했다. 농업 분야에서 특이한 점은 콩농사를 강조한 것이다. 콩은 2004년 들어 먹는 문제의 해결을 위해 감자 외에 새롭게 강조하는 작목으로서, 주민들의 부족한 단백질을 보충하는 중요한 역할을 하고 있다.

경제정책 추진과 관련해 특징적인 사항은 당국이 사회주의 원칙을 지키면서 실리를 얻을 수 있도록 기업소들이 사업을 추진할 것을 강조한 것이다. 이는 7·1 경제관리개선조치 발표 이후 각 기업소들이 사업 추진 과정에서 실리와 사회주의 원칙 고수 사이에서 갈피를 잡지 못하고 있는 현실을 고려해 북한 정권이 기업에 두 마리 토끼를 모두 잡도록 지시한 것이라 볼 수 있다. 그러나 당국의 이중적이고 복합적인 정책은 기업 현장에서 서로 모순되고 충돌됨으로써 실질적인 성과를 거두지 못하고 있다.

현실적으로 북한 정권은 7·1 조치를 발표하면서 자본주의 풍조 만연에 따른 각종 부작용을 우려해 이 조치가 시장경제로 이행하는 체제전환적 조치가 아니라 사회주의 체제 내부의 효율성을 제고시키기 위한 조치라는 점을 강조했다. 7·1 조치의 내부적 범위를 지나치게 강조하면서 경제주체에 대한 개혁적인 파급력이 축소되자 고육지책으로 사회주의 원칙 고수와 실리 추구의 동시 달성이라는 다소 모순적인 지침을 내리고 있다.

또한 경제정책 추진 과정에서 내각의 역할이 강조되었는데, 이는 경제행정 일꾼의 비중이 확대되었음을 시사한다. 당과 행정의 일치를 강조한 것은 당책임비서·지배인·기사장의 삼위일체를 중시하는 등 경제정책에서 이념적 측면보다는 실용적인 측면이 부각된 것으로 볼 수 있다.

2003~2005년 북한경제는 2002년 7·1 경제관리개선조치가 부분적인 경제개혁으로 전환되는 시기였다. 2002년 7·1 조치가 발표되었을 때만 해도 이 조치가 과연 어떤 성격의 조치인가에 초점이 모아졌다. 본격적인 시장개혁을 위한 신호탄인지 사회주의 내부의 효율성을 제고하기 위한 과도기적 조치인지를 둘러싸고 많은 논쟁이 이어졌다. 4년이 경과한 현재 시점에서 정책평가를 내린다는 것은 다소 시기상조이지만 북한의 일련의 경제정책들은 시장개혁을 위한 조치와 효율성 제고를 위한 조치의 중간 위치를 점하는 것으로 잠정 평가되고 있다.

시장개혁이라고 하기에는 소유제 개혁 등 더욱 본질적인 후속 조치가 아직 시행되지 않고 있다. 그 반면 사회주의 체제 내의 조치에 그친다고 하기에는 종합상설시장 육성 등 일부 시장개혁적인 내용이 포함되어 있다. 그러나 전체적으로는 여전히 사회주의 체제의 전형적인(prototype) 경제체제의 구조에서 크게 벗어나지 못하고 있다. 북한은 2002년 7월 경제관리개선조치를 발표하면서 이 조치가 1946년 토지개혁에 해당하는 사회경제적 파장을 내포한다고 설명한 바 있다.

종합시장, 인민생활공채 등 사경제를 국가의 통제 안으로 끌어들이는 조치들이 효과를 거둘지, 아니면 국가 통제를 벗어나 경제개혁으로 나아갈지는 미지수이지만 북한이 개혁을 위한 초보적인 수준의 첫발을 내딛고 있는 것은 사실이다. 그 후 북한경제에 어떤 변화가 발생할지는 2005~2006년에 북한 정권이 어떤 정책을 추진하는가에 달려 있었으나 북핵 문제 등으로 기대한 만큼의 속도를 내지는 못하고 있다.

북한 정권은 2003년에 인민들에게 소비재를 공급하는 과정에서 시장의 필요성을 절감했다. 국정 가격에 묶여 있는 국영상점에서는 물자 유통이 원활히 이루어지지 않았다. 이와 달리 민간의 사적 시장인 농민시장에서는 농산물만이 아니라 각종 공업 제품도 원활하게 거래되는 현실에 맞춰 북한은 2003년 3월 농민시장을 종합시장으로 전환시켰다. 종합시장은 과거 10일에 한 번 열리던 장마당과 달리 연중 개장되며 지붕이 있는 상설시장으로 통일거리, 광복거리, 문수거리, 대성거리, 평천거리 등 평양 시내에 11개를 건설했다.

북한 당국은 종합시장이 북한 전역에 조성되고 있으며 시장 운영 경험이 없기 때문에 외국에 최대한의 협조를 구할 계획이라고까지 밝혔다. 또한 당국이 통제·운영할 종합시장에 개인판매대를 허용함으로써 그동안 기관에 의해 운영되던 유통시장에 개인이 진출하게 되었다. 이로써 국가 몰래 장마당에서 물자를 거래하던 관행은 평양에서 사라지고 있다.

그러나 개인이 매대를 운영하려면 외국에서 합법적으로 물자를 수입하고 물품을 생산·유통해야 하므로 이는 어느 정도 사경제를 통제하는 수단으로 작용할 것이다. 국영상점이 인민들에게 물자를 공급하기에는 한계가 있음을 인정해 국영상점과 종합시장을 부분적으로 병행 운영함으로써 사회주의 국가 내에 시장경제와 사회주의 계획경제를 부분적으로 공존시키려는 것으로 볼 수 있다.

2003년 북한의 무역 실적은 전년 동기 대비 5.5%의 수출 증가와 5.9%의 수입 증가를 기록했다. 무역 규모는 전년 대비 5.8% 증가한 23억 9,100만 달러를 기록했다. 수입은 전년보다 5.9% 증가한 16억 1,400만 달러를 기록했으며 수출은 7억 7,700억 달러를 기록했다. 2006년 북한의 무역 실적은 40억 달러를 넘어섰으나 무역 역조가 심해졌으며 전반적으로 국제수지는 개선되지 않았다. 2007년에도 이러한 무역 적자 추세가 지속되어 국제수지 개선이 부진하자 북한은 해결책 마련에

고심하고 있다. 특히 북핵 실험 이후 국제사회의 대북 제재로 무역 규모는 축소되고 있다.

북한은 월간지 ≪금수강산≫ 2004년 9월호에서 "전반적으로 북한경제가 활성화의 궤도에 확고히 들어서고 있다"라고 평가했다. 북한은 이것이 경제관리개선조치가 취해진 이후 기업관리 수준이 개선되고 생산 정상화가 적극적으로 추진된 데 따른 것으로 분석했다. 북한 당국은 특히 농산물 가격을 다른 상품 가격보다 높게 설정해 농민들의 생산 열의를 자극한 것도 경제 활성화의 중요한 요인이 되었다며, 앞으로도 공업의 골간인 선행·기간 부문에 힘을 집중해야 한다고 정책 방향을 제시했다.

또한 경제 건설에 중요한 산업생산 부문을 추켜세우기 위한 근본열쇠는 철강재 문제를 푸는 데 있다며 철광산의 현대화를 강조했다. 철광산의 현대화에는 실제로 많은 예산이 필요하다. 외국에서 최신 장비도 도입해야 하고 갱도 시설도 교체해야 한다. 이를 위해서는 막대한 재원 조달이 필수적이나 선군정치의 강조로 내부 조달에는 한계가 있다.

2004년에는 경제주체들의 행동양식에 변화 징후가 포착되기 시작했으며 시장경제 메커니즘의 일부가 주민들의 경제생활 속으로 파고들기 시작한 것이 분명해졌다. 김정일 정권은 경제개혁의 의미를 강조하면서 정치·경제·사회 등 각 분야에서 최대한의 성과를 달성하라고 강조했다. 이에 따라 경제의 각 부문에서는 실리주의 분위기가 만연되고 있으나 희망하는 만큼의 성과는 나타나지 않고 있다. 이는 경제개발의 2대 요소인 자본과 노동 가운데, 7·1 조치로 노동력 동원에는 성공했으나 자본 조달에는 성공하지 못했기 때문이다.

향후 북한경제의 향방은 그럭저럭 버티기(muddle through), 경제 규모의 축소 및 쇠퇴(decay), 완만한 회복의 세 가지로 예상된다. 북한이 2007년의 그럭저럭 버티기 전략에서 벗어나 2008년에 완만한 회복 시나리오를 전개하기 위해서는 신체에서 혈액과 같은 기능을 하는 돈이 경제 시스템에서 활발하게 돌아야 한다. 이를 위해서는 재정 및 금융개혁이 필수적이다. 2004~2006년 북한경제의 실체를 들여다보면 노동의 효율성이 자본과 연계되지 못하고 있다. 2004년 11월에 필자는 서울에서 평양 주재 스웨덴 대사 폴 베이저(Paul Beijer)와 비공개 세미나를 가졌다. 북한이 지난 2002년 7월에 시행한 경제관리개선조치에 대한 평가와 전망이 주제였다. 평양에서 4년째 거주하고 있는 베이저 대사는 매일매일 현장에서 경제개혁을 실감하고 있었다. 그는 산속에 있기에 미시적으로 나무는 잘 관찰할 수 있으나 거시적으로 숲 전체를 조망하기는 어려운 상황이라며 남한의 전문가들과의 크로스 체크를 희망했다. 대사는 7·1 경제관리개선조치가 북한경제를 바닥부터 흔들고 있으며 북한은 돌아오지 않는 강을 건너고 있다고 결론을 내렸다. 그 근거로 종합시장 물가가 시장의 수요 - 공급 상황에 따라 등락하고, 근로자 임금이 성과급으로 지급되며, 개인들이 직장에서 받는 월급 외에 부업을 통한 돈벌이에 관심을 갖는 것 등을 제시했다.

2005년에 통일부가 발표한 「북한 경제개혁동향 보고서」에서는 7·1 조치 이후 33개월이 지난 북한경제의 변화를 분야별로 정리하고 있다. 북한은 7·1 조치 이후 경제관리 면에서는 관련 법령 제·개정, 경제일꾼들의 세대교체 등을 추진했다. 거시경제 면에서는 지방예산제 강화, 환율 현실화 등의 조치를 취했다. 이러한 경제개혁의 명암은 다음과 같다.

먼저 경제개혁의 긍정적 측면 중 가장 주목할 만한 성과는 경제주체들의 경제 마인드가 제고된 점이다. 이제 모든 경제행위에서는 시장의 효율성이 이데올로기의 영역을 잠식하며 중요한 행동규범이 되고 있다. 한편 시장을 합법적인 상품 유통체계로 인정함으로써 시장의 기능과 역할을 강화했다. 또한 기업의 자율권과 재정 운영 재량권이 확대됨으로써 기업의 부실이 줄어들고 있다. 농업 부문에서는 외형적으로는 집단농장의 틀을 유지하면서도 내부적으로는 작업 단위인 분조(分組)의 규모를 축소해 곡물 생산에 대한 책임성을 강화하고 분배의 평균주의를 배제했다. 이러한 인센티브 시스템은 곡물 생산량의 증가로 이어졌다. 2006년에는 430만 톤을 생산해 9년 만에 대풍을 기록하기도 했다.

그러나 경제개혁의 부작용도 만만치 않다. 가장 심각한 것은 인플레이션이다. 사회주의 개혁 과정에서 인플레이션은 좋은 뉴스인 동시에 나쁜 뉴스이다. 수요-공급 원리에 의해 가격이 작동하는 증거를 보여준다는 것이 좋은 측면이라면, 지나친 물가 인상(hyper-inflation)으로 경제주체들의 경제 회복 의지를 무력화시켜 개혁에 대한 거부감이 확산된다는 것은 나쁜 측면이다. 구매력 감소를 유발하는 물가 인상은 위험 수위에 이르고 있다.

물자 생산이 수요에 미달되는 구조적인 수급 불안 상황은 인플레이션을 해결하는 것이 간단하지 않음을 시사한다. 시장 기능이 확산되고 중국과의 무역이 확산됨에 따라 시장과 대외무역을 활용하는 계층과 그렇지 못한 계층 간에 빈부격차가 발생하고 있다. 2006년부터는 당국이 인플레이션을 잡기 위해 화폐 교환 조치를 취할 것이라는 관측도 나오고 있다. 평양에서는 PDP 텔레비전이 판매되기도 하지만 함경도에서는 제때 식량이 공급되지 않는 일이 다반사이다. 사회주의 개혁 과정에서 발생하는 성장통이 본격적으로 표면화되고 있는 것이다.

요약하면 이 조치는 사회주의 개혁 단계 가운데 1단계에 해당하는 가격개혁(price reform)이다. 북한 당국은 이 조치로 인해 노동의 효율성은 확보했으나 자본 부족 문제를 해결하지 못했다. 결국 성과가 미흡해 경제 회복의 돌파구를 마련하지는 못하고 있다. 게다가 북핵 사태에 따른 미·일의 경제 제재로 해외자본 유치는 중국에 의존할 수밖에 없다. 바로 이것이 2004년 9월 22일에 박봉주 총리가 중국을 방문한 이유이다. 박 총리의 중국 방문은 중국 자본의 유치를 제도화하기 위한 것이었다. 앞으로 이 조치가 성공하기 위해서는 북한 당국의 추가적인 결단이 필요하다. 북한은 가격개혁 단계를 넘어 부의 주체를 변화시키는 소유제 개혁(ownership reform)을 도입해야 한다. 또한 외자 유치를 위해서는 북핵 사태의 조기 해결도 필수적이다.

2) 2002년 7월 이후 농업개혁 동향과 함의

2006~2007년 북한경제를 진단하기 위해서는 2005~2007년 신년사를 분석해야 한다. 당초 계획을 토대로 2007년 경제정책과 실상을 파악하는 것이 효과적이기 때문이다. 특히 이를 통해 북한이 역점을 두고 추진하는 경제정책을 세부적으로 엿볼 수 있다. 2005~2007년 신년사 가운데 경제 관련 내용은 크게 네 가지로 구분할 수 있다.

우선 경제 건설과 인민생활 향상에서 결정적 전환을 이루어야 한다고 강조함으로써 경제 건설의 당위성과 필요성을 피력했다. 특히 부강한 조국 건설의 비약에 대한 인민들의 강렬한 지향에 부응하고 경제·과학·기술 발전의 현실적 요구를 구현하는 데 일심단결해야 하며, 혁명적 군인정신의 위력으로 이를 달성해야 한다고 주장해 관료와 주민들의 희생과 노력을 독려했다.

둘째는 사회주의 건설의 주공(主攻)전선은 농업전선이라고 규정하면서 경제 건설과 인민생활의 모든 문제를 해결하는 데 농업 생산의 증대가 기본임을 강조했다. 한 해 농사를 잘 짓기 위해 모든 역량을 총집중·총동원해 필요한 노력·설비·물자의 최우선적 보장을 촉구했다.

셋째는 전력, 석탄 등 선행 부문 및 기간산업 발전을 통한 공급능력 증대 과제를 제시하고, 이를 실천하기 위한 과제로 수력·화력발전소 설비 능력 제고 및 철강 생산 증대, 철도운수 등 수송 부문에서의 규율 강화와 수송조직체계 원활화 등을 강조했다.

마지막으로 주민생활 향상 및 개혁을 지속적으로 추진하려는 의지를 표명했다. 구체적으로 경공업공장 현대화를 통한 인민소비품 증산, 실리를 위한 경제조직사업 및 내각의 조직집행자적 기능과 역할 제고, 과학적인 경영·기업 전략, 생산의 전문화·규격화·표준화를 통한 품질 제고 등을 강조했다.

이러한 네 가지 경제과제 중 가장 주목되는 것은 경제 건설의 주공전선이 농업전선이라는 점이다. 이례적으로 3대 국정 목표로 농업 생산력 향상, 체제 결속 강화, 남북한의 민족 공조 강화를 제시하면서 식량 증산을 최우선 과제로 제시한 것이다. 1998년 신년사에서 농업 생산 증산을 최우선 과제로 내세운 이래 7년 만에 농업 생산력 향상을 강조함으로써 2007년 경제정책의 최우선 과제는 농업 문제 해결이라는 점을 역설했다. 농업성 김광호 부상은 2005년 1월 4일 조선중앙방송과의 인터뷰에서 "올해에는 어떻게 해서라도 농사를 잘 지어 주민들의 먹는 문제를 해결하겠다. 올해 농사를 잘 짓는 것이 긴장한(어려운) 식량 문제를 풀고 인민생활을 높이기 위한 중대한 정치적 사업임을 명심하겠다. 농사에 모든 역량을 집중하고 영농공정별로 계획을 잘 세우는 한편 연초부터 각지 협동농장에 나가 농민들의 의욕을 불러 일으키겠다"라고 강조해 농업 우선 정책을 구체화했다.

2002~2006년 동안 북한이 농업 생산력 향상 정책을 내세운 배경은 세 가지로 구분된다. 우선 2006년 생산량이 약 430만 톤, 2005년 생산량이 432만 톤, 2004년 식량 생산량이 국제식량농업기구(FAO) 통계로 423만 5,000톤, 남한 정부 통계로 435만 톤에 달함으로써 곡물 생산량이 2003년에 비해 3% 증가해 사실상 대풍을 기록했으며 2001년 이래 회복세를 이어갔다는 점이 중요하다.

양호한 날씨, 낮은 병충해 발생률, 남한을 비롯한 국제사회의 적기 비료 지원, 석유수출기구(OPEC)가 자금을 지원한 개천 - 태성호 관개시설 완공 등이 긍정적 요인으로 작용해 소폭이나마 증산에 성공했다. 북한이 3년 연속 곡물 증산에 성공함으로써 향후 식량 문제 해결 과정에서 목표량을 달성할 수 있다는 자신감을 갖게 되었으며, 이에 예산과 인력 및 제도 개선 등 국가의 모든 역량을 농업 분야에 투입하겠다는 정책을 선언함으로써 주민들에게 국가가 먹는 문제 해결에 나서고 있음을 과시한 것으로 평가된다.

북한은 2005~2006년 인적·물적 투입을 극대화했을 뿐 아니라 급진적으로 제도를 개혁함으로써 농업개혁을 통한 농업 생산량을 증가시키는 데 총력을 기울였다. 김정일 위원장은 2001년 10월 「강성대국 건설의 요구에 맞게 사회주의 경제관리를 개선할 데 대해」라는 문건에서 "먹는 문제를 해결하면 경제개혁을 시작한다"라고 언급했다. 이는 농업개혁이 사회주의 경제개혁의 필요충분조건임을 인식해 '농업개혁 없이 사회주의 경제개혁 없다'는 명제를 이해하고 있는 것으로 보인다. 이러한 개혁적 사고는 "포전담당제를 시범적으로 도입하고 있고 분조를 더 적은 단위로 나눌 수 있는 권한이 협동농장에 주어졌으며, 그런 속에서 더 적은 인원으로 포전을 담당하는 포전담당제가 나왔다"라는 북한 무역상 김용술(2002)의 발언에서도 파악할 수 있다.

이는 김 위원장이 앞으로 농업 생산량을 늘릴 수 있는 일이라면 사회주의의 근본 원칙을 훼손하지 않는다는 전제하에서 어떤 정책이라도 추진할 것임을 시사한 것으로 볼 수 있다. 북한은 전형적인 집단생산에서 개인생산 형태로 영농 구조를 변화시키는 데 주력하고 있어 상당 기간 집단농의 형태를 띤 혼합 개인농 형태가 지속될 것으로 예상된다. 다만 사회주의의 특성상 중앙정부 차원에서 개인농 구조를 전국 단위에서 선언하기는 어려우므로, 지방의 협동농장 차원에서 생산량을 증가시키는 행위를 중앙에서 묵인하는 행위가 늘어날 것이다.

2005년 말 협동농장별 곡물 생산량을 비교했을 때 나타난 특정 협동농장의 생산량 부진 원인이 2~3가구 단위의 분조관리제를 시행하지 못했던 것으로 나타났고, 중앙정부도 이를 제재할 수 없었다. 결국 2006년에는 전국 협동농장이 이러한 경향을 추종하고 있다.

한편 북한은 모든 물적·인적 투입요소를 극대화한다는 방침하에 예산 투입을 확대하는 한편 각 기관 및 기업소 등에서 농업과 농촌 지원에 나서는 등 도시와 농촌의 연계, 공장·기업소와 협동농장의 연계를 강화하고 있다. 공장·기업소의 일부를 토지세 및 비료값의 명목으로 협동농장에 기부하게 만드는 한편, 일부 노동력은 농번기에 협동농장의 영농작업에 투입함으로써 농촌 노동력 부족을 완화시키려 할 것으로 판단된다. 종전대로 종자혁명, 이모작, 감자농사 혁명, 콩농사에 주력해 단위(ha)당 생산성을 높이는 한편 지대별 실정에 맞는 다수확 품종을 대대적으로 심는 데 주력해 기존의 경직적인 주체농법을 더욱 '적기적작', '적지적작'에 맞게끔 탄력적으로 적용하고 있다.

3) 사회주의 체제의 가격 시스템 변화 유형과 의의

(1) 농산물 가격자유화 성과

사회주의 농업의 구조개혁은 가격정책의 개혁과 생산책임제의 도입 같은 농업조직 혁신이라는 두 가지 측면에서 진행된다.

농업 생산함수를 일반화시키면 Y를 생산량, K를 자본량, L을 노동, t를 기술 진보라고 했을 때 Y = F(L, K: t)가 된다. 단순화를 위해 경지면적을 일정하다고 간주하고 생산함수를 1차동차라고 가정하면 y = f(k, t)y = Y/L, k = K/L과 같이 변형이 가능하다.

농산물 가격을 p, 임금률을 w, 자본 용역 가격을 r로 하고 이윤극대화를 취하면 자본 용역 투입의 균형조건은 pfk = r, 노동 투입의 균형조건은 w = pf − kpfk가 된다. <그림 4-1>에서 f1의 기울기는 자본의 한계생산력을 나타내며 균형점 E1에서 fk = r/p이 된다. 농업개혁 이전의 균형점을 E1이라고 하면 농산물 가격 인상과 근대적 투입재의 가격 인하로 인해 일단 균형점은 E1에서 E2로 이행할 수 있다.

농업개혁 이전에 E1만큼 생산했으나 농산물 가격이 오르고 생산에 들어가는 농산물 투입재의 가격이 내리거나 인상되지 않는다면 생산자는 수익 극대화를 위해 당연히 생산량을 증가시킬 것이다. 또한 농업생산책임제의 보급 및 협동농장 내부의 작업 단위 축소는 일종의 조직 혁신에 따른 기술 진보로 볼 수 있기 때문에 이는 생산함수 자체를 이동시킬 수 있을 것으로 예상된다. 즉, 균형점을 E2에서 E3로 이행할

<그림 4-1> 농산물 가격 인상과 생산량과 관계

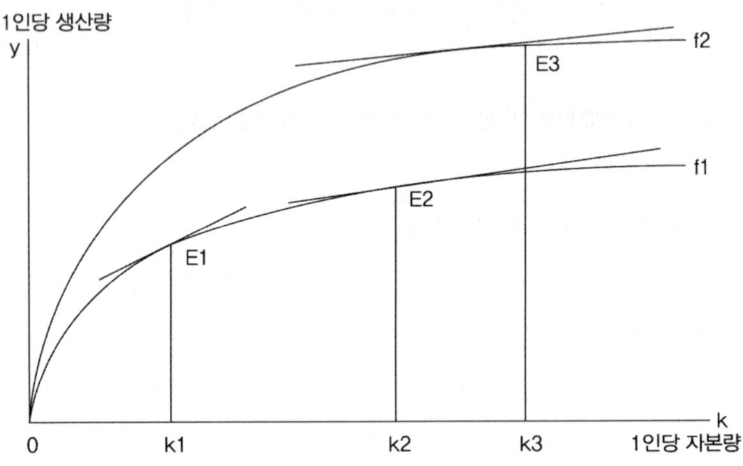

수 있을 것이다.

(2) 협동농장 작업 단위 축소의 성과

사회주의 농업개혁은 가격개혁과 동시에 조직 축소를 통해 가능하다. 사회주의 국가에서 협동농장의 최소 작업 단위는 일반적으로 수십 명에서 100여 명에 달한다.[1] 이에 따라 사회주의 농업개혁 과정에서

1) 소련의 경우 '개인적 책임감의 결여'(obezlichka)를 회피하기 위해 6명에서 10명으로 구성된 즈베노(zveno: 작업반) 제도를 1950년 2월에 도입했다. 그러나 업무 및 토지가 지나치게 세분화되는 문제점을 막기 위해 100명 이상으로 구성된 작업대가 주요 작업 단위가 되었다. 특히 즈베노가 작업대 안의 한 단위로 계속 존재하더라도 작업대의 업무가 성과급의 바탕이 되기 때문에 즈베노는 작업 단위로 제대로 기능하기 어려웠다(노브, 1998: 342).

<그림 4-2> 슐츠의 농업생산조직과 생산량의 관계

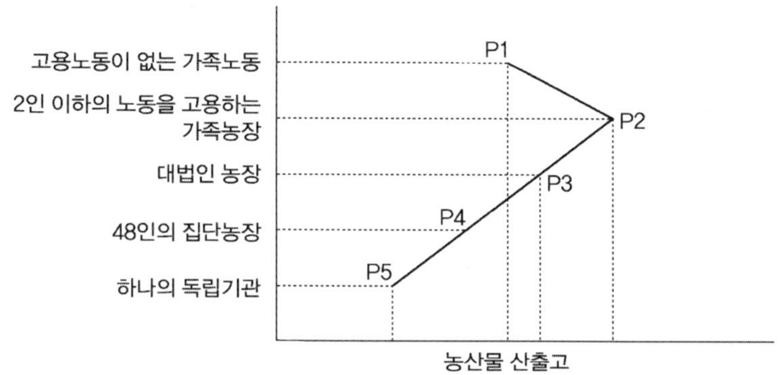

집단 생산 체제의 규모를 축소하는 것은 개인농 체제로의 전환과 맞물려 있다.

작업 단위 규모의 축소가 생산량 증가로 연결된다는 이론적 배경은 다음과 같다. 작업 단위가 최소인 가족영농이 협동농장이나 국영농장보다 작업의 효율성이 높은 것은 노동의 감시가 철저하기 때문이다. 반대로 집단 영농에서는 노동을 감시할 입장에 있는 간부가 토지 소유자도 아닐뿐더러 자신들의 소득과 생산고의 연계가 약하기 때문에 감시의 유인 자체가 낮을 수밖에 없다. 동시에 토지의 집단소유제를 유지하는 한 농업노동을 감시한다는 문제만이 아니라 '누가 감독자를 감시하는가'라는 문제도 발생한다. 따라서 농업노동 감시와 인센티브 결여는 필연적이다(Schultz, 1953).

슐츠(T. W. Schultz)의 이론은 북한농업의 집단화 문제점을 설명하는 데 매우 설득력이 있다. 1958년 집단화가 완성되던 시기에 규모의 경제를 실현한다는 경영·기술상의 효과는 시간이 지날수록 약해지고 감시와 인센티브 미흡에 따른 부작용이 심화되었다. 특히 집단 영농에 불가피하게 수반되는 농업관료의 경직적인 농업통제는 '주체농법'이라는 정책으로 구체화되어 농민들의 자발성과 창의성을 무력화시켰다.

특히 이 과정에서 영농기술 개선과 농업 생산량 간에 직접적인 연계관계가 미흡함에 따라 기술 진보가 이루어지지 못한 것도 대규모 영농 단위의 문제점이다. 2002년 7·1 조치는 슐츠의 이론대로 P5에서 P1으로 이동하는 것을 의미한다. 즉, 협동농장에서 작업 단위가 외형적으로는 변화가 없으나 실제 영농은 축소된 형태로 진행되면서 산출고가 증가하는 것이다. 향후 분조관리제의 규모를 공식적으로 축소해 신(新) 분조관리제를 시행하면 슐츠의 이론이 더욱 분명하게 적용되어 생산성 증가에 뚜렷하게 기여할 것이다.

4) 2002년 7월 경제관리개선조치와 농산물 가격체계 변동

(1) 농산물 가격 인상의 목표와 내용

현재 북한이 추진 중인 경제관리개선조치의 기본 방향은 사회주의 기본 틀인 계획경제의 테두리 안에서 실리 보장 원칙을 접목시키는 것이다. 이 때문에 농업 분야의 실리 보장 원칙을 적용하고자 농산물 가격을 인상했다. 모든 생산물을 제 가치대로 계산해야 실리를 보장할 수 있다는 전제하에 임금과 가격의 현실화를 추진한 것이다.[2)]

---

2) 쌀값의 천문학적인 인플레를 포함해 성역 없는 가격 정상화 조치를 취하면서도 여전히 국가가 가격 책정권을 보유하고 있다는 점에서 북한의 경제개혁은 국가가 수요 - 공급을 직접 계산해 가격을 제시하는 계획계량형(planometrics) 사회주의 체제의 운영 과정과 유사하다는 지적도 있다(이정철, 2002).

"최근 수년간 가격사업을 올바르게 수행하지 못해 경제사업 전반에 중대한 나쁜 결과가 초래되었다"라는 자기비판과 함께 북한 당국은 7·1 조치를 통해 북한의 각종 농산물 가격을 원가에 맞춰 인상했다. 국가가격제정국에서 책정한 국영상점의 가격은 종전에는 지역이나 품질에 관계없이 가격의 일원화·세부화 원칙에 의해 일률적으로 결정되었다. 이러한 획일적인 가격 결정 방식은 제품의 품질을 확보하지도 못했고 각 기업소에서 필요한 양을 공급할 충분한 물적 자극이 되지도 못했다.3)

7·1 조치 입안자들은 국정 가격이 농민시장 가격보다 낮아 개인들의 장사 행위가 성행하고 있으며 국가에는 상품이 부족한데도 민간에는 상품이 풍부하다고 개탄하면서 대책을 마련할 필요성을 절감했다. 낮게 책정된 국정 가격과의 격차를 이용해 국가 물자를 빼돌려 농민시장에서 높은 가격으로 판매하기 때문에 생산은 국가가 하는데 상품과 돈은 대부분 개인의 손에 들어가고 있다고 지적한 것은 국정 가격 현실화의 불가피성을 지적한 것이다.4)

---

3) 종전의 가격 제정 원칙은 사회적 필요노동 지출(가치)에 근거해 가격을 정한다는 것이었다. 즉, 생산물의 가치(C + V + M)와 생산물의 가격을 일치시켰던 것이다. 여기서 C는 불변자본으로 생산 과정에서 소비된 생산수단의 이전가치를 나타나며, V는 가변가치로 생산 과정에서 소비되는 노동력의 가치를 의미하는데 그 크기는 사회적 필요노동 지출에 결정되며, M은 잉여가치로 생산물의 가치 중에서 C + V를 초과하는 부분을 의미한다. M은 C와 V가 결합된 생산 과정에서 창출되지만 그 원천은 V에 있다. 『조선경제사전』(사회과학출판사, 1995).

4) ≪KDI 북한경제리뷰≫, 2003년 1월호, 39~45쪽. 원문은 www.bekkoame.ne.jp.

국영상점에는 없는 쌀을 비롯해 식료품과 공산품 등 모든 품목이 농민시장에서 거래되고 있는 현실에서 당국으로서는 문제점 개선이 급박할 수밖에 없다. 당국에서는 농민시장에서 거래되는 대부분의 품목이 국영물가와 농민시장 물가와의 가격차를 이용해 국가 물자가 빼돌려진 것으로 추정하고 있다. 즉, 농민시장은 개인들이 국가 금고를 털어내는 공간으로 활용된 것이다. 이에 따라 당국은 개인들의 호주머니 속에 2년분의 국가 예산이 있는 것으로 추정하고 있다(북한 내부자료, 2002a). 결국 국가가 거의 무상으로 공급해오던 의식주는 국가의 재정적 보조에 의존하지 않고는 유지할 수 없는 연성예산제약 상태에 처하게 했다(Kornai, 1992: 140~144). 이에 북한 당국은 국영상점에서 판매하는 제품의 가격을 원가와 농민시장 가격에 근거해 인상했다.

특히 국가는 가격 제정 원칙과 기준만 마련하고 지방공장에서 생산하는 상품의 가격은 해당 공장이 결정하게 한 것은 중앙정부의 경제계획 권한 이양과 맞물려 상당한 의미를 갖는다. 상품의 가치를 제대로 부여하고 노동자와 농민들의 인센티브를 실질적으로 보장하기 위해서는 해당 공장과 협동농장이 생산관리계획을 스스로 입안하는 것이 선결과제가 될 수밖에 없다. 결국 7·1 조치에 따른 가격 결정 기준은 원가에 근거한 농민시장 가격이며, 결정원칙은 국가의 가격 제정 원칙 고수라고 볼 수 있다.

북한의 가격제정국은 "앞으로 생산이 활성화되면 수요와 공급 상황을 고려해 가격을 다시 제정할 수 있지만 공급자가 제멋대로 할 수는 없다. 중앙과 지방행정 단위에서 가격을 철저히 조절하게 하는 체계가 세워져 있으며 시장 원리가 그대로 가격에 반영되는 일은 없다"(≪조선신보≫, 2002.7.26)라고 밝힘으로써 국가의 가격 제정 원칙을 고수할 것이라고 했다. 통상 사회주의 국가들이 체제전환을 시도할 때는 가격자유화(price liberalization)가 핵심적인 개혁조치였다.

그러나 북한 당국은 국가 가격 제정 원칙을 제한적으로 견지함으로써 초보적인 가격개혁을 진행해 사회주의 경제개혁 초기부터 전면적인 가격자유화를 추진한 여타 동유럽 등 체제전환 국가들과는 차이를 보이고 있다(박석삼, 2002: 9). 물론 북한도 점차 가격자유화의 대상과 폭을 확대할 것으로 예상된다. 북한의 가격자유화는 우선 농산물에서 가장 정확하게 적용되고 있다.

(2) 농산물 가격 인상의 실태 분석과 함의

국가가격제정국은 전체 공산품의 가격을 평균 25배 정도 인상했다. 당국은 우선 농업 생산물의 가격을 조정했다. 북한은 7·1 조치 이전에는 주로 석탄가격이나 전력요금 등 시초 연료의 가격을 가격 제정의 출발점으로 삼아왔다. 그러나 7·1 조치에서는 인민들의 물질생활에서 기초를 이루는 식량 가격을 모든 가격 제정의 기준으로 정했다. 기준 물가를 위한 산정품목이 석탄에서 식량으로 전환된 가장 큰 이유는 북한의 전체 산업 중에서 번 수입으로 재생산을 하지 못하는 모순이 가장 두드러지게 나타난 부문이 농업 부문이라는 점에 있다. 이러한 농산물 가격의 모순을 해결하기 위해 북한은 가격을 인상했는데, 돼지고기는 1킬로그램당 10원에서 110원으로 11배 인상했다. 된장은 1킬로그램당 20전에서 17원으로 85배 인상했고, 콩기름은 1킬로그램당 4원에서 180원으로 45배 인상했다.[5)]

---

5) 공산품의 경우 운동화는 3.5원에서 180원으로 51배, 세숫비누는 2원에서

2002년 7월부터 11월까지 4개월간은 물가가 소폭 올랐지만 정부의 공산품 생산 회복과 추곡 생산, 부족물품으로 인한 중국으로부터의 수입 증가 등으로 장마당에 나가지 않더라도 거주 지역별로 마련된 직매점이나 상점에서 장마당 가격으로 물자를 구입할 수 있었다. 물자 구매의 편리성뿐 아니라 제품을 믿을 수 있다는 신뢰가 형성되면서 주민들은 일단 7·1 조치를 긍정적으로 평가했다. 국정 가격을 인상한 것은 장마당 가격을 현실화하려는 것이었지만 상품에 따라 인상폭에 차이가 난다. 식량에서는 쌀과 옥수수의 경우 수매가는 33~50배, 판매가는 400~550배 인상했다. 안경, 세숫비누 등 비식료품은 평균 25~30배, 연료는 평균 40배, 공공요금은 20~35배 인상했다.

7·1 조치 이후 농민시장의 전체 평균물가는 182.74% 상승했다(<표 4-1> 참조). 과거 무상 수준이었던 전기료와 수도료 등 공공요금 가격까지 포함한다면 200% 이상 상승한 것으로 보인다. 농민시장에서 쌀은 지난 2년간 1킬로그램당 40원 수준이었는데, 7·1 조치 직후인 2002년 8월 신의주 지역 등에서 80원까지 상승했다. 쌀 가격이 상승한 것은 총체적인 식량 부족 사태로 쌀이 절대적으로 부족해 초과수요에 시달리고 있기 때문이며, 북한에서는 7~8월에 햅쌀이 공급되지 않기 때문인 것으로 추정된다.

20원으로 10배 인상했다. 최고급 남자 양복의 경우 90원에서 6,750원으로 75배 인상했다. 연료의 경우 석탄은 1톤당 34원에서 1,500원으로 44배, 휘발유는 1리터당 40원에서 2,800원으로 40배 인상했다. 전력은 거의 무상 수준이던 1킬로와트당 3.5전에서 2.1원으로 60배 인상했다. 공공요금은 평양-청진 간 철도운임의 경우 17원에서 590원으로 36배, 시내버스와 지하철의 경우 10전에서 2원으로 각각 20배 인상했다.

<표 4-1> 농민시장 물가의 7·1 조치 이전과 이후 비교

상품 종류	품목	단위	2002년 7월 이전 평균가격(원)	2002년 7월 평균가격(원)	가격 변화율(%)
곡류	쌀	1kg	52.5	80.0	52.38
	강냉이알	1kg	35.0	57.5	64.29
	밀가루	1kg	47.5	75.0	57.89
육류	돼지고기	1kg	165.0	290.0	75.76
	닭고기	1마리	200.0	400.0	100.00
유제품	계란	1개	10.0	15.0	50.00
어패류	명태	1마리	25.0	50.0	100.00
채소, 해초류	무	1개	25.0	50.0	100.00
	배추	1포기	27.5	55.0	100.00
	미역	1kg	200.0	300.0	75.00
과실류	사과	1개	50.0	80.0	60.00
기름, 조미료	식용유	500g	75.0	150.0	100.00
	콩기름	500g	100.0	275.0	175.00
	고춧가루	1kg	190.0	290.0	52.63
튀김, 과자류	기름튀김	1개	20.0	45.0	125.00
	만두	1개	10.0	32.5	225.00
차와 음료	차	1통	165.0	275.0	66.67
외식	냉면	1그릇	50.0	150.0	200.00
전기료	전기료	1월	6.5	50.0	669.23
수도료	수도세	1월	2.0	15.0	650.00
기타 잡비	세탁비누	1개	45.0	75.0	66.67
	세숫비누	1개	60.0	100.0	66.67
이·미용료	이발료	1인	5.0	10.0	100.00
	미용료	1인	5.0	15.0	200.00

주: 평양지역 농민시장의 물가.
자료: 2002년 7월 및 11월 북한 현지 조사와 방북자 면접 조사를 기초로 작성. ≪오늘의 북한소식≫, 2006.11; ≪오늘의 북한, 북한의 내일≫, 2006.5.

그러나 7·1 조치가 물가를 인상시킨 근본적인 원인이라기보다는 화폐량의 단위가 종전의 '전 및 원'에서 '원'으로 단일화되고 확대되면서 물가 상승을 더욱 크게 체감한 듯하다. 특히 구조적인 공급 부족과 수요 과다로 인해 소폭의 인플레이션은 불가피했으므로 7·1 조치가 물가 상승과 정확한 인과관계에 있는 것은 아니라고 볼 수 있다. 다만 제한적인 가격자유화가 시행되고 있기 때문에 수요 - 공급 원리에 의해 구조적인 가격 상승은 불가피하다.

곡류는 전체적으로 7월 이전보다 가격이 66.1% 상승했다. 육류, 어패류, 채소류도 각각 84.7%, 98.46%, 82%의 상승률을 보였다. 생활용품은 시장 가격이 좀 오르기는 했으나 7월 이전보다 크게 오른 편은 아니다. 이는 시장에서 유통되는 공산품 중 상당수가 중국 상품인데 해당 가격이 오르지 않았기 때문이다. 농민시장의 가격은 지역별·시기별로 차이가 있다.[6)]

(3) 농산물 수급 불안과 인플레이션 만연

7·1 조치로 농산물 가격을 현실화했으나 구조적인 수급 불일치로 시간이 지나면서 농산물 물가가 계속 상승했다. 7·1 조치 시행 이후

---

6) 우선 평양과 신의주를 비교하면 평양 농민시장의 물가는 신의주보다 5~10% 이상 높다. 강냉이알의 경우 평양은 1킬로그램당 60원이지만 신의주는 55원이다. 감자는 평양은 1킬로그램당 25원, 신의주는 20원이다. 밀가루도 평양은 1킬로그램당 80원, 신의주는 70원이다. 돼지고기는 평양에서는 1킬로그램당 300원, 신의주에서는 280원에 거래된다. 세탁비누도 평양은 1개당 80원, 신의주는 70원이다. 평양의 농민시장 물가가 신의주보다 높은 현상은 평양의 물자 공급이 신의주보다 충분하지 않다는 사실을 반영한다. 신의주는 중국과의 접경 지역으로 보따리상에 의한 중국 밀무역 등으로 물자 공급이 상대적으로 원활하기 때문이다. 또한 북한의 무역회사들이 중국 상품을 단둥(丹東) 세관을 통해 대량으로 수입함으로써 신의주의 농민시장과 국영상점에는 물자가 풍부하기 때문이다.

6개월이 지난 2003년 초 들어 농민시장의 각종 물가가 가파르게 상승했다. 2002년 12월 들어 북한 핵문제가 부상하면서 북한의 경제난이 심각해진 결과이다. 미국의 대북 중유 공급이 중단되면서 공장의 가동률이 하락하고 동절기 물자 수송이 어려워졌으며 이로써 전 지역의 농민시장 물가가 상승했다.

특히 2002년 10월에서 11월까지는 중국에서 2억 달러 상당의 공산품이 수입되어 물가가 진정되었으나, 12월 들어 물자 공급이 감소하면서 전국적으로 물가가 오르기 시작했다. 2002년 2월 1킬로그램당 48~55원선이던 쌀은 130~150원선으로 2.7배 인상되었다. 옥수수는 1킬로그램당 20~32원에서 75~85원으로 3.2배 인상되었다. 돼지고기는 1킬로그램당 160~180원에서 360~380원으로 2.2배 인상되었다. 결국 전반적인 자재 공급 부족과 시기적 수급 불균형 등으로 물가가 급등하는 초인플레이션(hyper-inflation)이 발생했다. 북한 당국은 상품 가격 총액보다 생활비 총액을 낮게 설정했기 때문에 논리적으로 인플레이션은 불가능하다고 반박하고 있다.[7)]

2003년 10월 북한을 이탈한 탈북자들에 따르면 2003년 2월 1킬로그램당 130~150원이던 쌀 가격이 5월에는 185~195원으로 올랐으며, 2002년 7월 경제관리개선조치 당시의 48~55원에 비하면 4배 이상

---

7) 7·1 경제관리개선조치에 따르면 근로자들이 생산계획의 80%를 수행하면 80%의 생활비만 받고 생산계획을 200% 수행하면 200%의 생활비를 받게 된다. 생활비가 오른 만큼 나라의 물질적 부를 더 많이 생산하는 것이기 때문에 논리적으로는 돈만 남아돌고 물건은 없어 가격이 오르는 인플레이션 현상이 일어난다고 볼 수 없다는 것이 평양 경제 당국자들의 주장이다(≪민족 21≫, 2003: 43~45).

<표 4-2> 평양 농민시장과 평양 통일거리시장 시장한도가격[1] 및 함북 청진 비교(단위: 북한 원)

구분	단위	평양 농민시장		평양 통일거리시장		함북 청진
		2002년 7월	2003년 2월	2004년 5월	2004년 8월	2004년 8월 26일
쌀	1kg	48~55	130~150	240	420(수입산)[2]	900
감자	1kg	-	-	-	60	-
옥수수	1kg	20~32	75~85	120	200	450~480
두부콩	1kg	60~70	180~190	250	450	-
식용유	1kg	160~200	600~650	1,000	1,500	2,000
계란	1알	10~13	22~25	40	45	100
명태	1마리	100	300~400	500	-	-
돼지고기	1kg	160~180	360~380	750	1,000	2,700
미원	453g	180~190	420~430	600	850	-
설탕	1kg	130~150	400~420	310	470	900
휘발유	1kg	130~150	330~350	400~600	-	1,500~1,600
경유	1kg	80~100	280~300	400~600	-	900
비누	450g	60~70	165~175	100(빨래비누)	-	-
외국산 담배	1갑	100~110	230~240	300	-	800(중국산)
국산 담배	1갑	45~50	70~80	100	-	1,000('고양이')
이발비	1인	5~10	15~20	25	-	-
운동화	1켤레	200	300~400	800	-	800
환율	1달러	220	670(비공식)	138(공식)	1유로: 2,000	1,300(비공식)

주: 2004년 가격은 필자가 2004년 5월 24~29일간 평양 남포를 방문한 당시의 현장조사와 ≪도쿄신문≫ 보도를 근거로 작성했으며, 2002년, 2003년 가격은 탈북자 조사와 현지 방문조사를 토대로 작성했음. 2004년 8월 평양은 일본의 환일본경제연구소(Economic Research Institute for North East Asia)가 발행하는 ≪ERINA REPORT≫, Vol. 60(2004.9), 2004년 8월 청진은 탈북자 신문 ≪새동네≫, 2004.9.1 참고. 2004년 8월 현재 환율에 따르면 남한 1만 원이 북한 원으로 1만 1,815원임.

1) 평양시 시장 가격 관리국이 정한 '판매할 수 있는 최고가격'으로 19개의 대상품목은 매일 조금씩 변화된다고 함.

2) 실제 평양 통일거리시장 상품 가격은 북한산 쌀이 680원이었음.

자료: ≪오늘의 북한소식≫, 2006.11; ≪오늘의 북한, 북한의 내일≫, 2006.5.

올랐다고 한다(<표 4-2> 참조). 그러나 이는 7·1 조치에 따른 부작용이라기보다는 쌀값의 현실적 인상에 따른 증가율 상승으로 추정되며,

기본적으로 북한 곡물 생산량이 절대적으로 부족하기 때문에 발생한 현상이다. 북한의 식량 생산량은 2002년 384만 톤에 그쳐 수요량에 비해 150만 톤 이상 부족했고 2003년은 415만 6,000톤으로 식용·종자용 등에 필요한 최소 곡물 수요량 510만 톤에 100만여 톤이 부족하다.

또한 북핵 문제로 국제사회의 지원이 미흡함에 따라 식량 수급이 원활하지 못해 곡물 가격이 상승했다. 특히 접경 지역이나 교통이 불편한 동해안 지역에서는 쌀과 옥수수 등 곡물 가격이 급등했다. 이후 남한의 2004년도 식량 지원이 7월 21부터 1차분의 육로 수송[8]을 통해 이루어지고 감자가 출하되면서 곡물 가격 급등세는 부분적으로 진정되었다. 황해남도 연안군에서는 2004년 9월 말에 쌀값이 900원까지 상승했다가 10월 말에는 400원대로 하락했다. 쌀값이 큰 폭으로 하락한 것은 여러 가지 요인이 맞물렸기 때문이다.

우선 매년 쌀 수확 전에 가격이 최고로 올랐다가 쌀 수확철이 되면 가격이 떨어지는 현상이다. 2003년에도 9월에는 150원까지 상승했다가 10월에는 80원선으로 하락했다. 또한 2004년 10월 해주항에 남한에서 지원한 베트남산 쌀이 도착했고 군량미 일부가 농민시장으로 흘러나왔기 때문이다.[9] 2004년 북한의 식량 생산량은 423만 5,000톤으로 전년보다 3% 증산되었지만 여전히 수요량에 비해 90만여 톤이 부족했

8) 북한이 2004년에 처음으로 육로 수송을 허용한 것은 곡물 가격의 급등을 진정시키기 위해서였다. 경제관리개선조치 이전에는 남측에서 곡물을 해로로 수송해 북측 항구에 도착하면 다시 내륙으로 전달하는 데 1개월 이상 소요되더라도 외형상 물가를 통제할 수 있었으나 2004년 들어서는 곡물의 가격자유화로 단기간 내에 북한 전역으로 곡물을 공급하는 것이 중요해졌다.

9) ≪오늘의 북한소식≫, 2004.12.26. www.jungto.org.

다. 2005년에도 435만 톤 생산으로 상황은 유사했다. 2006년의 경우에는 수해와 국제사회의 대북 제재에 따른 식량 지원 중단으로 곡물 가격의 인상은 지속될 것으로 전망되었다.

한편 북한은 2003년 3월 말부터 평양에 있는 농민시장의 명칭을 종합시장으로 변경했다. 명칭을 변경한 것은 시장이 사회적 수요를 충족하는 공간으로서 제대로 운영되도록 국가가 더욱 적극적인 관리정책을 실시하겠다는 의지의 표현이라고 한다(≪조선신보≫, 2003.4.1). 특히 잉여농산물을 거래해온 농민시장이 다른 나라들에서 흔히 말하는 이른바 암시장이 아니라고 북한은 주장한다.

북한 경제관료들이 "농민시장은 행정기관의 관리 아래 운영되었으며 이곳에서 거래되는 상품의 가격은 해당 행정단위에서 상한을 정해왔다"라면서 "이 시장도 상품 유통의 한 형태로서 사회주의를 기본으로 하지만 시장 기능을 홀시해서는 안 된다"라고 강조한 것은 시장에 대한 관점이 달라지고 있다는 측면에서 의의가 적지 않다(≪조선신보≫, 2003.6.16).

(4) 인플레이션의 만연

북한은 2004년 들어 7·1 조치 이후 급격한 물가 상승과 임금 인상으로 통화량이 급증하고 공급 물자가 부족해져 인플레이션이 발생했다. 의도한 인플레이션이었든지 7·1 조치의 폐단에 따른 인플레이션이었든지 간에 북한은 농민시장을 종합시장으로 바꾼 이후 시장의 활성화와 인민생활공채 발행 등을 통해 인플레이션을 억제하려 애쓰고 있다. 쌀의 경우 2002년 7·1 조치 발표 당시에는 1킬로그램당 44원이었으나 2004년 8월에는 400원선까지 상승했다. 평양시는 시장가격관리국이

<표 4-3> 2004년 8~9월 중순 북한 주요 도시 물가 동향(단위: 북한 원)

분류	물품	단위	8월 하순 (8월 15~31일)		9월 초 (9월 1~8일)			9월 중순 (9월 15~19일)		
			황해북도 사리원	평양	평양	함경북도 무산	량강도 혜산	함경북도 회령	함경남도 함흥	평안남도 순천
곡물류	쌀	1kg	550~570	650~780	1,000	1,020~1,100	-	850~820	800~830	1,000
	통옥수수	1kg	225	340	350	500~570	890	300	290	320
	옥수수쌀	1kg	-	-	400	600	-	-	-	420
	밀가루	1kg	-	1,200		550	-	-	600	600
육류	돼지고기	1kg	1,000	1,500	1,600	1,500	1,200	1,500	1,400~1,500	1,500
	닭고기	1kg	-	-	1,200	1,500	-	-	-	-
	달걀	1개	80	90	100	100	-	100	80~90	-
조미료	콩기름	1kg	800	-	1,200	-	-	1,200	1,200	-
	식용유	1kg	2,000	-	2,400	2,350	2,200			-
	소금	1kg	-	-	-	-	-	300	250	-
	고춧가루	1kg	-	-	-	-	-	8,000	5,000~7,000	-
공산품	운동화	1켤레	2,800~3,500	-	1,600	1,800~2,000	-	-	-	-
	구두	1켤레	5,000~9,000	-	5,000~10,000	12,000~15,000	-	-	-	-
	비누(세탁용)	1개	-	100~300	-	-	-	-	300	-
기호품	술	1병	200~350	250	250	220~250	-	220~240	220~230	-
	담배('고양이')	1갑	-	-	650	700~750	-	-	700~750	700
유류	경유	1kg	-	650~700	-	600	-	-	-	-
	휘발유	1kg	-	1,200	-	1,500	-	-	-	-

자료: ≪오늘의 북한소식≫, 2006.11; ≪오늘의 북한, 북한의 내일≫, 2006.5.

정한 '판매할 수 있는 최고가격'인 시장한도가격을 고시해 매일 물가를 관리하고 있으나, 기본적으로 공급 부족에 따른 수급 불안이 지속되어

<표 4-4> 2004년 10월 해주의 물가 가격표(단위: 북한 원)

분류	물품	단위	가격
식품	쌀	1kg	400
	옥수수	1kg	200
	돼지고기	1kg	1,500
	콩기름	1kg	800
	콩	1kg	400
의복	구두(최고급 중국산)	1켤레	20,000
	편리화	1켤레	2,000
	동복(두꺼운 잠바)	1벌	30,000
	러닝셔츠(중국산)	1벌	1,000
	러닝셔츠(남한산)	1벌	2,500
	팬티(중국산)	1벌	300
	팬티(남한산)	1벌	500
	잠옷(중국산)	1벌	2,000~3,000
	잠옷(남한산)	1벌	7,000~8,000
학용품	교복	1벌	500~600
	학습장	1권	300~600
땔감	석탄	1톤	25,000
	(2003년의 경우)	1톤	(7,000)
환율	미화 100달러	-	178,000
	(7·1 조치 이전)	-	(20,000)

자료: ≪오늘의 북한소식≫, 2006.11; ≪오늘의 북한, 북한의 내일≫, 2006.5.

물가 상승은 불가피했다.

향후 북한 당국이 물자 공급을 증가시켜 과도한 인플레이션을 통제해 근로자의 근로 의욕을 고취시킬 수 있다면 북한경제는 회복 국면으로 들어갈 수 있을 것이다. 하지만 수요-공급의 불균형이 심화되어 수십 배가 상승하는 초인플레이션으로 확산되면 경제개혁 자체가 혼란에 처할 수 있다. 2006년 이후 북한경제는 인플레이션을 어떻게 관리할

<표 4-5> 2005년 5월 11일 회령 물가(단위: 북한 원)

품목		단위	가격
곡류	조찹쌀	1kg	750
	기장	1kg	900
	중국찹쌀	1kg	1,300
육류 및 어류	돼지고기	1kg	2,000
	임연수	1마리	450
	청어생물	1kg	100
	멸치	1kg	1,000
	명태생물	1마리	1,000
	인조고기	1kg	650
	계란	1알	100
부식물	감자	1kg	160
	마늘	1kg	1,000
	옥파	1kg	1,200
	두부	1모	130
	마른 미역	1kg	500
	참미역생물	1kg	300
과일	사과	1kg	800
	귤	1kg	2,000
음식	국수	1그릇	80~90
	두부밥	1개	50
	인조고기	1개	25
	밀가루빵	3개	100
조미료	고춧가루	1kg	4,000
	소금	1kg	300~350
	콩기름	1kg	2,300
	술병	1kg	200~300
	사탕	1kg	1,200
	두부콩	1kg	650

자료: ≪오늘의 북한소식≫, 2006.11; ≪오늘의 북한, 북한의 내일≫, 2006.5.

<표 4-6> 2005년 주요 도시 8~9월 시장 가격(단위: 북한 원)

항목	단위	시기		
		8월 신의주	9월 청진	9월 온성
일등미쌀	1kg	750	1,100	1,050
수입쌀	1kg	-	850~900	800
안남미	1kg	-	680	590
찹쌀	1kg	1,000	1,350	1,150
현미쌀	1kg	710	750	710
밀가루	1kg	900	750~850	840
통옥수수	1kg	190~200	200~250	210
옥수수쌀	1kg	-	400~410	350
옥수수가루	1kg	-	200	245
밀	1kg	570	590	580~600
두부콩	1kg	450	-	-
콩기름	1kg	2,000	2,500	2,545~2,550
옥수수기름	1kg	-	1,700	1,700
유채기름	1kg	-	600	600
고추장	1kg	280	-	-
된장	700g	-	210	-
소금	700g	-	160	-
중국 담배('장백산')	1갑	380	-	-
미국 담배('힐튼')	1갑	550	-	-
담배('고양이')	1갑	500	-	-
영국 담배('555')	1갑	750	-	-

자료: ≪오늘의 북한소식≫, 2006.11; ≪오늘의 북한, 북한의 내일≫, 2006.5.

<표 4-7> 2005년 함경북도 회령 지역의 쌀·옥수수 가격 변화(단위: 북한 원)

항목	단위	8월 8일	9월 1일	9월 29일	10월 1일	10월 22일
남한쌀	1kg	850~900	900	900	1,000	1,000
북한쌀	1kg	800	750	750	1,000	1,000
옥수수	1kg	250~300	180	220	200	200

자료: ≪오늘의 북한소식≫, 2006.11; ≪오늘의 북한, 북한의 내일≫, 2006.5.

<표 4-8> 2006년 12월 중순 북한 주요 도시 물가표(단위: 북한 원/kg)

	신의주	혜산	김책	함흥	해주	사리원	평양	평성	봉산	원산	고원
쌀	650~720	900	880	750~770	550	600~650	700	700~750	620	680~700	730
남한쌀	670	900	830	750	550	650	750	750	-	670	700
옥수수	280	280	260	330~350	250	240	300	300	230	300	290~310
옥수수쌀	-	-	-	450	-	240	-	-	-	380	380
두부콩	600~630	620	580	630~670	620	600	630	620~650	-	580~600	620~650
밀가루	800~900	800~900	900	-	800~900	750	800~1,000	800~1,000	-	800	550~800
옥수수국수	300	350	550	350	300	-	350	350	280	-	350
밀국수(600g)	500	800	850(kg)	550	700	-	600	550~600	-	-	-
찹쌀	830~850	950~1,000	1,000	-	670	-	870	850~880	650	850~900	940~970
감자	200	250	180	-	160	-	160	150	130	120~200	130
녹말가루	-	-	1,100	-	-	1,300	-	-	-	1,300	1,050
안남미	-	-	-	-	-	470	-	-	470	530	600
콩기름	2,100	2,300	-	2,200	2,400	2,100	2,200	2,200	-	2,200~2,400	2,100~3,000
달걀(1알)	180	160~190	150~160	160~180	150~180	-	160	160~190	-	180~200	150~160
돼지고기	2,800	2,900	2,500	2,800	2,900	-	2,800	2,900	-	2,800	-
마른낙지[1)](1마리)	325~400	310~425	250~400	350~400	300~400	-	325	325	-	300~400	300~425
냉동낙지	-	1,700	1,500	1,300	1,400	-	-	-	-	1,200	-
마른명태(1마리)	-	2,500~3,000	-	1,200~2,500	-	1,400~2,500	-	2,500	-	-	-
1인민폐	351	345	350	350	345	350	350	350	-	340	-
1달러	2,800	2,800	2,815	2,800	2,800	2,800	2,820	2,810	-	2,820	-
1유로	-	-	-	3,450	3,450	3,450	3,555	3,450	-	3,500	-
1엔	24.49	-	-	34.90	-	24.50	24.95	24.49	-	25.50	-

주: 1) 남한의 오징어.
자료: ≪오늘의 북한소식≫, 2006.11; ≪오늘의 북한, 북한의 내일≫, 2006.12.

<표 4-9> 2006년 12월 25일 시장 가격(단위: 북한 원/kg)

구분	청진	김책	함흥	사리원	해주	원산	평양
입쌀	1,150	1,100	1,100	730	750	900	900
찹쌀	1,500	1,300	1,300	1,000	900	1,000	900
옥수수	450	400	380	290	500	430	390
옥수수쌀	500	450	430	350	510	470	440
옥수수국수	470	420	400	330	510	450	330
밀가루	900	900	900	900	1,000	950	850
녹말	900	900	950	950	950	900	900
소금	250	250	250	280	250	250	250
된장	500	500	500	500	500	500	250
간장	200	200	200	200	200	200	200
기름	2,300	2,400	2,400	2,400	2,400	2,300	2,200
맛내기	4,200	4,200	4,300	4,300	4,400	4,300	4,200
사탕가루	3,600	3,600	3,700	3,800	3,800	3,600	3,600
안남미	600	700	700	700	600	600	600
고춧가루	5,000	4,500	5,100	5,200	5,200	5,000	5,100
고추	600	400	600	600	600	550	600
미나리	400	400	380	350	350	360	360
가지	200	200	210	200	200	220	200
오이	200	200	210	150	150	180	150
사과	1,500	1,500	1,500	1,400	1,400	1,500	1,400
감자	200	200	200	200	230	210	200
토마토	700	800	800	700	700	700	700
마늘	3,000	3,000	2,500	2,000	2,000	2,300	2,200
배추	150	150	150	150	150	150	150

자료: ≪오늘의 북한소식≫, 2006.11; ≪오늘의 북한, 북한의 내일≫, 2006.12.

것인지가 중요한 정책과제가 될 것이다.

2006년 6월 1킬로그램에 900원대를 유지하던 쌀값이 7월이 되면서 전국적으로 700원대로 떨어지고 오히려 옥수수 가격이 올랐다. 예년 같으면 보릿고개 시기에 쌀 가격이 올랐을 텐데, 쌀이 부족한데도 오히려 쌀 가격이 떨어지는 기현상이 나타났다. 그나마 쌀을 살 수 있었던 구매층이 이제 없음을 알게 된 주민들이 쌀 대신 옥수수나 감자 등의 곡물로 주식을 대체했기 때문이다. 쌀 장사꾼들이 손해를 감수하고 미리 확보해둔 쌀을 시장에 서둘러 풀었지만, 주민들은 쌀 대신 옥수수를 구매했다.

2006년 6월 집중호우가 있기 전에 이미 주민의 45%는 식량이 바닥난 상태였다. 2006년 10월 배급제를 재개한다는 당국의 선전에 따라 그해 농사를 제대로 준비하지 못한 주민들이 비축한 식량을 이미 다 소비했던 것이다. 2006년 5월부터는 평양시에서도 배급이 중단되었으며 양정사업소에서는 오히려 시장의 쌀을 사들였다. 2006년 여름을 넘기기 어려울 것이라는 예상에 따른 대응조처였다. 나름대로 갑작스러운 식량난에 대한 대비책을 마련한 것이었는데 유엔안보리이사회의 경제 제재와 미사일 시험발사 후 남한 정부의 쌀과 비료 지원이 중단되면서 쌀의 외부 유입 통로가 완전히 차단되자 예상보다 일찍 식량위기가 닥쳤다. 2006년 6월 집중호우는 결정타였다.

이에 주민들은 쌀을 사려는 시도 자체를 일찌감치 포기했다. 전에는 쌀 가격이 아무리 높아져도 옥수수 1킬로그램을 먹는 것보다 쌀 1킬로그램을 먹는 것이 더 힘이 난다며 옥수수 대신 쌀을 샀지만, 이제는 쌀이 나올 곳이 없었기 때문에 아예 쌀은 거들떠보지도 않았다. 급기야 다급해진 쌀 장사꾼들이 쌀 가격을 일제히 내렸지만 주민들의 발걸음을 되돌리지는 못했다. 반대로 옥수수나 감자를 대용곡물로 찾게 되니 이 곡물들의 가격이 소폭으로 꾸준히 상승했다.

유례없이 많은 인명을 앗아간 수해로 농경지도 심각하게 유실되어 가을 수확에 상당한 타격이 예상되면서 북한 주민들의 쌀 구매력은 현저히 떨어졌다. 현재 식량 사정이 더욱 악화되고 있음을 감안하면 이는 자칫 주민들의 대량 아사로 이어질 수도 있는 중대 사안이기에, 앞으로도 수해 이후의 쌀과 옥수수 가격 변화 추이가 주목된다.

3. 북한의 식량 수급 정책 변화 및 향후 전망

1) 식량 사정과 배급제 부활의 의도

북한은 2005년 10월 1일부터 종합시장에서 곡물 판매를 금지하고 공공배급제(public distribution system)를 통해 식량을 공급하고 있다. 또한 농민들이 시장에서 곡물을 공급하는 것을 금지하고 있다. 이에 평양 시내에서 곡물을 거래하던 매대에서는 다른 상품을 판매하고 있다.

이는 2002년 7월 1일 경제관리개선조치를 통해 용인했던 식량의 시장 유통 및 배급제 공급을 중단한다는 것을 의미한다. 배급제 부활의 핵심은 시장에서 곡물 판매를 중단하고 정부가 주민들의 수요를 책임진다는 것이다. 이에 따라 북한 주민들은 식량 공급소에서 당국이 분배한 할당량을 국정 가격으로 구입하고 있다. 7월 경제관리개선조치 이후 일반 주민들은 시장을 통해 식량을 구매했다. 군인 및 고급당원, 관료 등 시장에서 구매가 용이하지 않은 계층은 공공배급제를 통해 식량 배급표를 받아 국정 가격으로 식량을 조달했다.

북한 당국이 7월 경제관리개선조치를 통해 식량 가격을 현실화하고 시장에서 식량을 공급한 이유는 두 가지였다. 첫째, 양곡의 농민시장 가격과 국정 가격 간의 격차가 커짐에 따라 정부의 양곡 적자 부담이 늘어났기 때문이다. 이에 따라 7월 경제관리개선조치를 통해 곡물의 국정 가격을 1킬로그램당 8전에서 44원으로 현실화했다. 이는 정부의 재정적자를 축소하기 위한 조치였다.

둘째, 소요량이 공급량보다 30% 이상을 초과하는 등 식량의 절대 공급량이 부족해지면서 정부가 양곡의 공급을 책임진다는 부담에서 벗어나기 위해서였다. 주민들이 시장 가격의 오르고 내림에 따라 곡물을 구매하게 함으로써 정부가 식량 부족의 주범이라는 불만을 피하고자 했던 것이다.

그러나 시장을 통해 식량이 공급되자 공급 불일치에 따라 가격이 지속적으로 상승하는 인플레이션이 발생해 주민들의 불만이 증가했다. 쌀의 국정 가격은 종전보다 인상되었지만 공급량이 수요량을 맞추지 못하자 쌀의 시장 가격은 춘궁기인 3~5월에는 국정 가격의 10~20배인 1킬로그램당 500~1,000원선까지 인상되었다. 이에 화폐소득이 미흡한 주민 사이에서는 부분적으로 과거의 배급제를 선호하는 복고 성향도 나타났다.

치솟는 물가를 잡는 일이 당국의 큰 과제가 되었다. 곡물 가격을 지속적으로 인상하는 것은 의식주를 국가가 책임진다는 사회주의 기본 정신에 부합하지 않으며, 자칫하면 김정일 통치체제에도 부정적인 영향을 미칠 수 있다는 판단하에 당국은 공공배급제 부활을 검토하기 시작했다.

북한 당국으로서는 식량의 사적인 거래와 시장을 통한 유통이 사회주의 국가경제의 기본정신에 부합하지 않으며, 이를 통해 주민들 간에 자본주의 성향이 확산되는 것도 바람직하지 않다는 정치적 고려가 가장 중요하게 작용한 것으로 보인다. 사실 2002년 7월 경제관리개선조

<표 4-10> 1995~2005년 FAO의 북한의 곡물 생산량 추정

작물	구분	1995	1996	1997	1998	1999	2000	2001	2002	2003	2004	2005
벼	재배면적 (천ha)	582	580	611	580	580	535	572	583	583	583	-
	수량 (kg/10a)	3.46	2.46	2.5	3.98	4.04	3.16	3.60	3.76	3.84	4.06	-
	생산량 (만 톤)	202	143	153	231	234	169	206	219	228	237	-
옥수수	재배면적 (천ha)	670	589	602	629	575	496	496	496	495	495	-
	수량 (kg/10a)	2.04	1.4	1.68	2.81	2.15	2.10	2.99	3.33	3.48	3.49	-
	생산량 (만 톤)	137	83	101	177	124	104	148	165	173	173	-
밀	재배면적 (천ha)	90	75	75	70	48	50	57	63	69	70	-
	수량 (kg/10a)	1.39	1.33	1.33	2.36	2.02	1.00	2.05	2.06	2.13	2.39	-
	생산량 (만 톤)	13	10	10	17	10	5	12	13	15	17	-
보리	재배면적 (천ha)	75	72	70	50	41	43	36	39	34	32	-
	수량 (kg/10a)	2.4	2.22	2.00	1.8	1.3	0.9	2.0	1.8	2.01	2.04	-
	생산량 (만 톤)	18	16	14	9	5.5	2.9	7.0	6.9	6.9	6.4	-
감자	재배면적 (천ha)	45	48	80	120	187	188	188	198	187	189	-
	수량 (kg/10a)	9.7	10.6	10	10.6	7.9	9.9	12.1	9.5	10.7	10.9	-
	생산량 (만 톤)	44	51	80	127	147	187	227	188	200	205	-

치가 자본주의 경제를 확산하기보다는 효율성을 부분적으로 도입해 사회주의 계획경제의 모순을 해결하기 위한 의도였던 만큼 공급 능력이 구비되면 배급제로 복귀하는 것은 당연한 수순인지도 모른다. 2005년 10월 26일에서 29일까지 평양을 방문한 필자에게 북한 당국자들은 풍작으로 배급할 만한 쌀이 양곡창고에 있으므로 시장에서 쌀을 거래할 필요가 없다고 대답했다. 최소한의 식량 공급 능력만 있다면 배급제를 유지하겠다는 입장이다.

<표 4-11> 1948~2005년 북한의 식량 생산량 통계

연도(년)	FAO			남한 통계청
	재배면적(만ha)	생산성(생산량/면적)	생산량(만 톤)	생산량(만 톤)
1948	-	-	-	197
1949	-	-	-	178
1950	-	-	-	124
1951	-	-	-	124
1952	-	-	-	124
1953	-	-	-	156
1954	-	-	-	163
1955	-	-	-	169
1956	-	-	-	201
1957	-	-	-	224
1958	-	-	-	226
1959	-	-	-	228
1960	-	-	-	267
1961	1,432	2.50	358	349
1962	1,436	2.59	373	335
1963	1,476	2.75	405	335
1964	1,479	2.85	421	344
1965	1,460	2.54	371	355
1966	1,484	2.75	407	366
1967	1,490	2.54	379	376
1968	1,483	2.47	366	387
1969	1,508	2.90	438	392
1970	1,510	2.89	437	399
1971	1,514	2.97	450	404
1972	1,523	2.83	431	415
1973	1,558	3.09	482	419
1974	1,592	3.18	507	428
1975	1,616	3.25	525	436
1976	1,618	3.39	550	443
1977	1,635	3.55	580	449
1978	1,638	3.54	580	438

1979	1,635	3.67	600	470
1980	1,611	3.57	575	371
1981	1,630	3.84	626	425
1982	1,588	3.36	533	455
1983	1,592	3.44	548	433
1984	1,580	3.69	583	467
1985	1,578	3.70	584	419
1986	1,573	3.96	623	402
1987	1,648	3.79	624	413
1988	1,635	3.82	625	435
1989	1,651	3.92	647	457
1990	1,605	3.93	630	401
1991	1,556	5.68	884	443
1992	1,546	5.62	868	427
1993	1,493	6.12	914	388
1994	1,527	4.73	722	413
1995	1,503	2.52	379	345
1996	1,390	1.87	260	369
1997	1,432	2.00	287	349
1998	1,403	3.15	442	387
1999	1,341	2.87	385	422
2000	1,247	2.37	300	359
2001	1,284	3.02	388	395
2002	1,304	3.21	418	413
2003	1,237	2.97	416	425
2004	1,227	2.89	424	435
2005	-	3.00	432	440

주: 1) FAO 자료는 곡물(미곡, 옥수수, 맥류, 잡곡) 총계임.
2) 통계청 자료는 식량작물(미곡, 옥수수, 맥류, 기타잡곡, 두류, 서류) 총계임.
자료: FAO Statistical Databases(http://apps.fao.org); 통계청(1998).

한편 2002년 7월 경제관리개선조치 이후 빈부격차가 발생하고 일부 도시빈민들의 식량 조달이 어려워지면서 과거보다 살기 어려워졌다는

<표 4-12> 1961~2006년 북한의 곡물 생산성 통계

연도(년)	북한	남한	FAO
1961	4.830	-	3.583
1962	5.000	-	3.725
1963	5.000	-	4.054
1964	5.000	-	4.212
1965	4.526	3.548	3.707
1966	4.405	-	4.073
1967	5.110	-	3.788
1968	5.672	-	3.662
1969	-	-	4.378
1970	-	4.664	4.365
1971	3.500	-	4.499
1972	3.903	-	4.309
1973	5.344	-	4.815
1974	7.000	-	5.068
1975	7.700	4.953	5.232
1976	8.000	5.032	5.351
1977	8.500	5.029	5.708
1978	7.800	4.988	5.578
1979	9.000	5.177	5.766
1980	9.000	3.982	5.042
1981	-	5.639	5.799
1982	9.500	5.996	6.033
1983	-	5.785	6.184
1984	10.00	6.2670	6.560
1985	-	-	6.332
1986	-	-	7.114
1987	10.00	-	6.628
1988	-	-	6.371
1989	8.860	-	6.594
1990	9.000	4.810	5.866
1991	8.900	4.430	5.405
1992	8.800	4.270	4.973
1993	9.000	3.880	4.593
1994	7.080	4.130	4.951
1995	3.490	3.450	4.245
1996	2.500	3.690	4.480
1997	2.680	3.670	2.660
1998	2.830	3.930	3.470
1999	4.280	4.220	3.480
2000	-	3.580	2.920
2001	-	3.950	3.540
2002	-	4.130	3.870
2003	-	4.250	4.156
2004	-	4.320	4.235
2005	-	4.450	4.359
2006	-	4.400	4.300

<표 4-13> 1995~2006년 북한 신년 사설에 발표된 농업전략

연도(년)	주요 농정
1995	• 협동적 소유의 전 인민적 소유구조로의 전환 지속 • 알곡 생산의 극대화: 복합 미생물 비료 도입 등
1996	• 알곡 증산을 위한 농법 강조: 주인의식, 과학기술적 영농
1997	• 적지적작 추진: 지역 실정 및 농민 의견 반영
1998	• 이모작 면적 확대 및 기후에 적합한 품종 개발 • 대대적인 초식동물 사육 확대
1999	• 적지적작·적기적작의 원칙 아래 농업구조 개선 • 감자 증산정책 • 이모작의 대대적 전개와 종자혁명의 지속적 추진 • 강원도를 시작으로 토지정리사업 전개
2000	• 감자농사혁명 • 이모작 면적 확대 • 복합 미생물 비료 확대 • 초식동물 사육 및 양어사업 확대 • 토지정리사업의 지속적 추진
2001	• 신년사 대홍단 정신으로 21세기 첫 농사에서 풍작을 이룩하자고 강조
2002	• 평양시, 남포시, 평남도 등에서 토지정리사업 착수 • 분조관리제 도입, 협동농장 간부 선출권, 농장원의 작목 선택권 부여
2003	• 벼, 강냉이, 감자 다수확 품종 도입 • 우량종자에 의한 우리식 감자농사방법과 지역별 특성에 맞는 두벌농사 • 제2차 과학기술발전 5개년 계획(2003~2008년)은 종자혁명 등을 통해 연간 알곡 증산 추진
2004	• 감자 농사 혁명 지속적 추진 • 이모작 농사 확대 실시
2005	• 종자혁명, 두벌농사, 감자농사혁명의 계속 추진 • 다수확 품종의 공급 확대, 비료·농약·농기계의 원활한 공급 • 선진 영농기법의 적극 수용
2006	• 종자혁명, 감자농사혁명의 계속 추진 • 물길공사 및 토지정리사업 계속 추진 • 두벌농사방침, 콩농사방침 관철 • 농업의 기계화·화학화 추진

불만을 해소하기 위한 정치사회적 고려도 포함되었다. 특히 2007년 연초 신년사설에서 경제 건설의 주공전선을 농업 증산으로 내세운 만큼 공공배급제를 통해 식량 증산의 실적을 주민들에게 강조하는

한편, 일부 남한의 대북 지원 식량이 시장에서 부정 유통되는 것을 막기 위한 목적도 있었다.

한편 북한은 배급제 재개에 따라 필요한 식량을 확보하기 위해 배급제에서 제외되면서 개인에게 허용되던 개인경작지 생산 곡물도 국가가 회수해가는 등 식량의 국가 완전독점체제로 전환했다. 이에 따라 식량의 공급 능력이 증가하자 식량 생산 및 유통 부문의 시장경제 움직임은 오히려 퇴조했다.

우선 국가가 공공배급제를 시행하기 위해서는 식량 공급에 여유가 있어야 한다. 북한에서는 식량 공급량과 배급량의 격차가 10% 넘게 나면 배급제 시행이 곤란한데 남한과 중국의 식량 지원으로 부족량이 전체 소요량의 5% 미만으로 축소되었다. 2004년 11월 1일부터 2005년 10월 31일까지 양곡회계년도 기간에 북한은 423만 5,000톤의 곡물을 생산했다.

최소 소요량은 510만 톤이었으므로 부족량은 90만 톤 규모였다. 당시 남한이 50만 톤, 중국이 20만 톤의 식량을 지원했으며 국제사회에서 상업적으로 10만 톤을 구입했다. WFP(세계식량계획) 등 국제기구의 인도적 지원량은 5만 톤 수준이었다.

이에 따라 절대 부족량은 10만 톤 미만이었다. 물론 최소 소요량을 550만~600만 톤 수준으로 확대하면 부족량은 늘어나지만, 이는 가공용 및 사료용을 크게 고려하지 않는 북한의 평균적인 식량 소비 수준에서 지나치게 높은 기준을 적용한 물량이다.

결국 식량의 공급 능력 여부가 배급제 유지의 관건이 될 것이다. 일단 북한 당국은 그동안 하루 250그램씩 공급하던 식량을 600~700그램까지 확대하고 있다. 그러나 식량 공급이 향후 적기에 이루어지지

<표 4-14> 1995~2005년 북한의 식량 수급 추이(단위: 천 톤)

구분	95/96	96/97	97/99	98/99	99/00	00/01	01/02	02/03	03/04	04/05	05/06
국내 공급량	4,077	2,995	2,663	3,481	3,420	2,920	3,656	3,840	4,156	4,235	435.9
생산량	4,077	2,837	2,663	3,481	3,420	2,920	3,656	3,840	4,156	4,235	435.9
이월량	n.a	158	n.a	n.a	n.a	n.a	n.a	n.a	n.a	n.a	n.a
소요량	5,998	5,359	4,614	4,835	4,751	4,785	4,957	4,921	5,100	5,132	5,130
식용	3,668	3,798	3,874	3,925	3,814	3,871	3,855	3,893	3,944	3,959	3,959
사료량	1,400	600	300	300	300	300	300	178	178	181	181
기타	900	961	440	610	637	614	802	851	748	992	992
부족량	1,911	2,364	1,951	1,354	1,331	1,865	1,301	1,084	944	897	780
상업적 수입량	700	500	700	300	210	200	100	100	100	100	100
원조량(계획)	630	660	760	840	586	1,100	819	300	440	470	200
절대 부족량	581	1,204	491	214	535	565	382	684	404	327	480

않았을 때 암시장 가격이 폭등하는 것은 불가피한 현상이다. 2006년의 경우 수해와 국제사회의 대북 지원 중단으로 부족량이 증가하면서 배급제는 중단되었다.

2) 국제 NGO에 개발 원조 요청

북한은 평양에서 구호활동을 전개하고 있는 WFP, 컨선(Concern: 아일랜드 국제기구) 등 국제 NGO에 2005년 12월 말까지 단순 구호활동을 중지하고 개발 원조를 시행할 것을 요청했다. 그리고 이에 동조하지 않는 NGO는 평양을 떠날 것을 요구했다. 북한은 2005년 기준으로 국제기구들의 식량 지원량이 전체 소요량의 5%가 채 되지 않는 상황에서 불시에 가가호호 방문하거나 북한 전체 213개 군(郡)에 대한 모니터링을 수시로 하고 있는 국제기구가 지난 10년 동안 북한의 내부 사정을 외부에 알리는 통로가 되었다는 문제점을 인식했다. 또한 국제기구의 구호활동이 주민들에게 당국의 무능력에 대한 인식을 확산시키는 계기가 되면서 이들의 활동을 중지시킬 때가 되었다고 판단했던 것이다.

그러나 국제기구들은 개발 원조 방식이 중장기적으로는 타당하지만 인구 2,250만 명 중에서 7%의 주민이 하루 두 끼만 공급받고 37%가 만성적인 영양실조에 시달리는 상황에서 개발 원조 지원은 시기상조라고 주장하고 있다. 또한 유럽연합(EU) 회원국들은 대북 지원 방식이 인도적 지원에서 개발 지원으로 전환되기 위해서는 북핵 문제와 인권 문제의 만족스러운 해결이라는 전제조건이 필요하다고 주장하고 있다. 유럽연합의 대외 원조정책 가운데 인도적 지원에서는 정치적 중립성을 중요한 원칙으로 상정하고 있지만 개발협력의 경우에는 안보정책과의 연관성을 전제로 한다.

실제로 2002년 2월 유럽연합 집행위원회에 의해 채택된 「유럽연합 대북국가전략보고서 2001~2004(DPRK Country Strategy Paper for 2001~2004)」가 인도적 지원에서 개발협력 지원[10)]으로의 전환을 예고했는데도 실현되지 않았던 것은 정치적 요건이 충족되지 않았다고 판단했기 때문이다. 물론 북한이 향후 식량 사정이 다시 악화되면 국제기구의 지원을 요청할 수밖에 없지만 인도적 차원의 식량 지원을 요청할 명분은 미약해졌다.

---

10) 경제개발을 위한 제도적 지원과 역량 강화, 지속 가능한 에너지에 대한 접근, 천연자원의 지속 가능한 관리와 사용, 교통 및 농촌 분야를 위한 지속 가능한 개발 실시를 개발협력 사업의 전략적 목표로 제시하고 후속적 추진 조치로 기관역량 강화와 교육 프로그램(700만 유로), 에너지 부문의 효율적 관리(300만 유로), 농업 부문 복구 지원을 위한 지속 가능한 농촌 개발(500만 유로) 등을 내용으로 하고 있다.

4. 북한 농업정책과 식량 조달 실태와 평가

1) 북조선 농업 발전의 전망에 대한 소견

다음은 북한의 농업 담당자가 북한 농업에 대한 견해를 피력한 글이다. 이는 2006년 3월경에 작성된 것으로 북한 농업을 담당하는 실무자가 현장에서 농장원을 지도하는 자신의 영농 경험과 중앙의 지침 등을 이행하는 과정에서 느낀 점을 기술한 글로 북한 농업을 이해하는 매우 중요한 문서로 평가된다. 필자는 이 문서를 2006년 3월 중국에서 북한 농업을 이해하고 있는 연구자로부터 비공개를 조건으로 입수했으나 보고서가 작성된 지 오랜 시간이 흘렀고, 이를 통해 북한 농업의 나아갈 방향을 제시하는 것이 북한 농업 발전에 기여할 것이라고 판단해 공개했다.

> 이 자그마한 글에서 북조선 농업을 원만히 리해할 수 있게 한다는 것은 필자로서는 힘에 부치는 일이라고 생각한다. 독자들이 이 글을 읽고 북조선 농업 발전의 전망을 리해하는 데 필요한 키워드를 찾아낸다면 그것으로 만족이다. 북조선 농업은 공화국의 건립 이래 어느 시기를 막론하고 주요 경제 부문으로 되어왔으며 현재 북조선 정책에서 선군정치를 담보하는 가장 중요한 인민경제 부문으로 되고 있다.
>
> 1945년 8·15 해방 이래 북조선은 식민지농업의 락후성을 퇴치하자는 로선을 제기하고 '토지는 밭갈이하는 농민들에게!'라는 구호 밑에 토지개혁을 실시해 지주, 중농들의 토지를 무상 몰수해 농민들에게 무상분배했다. 이 개혁은 북조선 농업 발전의 개화를 열어놓았다.

1950년 6월 25일에 시작되어 1953년 7월 27일에 끝난 조선전쟁 기간에 농촌은 여지없이 파괴되어 인력, 축력 등 당시 농업 생산의 기본수단들이 부족하게 되었다. 이러한 상황은 공산주의 건설을 지향하는 북조선 정부에 있어서 농업협동화의 객관적 조건으로 인식되었으며 이때부터 농촌의 사회주의적 개조가 시작되어 전국적으로 협동적 소유제가 수립되었다. 이렇게 수립된 국영농장, 협동농장을 기본 계획단위로, 농업생단 단위로 하는 사회주의 방식이 북조선의 농촌관리 방식으로 오늘까지 존재를 굳건히 하고 있다.

오늘에 이르기까지의 50여 년 기간 이러한 틀거리는 변함없이 존재해 왔으나 농업 부문에 대한 정책적 요소들은 농사방법상 측면에서 여러 차례 흔들림을 거쳐왔다.

그러면 그러한 정책적 요소들의 변화가 북조선 농업에 어떠한 변화를 가져다주었는가, 그 결과 농업 발전을 추동하는 변수는 무엇으로 얻어지는가, 현재의 농업정책으로 볼 때 북조선 농업의 전망은 어떠한가를 탐구하는 것이 바람직하다고 본다.

① 북조선 농업정책에서 주요 변화 요소들

농업정책에서 변화 요소들이라는 말뜻을 잠간 설명하기로 한다.

북조선 농업정책은 김일성 주석의 '사회주의농촌테제'가 발표된 후 '주체농법'으로 변화되면서 불변의 진리로 절대화되었다.

그러나 농업 생산의 지속적인 감퇴는 무엇인가의 변화를 야기시키는 객관적 조건으로 되었고 이로 인해 '주체농법'의 틀거리 안에서 어떤 것은 더 강조되고 어떤 것은 덜 강조되는가에 따라 차별되는 시책이 있었다. 이것이 본서에서 말하는 변화 요소다.

그러한 변화 요소들이 '주체농법'의 전반 내용을 개선하는 데로 이어졌다면 앞에서 말한 흔들림이라는 표현을 쓰지 않았을 것이다. 사실 시기시기 변화되는 정책요소들을 살펴보면 그것은 '주체농법'이라는 틀 안에서 부분적으로 왕복 운동하는 피스톤으로밖에 설명할 수 없다.

사회주의 농촌테제를 구성하는 내용은 한마디로 말하면 사회주의적 생산관계에 의한 농촌의 개조인데 이를 위해 농촌에서 사상, 기술, 문화의 3대 혁명을 다그쳐 농민들을 로동계급화시키고 농민들을 어렵고 힘든 일과 문화적 락후성에서 해방한다는 것이다. 이를 위해 도시가 농촌을, 로동계급이 농민을 돕는다는 것이 테제의 핵심이다.

이 테제를 바라보는 리념은 누구에게나 납득이 되는 것이다.

문제는 이 리념을 어떤 방법으로 실현하는가인데 그것이 사회주의적 생산관계에 의한 계획경제관리 방법을 주체사상의 언어로 설명하는 '주체농법'인 것이다. 즉, 단일한 소유권의 확립(협동적 소유인 토지에 대한 국가적 소유권의 확립), 농사방법의 전일적인 확립(토지, 종자, 물, 비료, 농촌기계설비, 경영방법, 재배방법 등 모든 것을 규제하고 있음)을 주요 내용으로 하는 농사방법을 의미한다.

그런데 그 이름이 주체농법으로 되어 있어서 그것이 주체사상을 창시하신 김일성 주석의 리념과 결부되고 나아가서 김일성 주석의 권위가 절대적인 것으로 법제화되어 있으므로 북조선 정책에서 '주체농법'의 수정은 절대불가능 대상으로 간주되고 있다. 즉, 그 수정이란 곧 정치적 전향이라는 사고에 못 박혀 있는 것이다.

그러면 어떠한 배경에 의해 어떠한 정책적 요소들이 변화되어왔는가를 보기로 한다.

1978년 8월 18일 사건 이후 군량미 저축이 심각한 문제로 되어 매인에게 공급되는 배급표(15일간 식량을 담보하는 날자별로 되어 있는 표)에서 2일간 배급표를 바치자는 호소가 당적으로 제기되었다. 이것은 사실상 배급량을 줄인다는 법적 수정이 아니고 량심의 호소이지만 현재까지 의무적으로 지켜지고 있다. 결국 하루 700그램의 식량을 공급받게 된 쌀표로 실제는 하루 600그램 정도 공급받는 것으로 되었다. 지금에 와서는 대다수 사람들이 자기에게 하루 몇 그램의 쌀이 공급되는지 모른다.

실례로 국가가 배급을 주는 경우에 한해 하루 700그램을 받는 사람들은 보름에 9킬로그램 정도의 쌀을 배급소에서 국정 가격으로 공급받을 수 있다는 것만을 기억할 뿐이다. 지금은 례사로워 누구도 이것을 불평하지 않지만 당시에는 큰 경제적 타격으로 되어 많은 주민들이 식당에서 밥을 사다가 부족을 메우는 현상이 나타나 식당 매표구에 줄을 서서 차례를 기다리는 사람들의 광경을 어디서나 볼 수 있었다.

그 결과로 량표가 상품의 대상이 되어 팔고 사고 하게 되었다. 한편 농촌으로부터의 비법적인 쌀 구입이 주민들의 중요한 과제로 등장했다.

당시 로임에만 의거한 도시 주민들에게는 돈이 부족했고 농촌 주민들에게는 상품도 돈도 다 부족했다. 결과 물건과 쌀을 바꾸는 물물교환이 시작되어 이것이 량강도와 함경북도에서 쌀 배급까지 못 주게 되기 시작한 1980년대 말까지 지속되었다. 물물교환에서 농민들이 항상 손해를 보았다고 할 수 있다. 그것은 도시 주민들은 물물교환을 통해 그럭저럭 굶지는 않았지만 농민들은 한 해 농사로 최소한도의 필수품을 구입하기도 힘들었기 때문이다.

이러한 상황이 10년 이상 오래 지속되어 농민들은 분배 몫으로는 생활을 유지하기 힘들다고 생각하게 되었으며 그들의 협동생산 의욕은 점차로 떨어지고 부정 축재와 개인 텃밭 농사와 개인 축산에 관심이 돌려졌다.

이러한 사태를 농업정책 변화의 계기로 받아들여 일부 농업경영연구학자들이 중국의 가족도급제를 모방한 분조도급제를 도입하자고 국가적 토의에 제기했으나 비당적·비사회주의적 방법으로 몰려 타격을 받았다. 이것은 많은 연구자에게 건설적인 의견이 치명적인 타격을 받을 수 있다는 위기감을 다시 한 번 안겨주었다.

결과 사태는 수습되지 않고 농업 생산은 심히 감퇴되고 생산된 쌀의 부정적 류실이 커지고 1990년에 들어서서는 량강도를 비롯한 일부 지역에서부터 배급표는 주었으나 쌀이 없어 배급을 주지 못하는 상태에 도달했다.

한편 린방인 중국의 개방정책으로 국경으로부터의 상품 구입이 가능하게 되었으며 대다수 주민들은 점차 소상인으로 변화되기 시작했다.

그럼에도 농업 생산과 관련한 국가적 시책에서는 특별한 변화가 없이 수령에 대한 충성심에 호소해 위기를 극복하려는 방법이 반복되었다.

이상하게도 이러한 실태가 한평생 농사에 관심을 가지시고 친히 저택의 밭에 작물들을 심으시고 관찰하시고 경험을 쌓으시고 농사를 연구하신 김일성 주석에게는 보고되지 않고 있다가 1994년(그이께서 서거하신 해)에야 보고되었고 주석께서는 사실을 아시고 너무 놀라워, 차마 믿을 수가 없으시어 잠 못 이루시고 가슴 아파하셨다는 설도 있다.

결국 이 나라 농촌은 자기를 키우신 분, 농사군의 집에서 태여나시어 나라를 세우고 이 나라 백성들에게 기와집을 지어주고 이밥에 고깃국을 먹이겠다고 한평생 터전길을 걸으신 분에게 기쁨을 안겨주시지 못하고 아픔을 주신 채 그 위대하신 분, 실농군을 제일 사랑하신 따스하고 자애로운 아버지와 작별한 것이다.

이후 누가 실제로 이 나라의 농촌 문제에 항상 관심을 두었는지는 알 수 없다. 지속적인 쌀 생산의 감퇴로 1995년부터 평양 시내에서도 배급을 정상적으로 줄 수가 없게 되었고 이로부터 북조선은 '고난의 행군'이 시작되었다고 선포하게 되었다. 고난의 행군 때부터 도시 주민들의 쌀 구입은 주로 농민시장에서 이루어졌고 쌀 가격은 시장에서 모든 상품의 가격을 결정하는 주요 변수로 되어버렸다.

한편 사회주의를 버린 나라들에서 자본주의가 복귀되어 국민들의 생활은 완전히 령락했다고 선전하면서 항상 김일성 주석의 유훈을 받들어 사회주의를 지켜야 이러한 나라들처럼 되지 않는다고 하면서도 시장을 주도하는 쌀 공급을 사회주의적으로 환원시키기 위한 결정적인 대책은 없었다. 일련의 시도들이 있었으나 그 모든 것은 본질적이고 원리적인 대책이 아니었다고 보인다.

농업 생산이 오르지 않는 원인이 간부들의 사업방법과 부정부패에 있다고 보고되어 작업반장 분조장, 리당비서를 임명하는 것이 아니라 농민들 자신이 선출하는 제도를 도입했으나 그것이 형식에 불과하고 실제는 임명제였으므로 농업 발전에 변화를 주지 못했다.

1990년대 말에 이르러서부터 김정일 국방위원장이 농사 문제에 대해 강조하시면서 종자혁명방침, 두벌농사방침, 토지정리방침, 감자농사방침, 콩농사방침 등 농업 생산을 높이기 위한 방침들을 제시하시면서 농촌에 대한 관심이 점점 다시 높아지게 되었다. 이것은 미국의 클린턴 정부가 부시 정부로 바뀌고 북조선 고립이 대북조선 정책으로 전환되면서 국제적 원조에 더는 기대를 걸기 힘들어지면서 쌀을 자급자족하기 위해 취해진 일련의 대책들이다.

그러나 이러한 방침들이 실제로 관철되는 것은 자금과 기술을 들이지 않고 인력의 동원에 의거해 실현할 수 있는 것들이다. 례하면 토지정리를 들 수 있다. 감자농사방침을 관철한다고 감자가공공장도 몇 개 들여왔으나 감자가공음식이 식량 문제 해결에 결정적인 영향을 주지는 못했다.

특히 2002년 7월 1일 경제관리 분야에서 일련의 경제적 조치들이 취해진 가운데 쌀 가격의 조정과 함께 아래 생산 단위에 일정한 권한을 부여한다는 조치들이 취해지기도 했으나 쌀 문제는 해결되지 않았다.

이번에는 쌀 생산량이 적어서가 아니라 국가의 통제 밖을 벗어나 개인들에 의해 류실되고 있다고 판단되어 군대를 동원해 농장의 쌀을 지키는 실태에 도달했다. 그러한 조치로 군량미 보장은 가능하게 되었으나 그것이 쌀 생산을 늘리기 위한 대책은 아닌 것이다.

농민들의 쌀 생산 의욕을 높이는 것이 농업 생산의 가장 중요한 변수로 된다는 것을 북조선 정부가 모르지 않으므로 쌀 생산 계획량을 낮추어 주고 초과한 량의 처리는 농민들 자신의 권한에 맡긴다고 했지만 실제로 그 약속이 지켜질 수가 없었다. 언제나 군량미가 우선이기 때문이다.

2005년부터 농사에 총집중하는 것을 하나의 국사로 정하고 있으며 농업 생산에 대한 국가적 관심은 경제 분야에서 제1의 지표가 되었다. 노력자는 누구나 1년에 100일은 농촌을 지원하게 조치가 취해졌다. 그리하여 2005년 말에는 농사가 잘되었다고 보고되어 쌀 전매제를 실시하고 12월부터는 배급을 무조건 준다고 전국에 선포했지만 일부 지역에서는 첫 달분의 배급도 제대로 주지 못했으며 올해(2006년: 필자 주)는 평양시에서도 3개월분의 식량은 기관별로 자체로 배급량을 확보하라는 지시가 내려졌다.

이상을 볼 때 북조선에서 취해지는 거의 대다수 정책적 대책들이 그러한 것과 마찬가지로 농업 분야의 대책들도 현실적인 것은 되지 못했다.

그 주된 요인은 생산자대중의 리해관계를 반영하지 못하고 철저한 국가적 안정에만 초점을 두고 모든 정책이 수립되며 그 대다수는 생산

의욕을 높이는 것과는 무관계하거나 상반되는 것들이라는 것이다. 생산 의욕을 높이려고 실시한 대책들은 얼마 못 가서 '국가적 리익'의 명분으로 유효성을 지킬 수가 없게 되고 다른 대책에 의해 법적 효력을 상실하게 된다.

② 현재 북조선의 농업 발전을 추동하는 변수는 과연 무엇인가

이를 위해 북조선 농업의 기본 조건들을 살펴볼 필요가 있다.

경작면적은 개인 텃밭까지 합쳐 약 180만 정보로 보고되고 있다. 실제는 이보다 더 많을 수 있다. 개인 텃밭은 30평 이상 가질 수 없다는 제한이 있어 보고되지 않고 있는 경작지가 있기 때문이다.

국영, 협동적 소유로 등록되고 있는 경작지는 약 160만 정보에 달한다. 실제로 장악되는 알곡 생산량은 이 160만 정보에서 생산되는 량이다.

북조선이 최단 기간 안에 도달하려고 하는 농업 생산의 목표는 800만 톤의 알곡 생산이다. 그러자면 1정보당 5톤의 알곡을 생산하면 된다. 2005년 총동원해 생산한 알곡량은 400만 톤 정도로 추정된다. 북조선의 실지 알곡 생산량을 추적하는 것은 힘들다. 2006년 예상수확고는 거의 600만 톤으로 추정되었으나 실지 수확고는 400만 톤도 채 안 되는 것으로 알려지고 있다. 그러나 2004년 약 300만 톤 정도의 수확고에 비해볼 때 크게 늘어난 것이다. 알곡이 수확기에 많이 류실되는 것은 사실이다. 그 량을 정확히 알 수 없으나 농민들과 농촌관계자들을 통해 국가 창고에 들어가기 전에 비법 절취하는 현상이 있는 것이다. 북조선이 최소한 500만 톤 정도는 갖고 있어야 최저생계라도 유지할 수 있을 것이다.

그러니 800만 톤의 알곡을 생산하면 공업용 알곡도 일부 해결할 수 있다. 이 800만 톤이 쉬워 보이지만 북조선 토지의 질은 평균적으로

농사에 적합한 것이 못 되어 심어만 놓으면 풍년이 들 수 있는 땅이 아니다. 게다가 기후조건도 맞아야 한다.

종자 개선, 물 원천 확보, 보충적인 비료·농약 투하, 농기계 보장, 재배 방법 개선, 부지런한 관리가 없이는 도달 불가능한 지표다.

그러나 생산량을 늘릴 수 있는 위의 모든 증산 요소들은 현재는 결정할 수가 없는 변수들이다.

자체로 우량종을 연구해내는 것은 우수한 연구 력량이 있어도 1년에 1번의 수확을 한다는 농사라는 특성상 몇 년은 걸려야 한다. 그러나 종자 연구 분야에서 권위 있는 연구자들이 개인감정을 주체농법에 맞는가 맞지 않는가 하는 정치적 론거로 탈바꿈해 벌리는 리론 다툼, 고난의 행군 시기 연구 조건, 생활조건의 결여 등의 후과로 우수한 연구 력량은 심히 약화되었으며 다시 키우기에는 오랜 시일이 걸린다. 종자는 다른 나라에서 구입하는 방법이 최적이지만 여기에도 많은 문제가 있다. 그것은 자금의 부족, 토질과 지리적 차이를 극복하는 문제다.

북조선의 수리화는 비교적 잘되어 있으나 고난의 행군 시기 적지 않은 산림이 파괴되어 물을 붙잡아 두는 지리적 환경이 적지 않게 파괴되었다. 때문에 저수지들의 물 원천 확보는 하늘에 맡기는 방법밖에 없다. 설사 물이 부족하면 수많은 인력을 동원할 수 있는 여지가 있으나 큰 벌들이나 밭들에는 이 방법이 불가능하다.

비료, 농약의 해결은 기본적으로 수입에 의존해야 한다. 현재로서는 자금이 있어야 한다. 농기계는 북조선식으로 인력과 축력으로 대처할 수 있다. 재배 방법의 개선은 창조성이 발휘되어야 할 기본 요소인데 이것은 주체농법에 의거해 농업성으로부터 어떻게 하라는 지시가 매번 떨어지고 있으므로 그에 의거하지 않으면 안 된다.

부지런한 관리만이 기대할 수 있는 지표다. 그러나 이것을 농민들에게 기대하기는 힘들다. 그들은 이미 농업 생산을 통해 자기 살림을 지킬 수 없다고 생각하고 있으며 거의 모두가 상인화되었다. 농촌 주민들이 농사철에 농사를 안 짓고 장마당에 나가는 것을 막는 것은 강한 통제 없이는 안 되는 형편이다. 그럼에도 농민의 약 50%가 농사철에도 장사만 하고 있는 형편이다. 그것을 막으면 그들이 최저생계를 유지할 수 없는 형편이어서 용서를 받고 있다.

그러면 농민들이 농사에서 멀어지는 원인은 무엇인가?

북조선 협동경리는 알곡 생산계획을 국가로부터 받아서 계획수행률에 따라 분배를 받는 데 한해 식량분만 겉곡으로 주고 나머지는 국가가 규정한 쌀 수매 가격에 따르는 현금을 받게 되어 있다. 그런데 국가가 규정한 쌀 수매 가격과 시장 가격은 심히 배리되어 있고 시장의 상품은 국제시장의 쌀 가격보다도 높은 가격에 상응한 가격이므로 한 해 농사로 받은 현금으로는 도저히 필수품도 구입하기 힘든 형편이다. 때문에 받게 되어 있는 현금의 량은 적고 그나마 은행에 현금이 부족해 제대로 주지 못하고 있다.

최근에는 군량미를 무조건 보장해야 하므로 1년 생계를 유지할 쌀을 저축하기도 힘든 형편이라고 한다. 사실 봄철에 농촌 지원을 나간 도시 주민들이 오히려 농촌 주민들에게 쌀을 가져다주는 형편이다. 그러나 장마당에는 언제나 쌀이 있다. 이것은 일부 농민들이나 관리들이 쌀을 비법적으로 상업적인 처분을 하고 있는 증거다.

결국 농민들은 이미 자기가 땅의 주인이 되기를 원하지 않게 된 것이다. 실제로 그들은 1980년대 이후로부터 땅의 주인이라는 지위를 느낄 수 있는 권리적인 요소들을 상실당했다. 그들에게는 알곡을 생산할 의무만 있을 뿐 그것을 처분할 수 있는 실제적 권리는 리론적으로만 존재할 뿐이다.

이상으로 볼 때 북조선 농업을 추켜세울 수 있는 가장 명백한 변수는 농민들이 농업 생산의 실제적인 주인으로 되게 하는 것이다. 즉, 그들에게 생산의 기반을 맡기고 생산의 권리와 생산물의 처분권리도 함께 주는 것이다. 그러면 나머지 모든 문제도 점차로 다 해결되어갈 것이다.

의무만을 지고 있는 사람에게 충분히 보수를 준다고 할 때 성실성은 기대할 수 있으나 창발성은 기대하기 어렵다. 그리고 보수가 적거나 없을 때는 성실성도 곧 사라져버리고 마는 것이다. 특히 생존의 초보적인 조건도 갖추기 힘들다면 그때에는 의무마저 버리고 마는 것이다.

③ 현재의 농업정책으로 볼 때 북조선 농업의 전망

농민들에게 땅의 주인이라는 자부심을 갖게 하는 것은 어떻게 보면 아주 간단한 대책이 있겠다고 보이지만 현 북조선 정책에서는 기대하기 힘든 대책이다. 1946년 3월 1일에 실시한 토지개혁 때처럼 또다시 땅을 농민들에게 나누어주면 되지 않는가 하고 생각하는 연구자도 있을 수가 있다. 그것은 있을 수가 없는 일이다. 그러면 이는 북조선이 이미 세상에 폐지한다고 선포한 세금제도를 다시 환원하는 것, 더욱 공산주의적인 집단경리의 우월성을 부정하는 것, 나아가서 절대적인 권위를 가지고 있는 김일성 주석의 주체농법을 포기하는 정치적 전향인 것이다.

기대되는 방법은 현존 농촌경리제도를 유지하면서 쌀 생산을 늘리는 방법이다. 이것은 일시적으로 가능할 수도 있다. 그것은 다른 경제 분야에서 나오는 리득금으로 농업에 해마다 지원보조금을 주는 것이다. 그러나 지속적인 지원은 불가능하다.

지금 현재 북조선에서 다른 경제 분야 역시 활성화될 것이라는 기대는 불투명하다. 다만 먹는 문제가 인간에게 있어 제일 심각한 문제여서 농업에 제1의 관심이 모아질 뿐이다. 경제 상황으로 본다면 다른 문제들, 실례로 에너지 문제는 더 심각하다.

최근 북조선에서는 2005년부터 3년간 계속 농사에 총력량을 집중할 것으로 선포했다.

방법은 명백하다. 이전 사회주의 국가들에서 문제가 제기될 때마다 제기하는 전형적 방법인 운동의 방법이다. 즉, 스탈린이 사회혁명에 적용하는 방법을 경제 건설에 적용한 이 방법은 그 이후 사회주의 국가들에서 사회, 경제, 문화, 모든 분야에 고려 없이 마구 적용되어왔다. 일시적 성과가 그들의 정당성을 증명해주었다. 그러나 력사적 고찰은 이 방법이 계산이 엄격하고 지속적 발전을 필요로 하는 경제 분야에서는 타당하지 않다는 것을 보여주었다.

북조선은 3년간 바로 농촌 지원운동에 진입한 것이다. 이로서 3년간의 림시 대책은 강구된 셈이다.

지원이란 정치적·재정적·인적·물적 지원 모두를 포함한 것이다. 지원과제들이 각 성, 중앙기관, 인민정권기관, 학교, 인민반 가두에 이르기까지 다 내려가고 '지원운동'이 '의무적인 생산과제'가 된다. 즉, 이 과제 수행에 쓰이는 물자나 노력은 계획경제의 원리로 본다면 모두 용도 위반이나 랑비에 해당되지만 어느 정도 법적으로 허용되고 있다. 비판은 받을 수 있어도 법적 처벌에서는 해방된다. 그러나 지원운동을 잘못하면 법적 제재를 받는다. 이러한 운동이 경제학적인 원리로는 도저히 설명될 수 없지만 성과는 곧 나타나 일정하게 알곡 증수를 이룩할 것이다. 3년간 해마다 600만 톤 정도의 알곡 생산량을 유지할 수 있을 것이다. 그러나 그 이상의 지속적인 성과는 기대하기 어렵고 시간이 갈수록 원점으로 되돌아갈 것이다. 이것이 지원운동의 한계다.

그 이상을 기대하려면 농업 부문에 경제학적 원리가 작용하는 생산관계가 다시 수립되어야 하며, 과학기술적 문제들이 해결되어야 할 것이다.

이런 문제들을 해결하기 위해 3년 후에 현실적인 다른 대책이 취해지는가는 두고 보아야 할 것이다. 그러나 현 제도하에서는 3년 후에도 근본적인 농업정책의 변화를 기대하기는 어렵다. 북조선은 여전히 종자혁명, 감자농사혁명 등과 같은 구호에만 매달릴 것이다. 물론 이것도 필요할 수 있다. 그런데 이것은 농업의 전반을 의미하는 구호가 아니며 특히 경제력과 과학기술의 발전 없이는 기대하기 힘들다.

또한 농민들의 자각성과 창발성을 계발시킬 수 있는 관리방법의 개선과는 거리가 있는 측면들이다. 문제는 그것을 맡아 할 사람들이 분발해야만 된다는 것이다. 북조선 정부의 정치철학은 사람을 최고의 지위에 올려세우고 그들을 발동시킬 때에는 력사를 창조한다는 주체사상이다. 그럼에도 알곡 생산 감퇴의 력사 20여 년이 되도록 그를 담당할 주인들을 분발시키는 수단을 마련하는 방법이 지금과 같이 되어서는 안 된다는 것을 느끼지 못한다면 과연 그 리론의 정당성을 반증하는 방법이 있겠는가?

북조선 농업을 발전시키기 위해 무엇보다도 중요한 변수는 농민들 자신이 농업 생산의 주인이 되고 그들이 농사를 천하지대본으로 여기고 거기서 자신들의 생활토대를 굳건히 마련할 수 있는 실제적인 권리를 주는 정책의 실시에 있다. 거기에다 수령에 대한 충성심이 플러스되어야 할 것이 아닌가? 오로지 수령을 받드는 충성심 하나만 강조하는 식으로 북조선이 강조하는 강성대국 건설이나 농업 발전의 근저에 있는 방대한 기술경제적 문제들을 다 해결할 수 있다는 것은 두고 보아야 할 것이다.

지금은 20세기 초가 아님을 상기해볼 필요가 있지 않는가!

2) 탈북자 대상 북한 농업현황 조사

북한 농업에 대한 현실을 정확히 파악하기 위해 2006년 하반기 및 2007년 6~8월간 북한 이탈 주민 150명을 대상으로 식량 조달 경위를 조사했다. 또한 협동농장의 생산 및 분배체계를 파악하기 위해 협동농장원으로 근무한 탈북자를 대상으로 면접 및 설문에 의한 실증조사를 했다. 결과는 그래프로 처리해 문항과 함께 첨부했다.

〈북한의 식량 배급 및 농산물 가격체계에 관한 설문조사〉

안녕하십니까. 분주하신 일상생활에 귀한 시간을 내주시어 감사합니다.

이 연구는 2002년 7월 경제관리개선조치 이후 북한의 식량 배급과 농산물 가격 변화에 따른 식량 수급 정책을 조망하고자 합니다. 바쁘시더라도 연구조사에 응해주시기를 간곡히 부탁드립니다.
이 조사 결과는 논문에만 참고자료로 활용될 예정이고 참여자는 모두 익명으로 처리되는 등 철저한 보안을 유지할 것을 다짐합니다.

이 연구조사에 참여해주셔서 감사드립니다.

2007년 6월

※ 해당 난에 하나만 ∨표 해주십시오.

1. 귀하는 언제 북한을 떠났습니까?

① 2002년 7월 1일 경제관리개선조치 이전

② 2002년 7월 1일 이후~2002년 12월 말

③ 2003년

④ 2004년

⑤ 2005년 이후

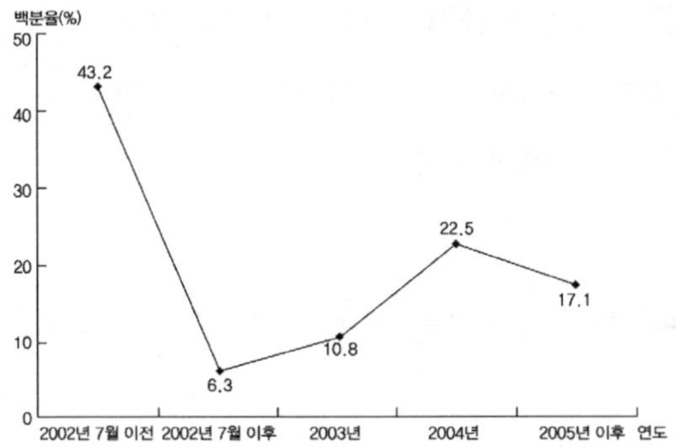

2. 귀하가 북한에서 살던 지역은 어느 도입니까?

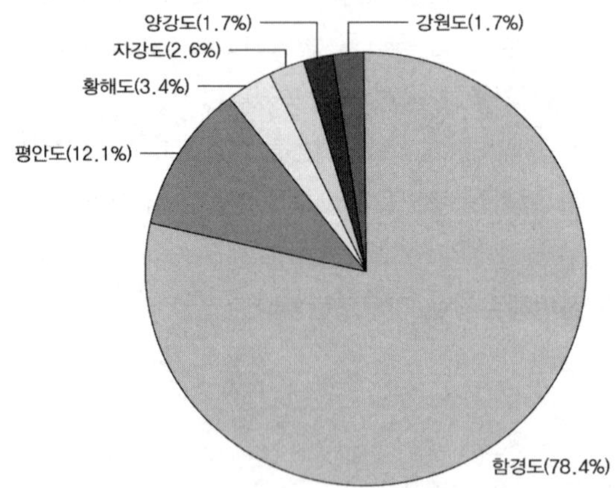

3. 귀하가 살던 지역은 도시와 농촌 중 어느 지역입니까?

① 도시 ② 농촌

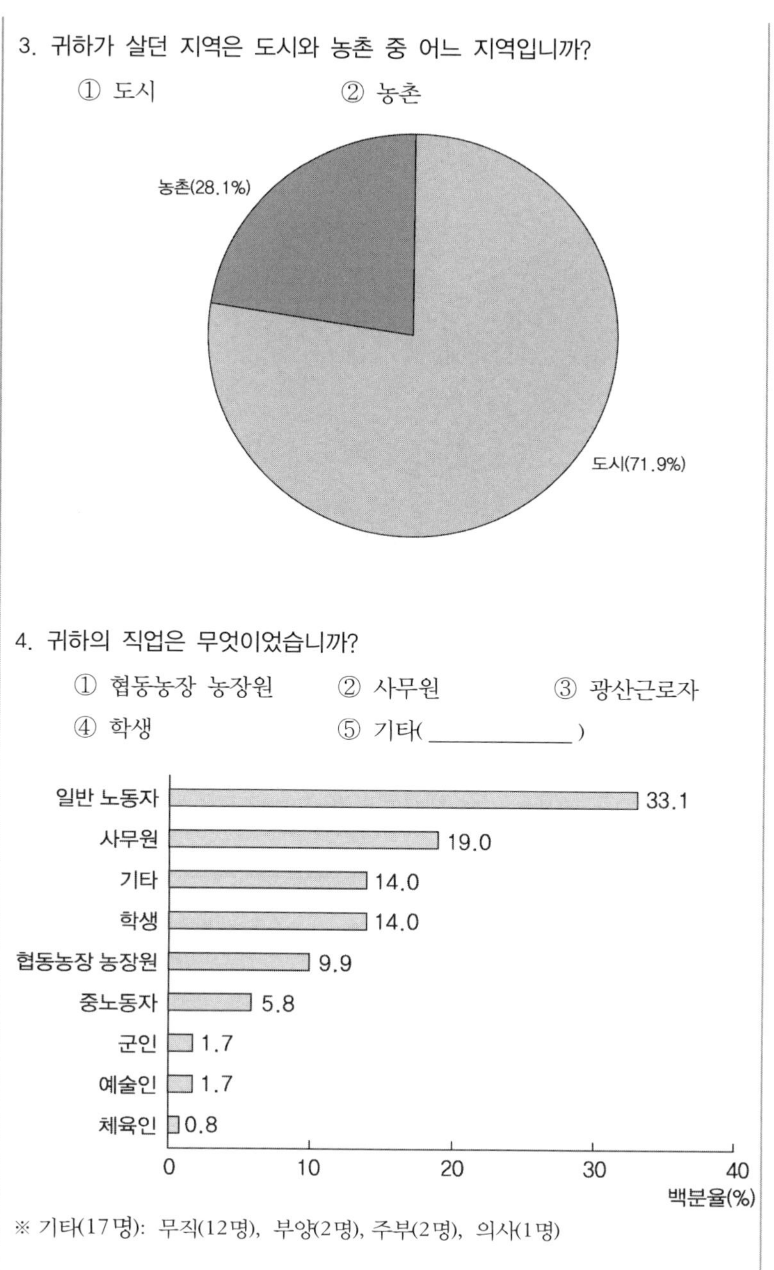

4. 귀하의 직업은 무엇이었습니까?

① 협동농장 농장원 ② 사무원 ③ 광산근로자
④ 학생 ⑤ 기타( )

※ 기타(17명): 무직(12명), 부양(2명), 주부(2명), 의사(1명)

5. 귀하는 2002년 7월 경제관리개선조치에 대해 들어본 적 있습니까?

① 들은 적 있다 ② 들은 적 없다 ③ 들었으나 잘 모른다

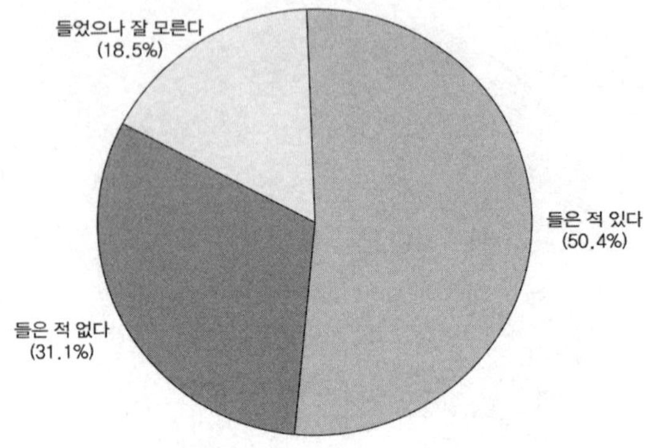

6. 귀하는 북한에 있을 때 식량을 어떻게 획득했습니까?

① 식량 배급소에 가서 식량을 배급받았다 (☞ 6-1)

② 농민시장이나 국영시장에서 구입했다 (☞ 6-2)

③ 일부는 식량 배급소, 일부는 시장에서 구매했다 (☞ 6-1, 6-2)

④ 직장에서 외화벌이를 해서 해결했다

⑤ 해외에 있는 친척의 도움을 받았다

⑥ 스스로 농사를 지어 해결했다

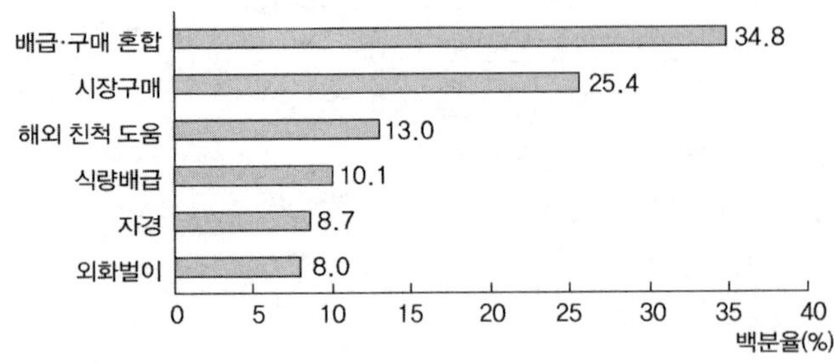

6-1. 6번에서 ①과 ③에 답한 분만 다음 질문에 답해주십시오.

6-1-1. 식량 배급소에서 식량을 배급받을 때는 돈을 지불했습니까?

① 지불 ② 미지불

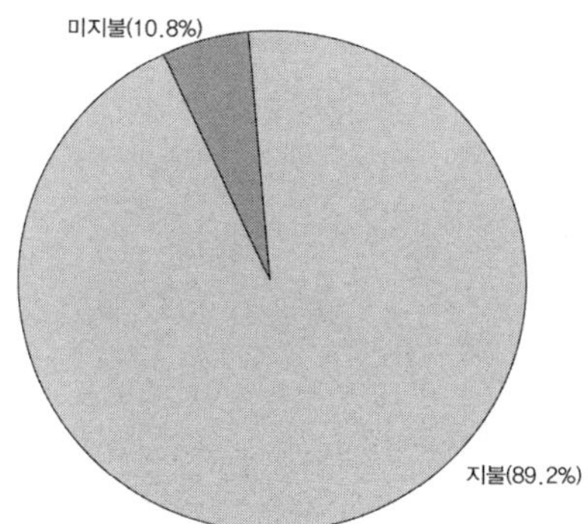

6-1-2. 식량 배급소에서는 며칠에 한 번 식량을 배급받았습니까?

① 5일 ② 10일 ③ 15일 ④ 불규칙하게 배급받았다

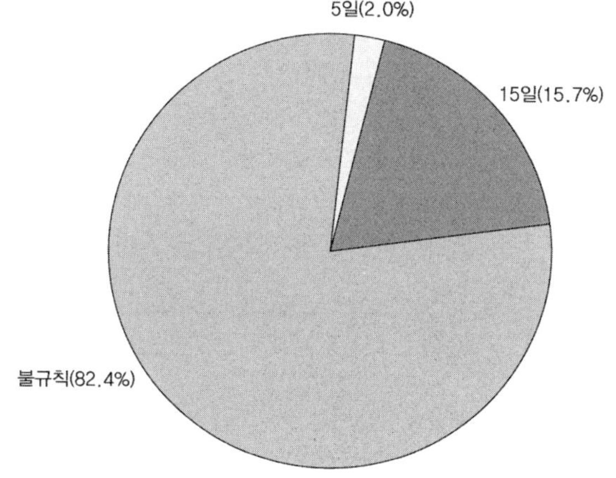

6-1-3. 식량 배급소에서 배급받은 양은 온 가족이 먹기에 충분했습니까?

① 조금 부족 ② 매우 부족 ③ 부족하지 않음

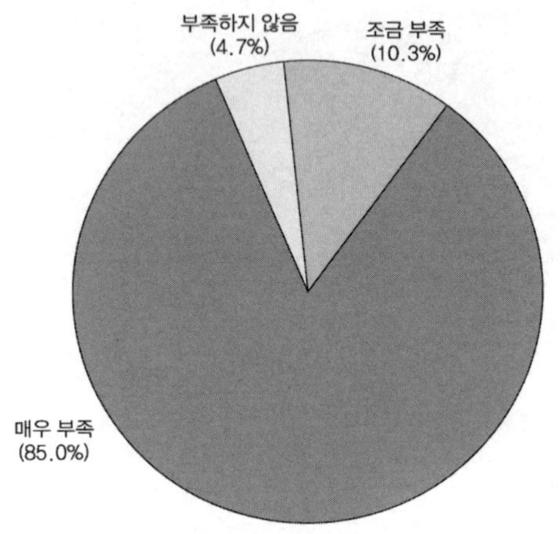

6-1-4. 식량 배급소가 배급을 중단한 경우에는 어떻게 식량을 조달했습니까?

① 농민시장에 가서 구해왔다

② 협동농장에서 구해왔다

③ 개인에게 구매했다

④ 외화로 국영상점에서 구매했다

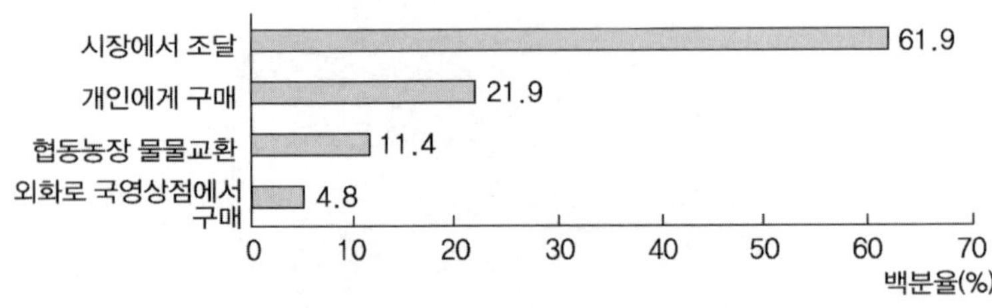

6-1-5. 식량 배급소에서 한 번에 배급받은 양은 세대주당 어느 정도였습니까?

① 5킬로그램 ② 10킬로그램 ③ 15킬로그램

④ 20킬로그램 ⑤ 25킬로그램

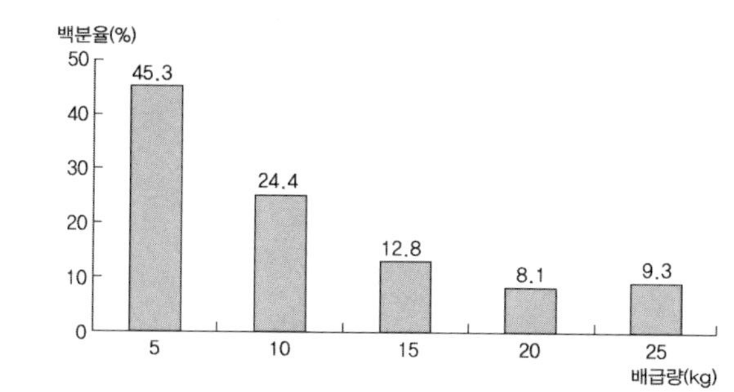

6-1-6. 식량을 배급받을 때 쌀의 비율은 평균적으로 어느 정도였습니까?

① 50% 이하 ② 50% ③ 60% ④ 70%

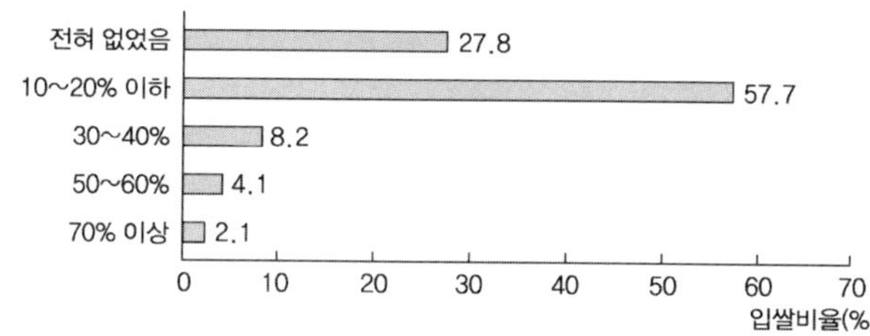

6-1-7. 쌀 이외에는 주로 어떤 곡물이었습니까?

① 감자 ② 보리 ③ 밀 ④ 옥수수

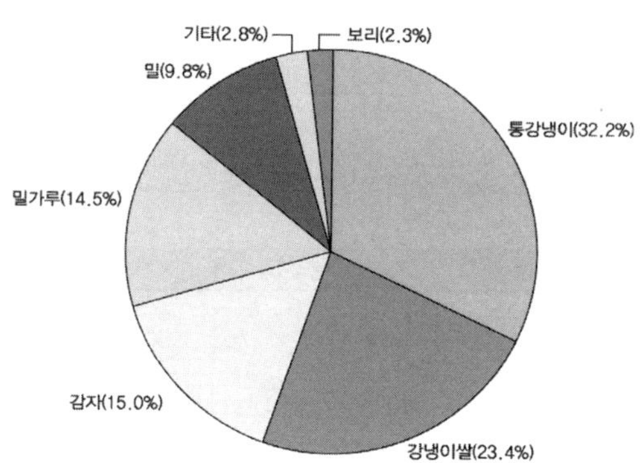

6-1-8. 식량 배급소가 배급을 중단한 경우가 있습니까?

① 가끔 중단 ② 자주 중단

③ 거의 중단 ④ 별로 중단 안 함

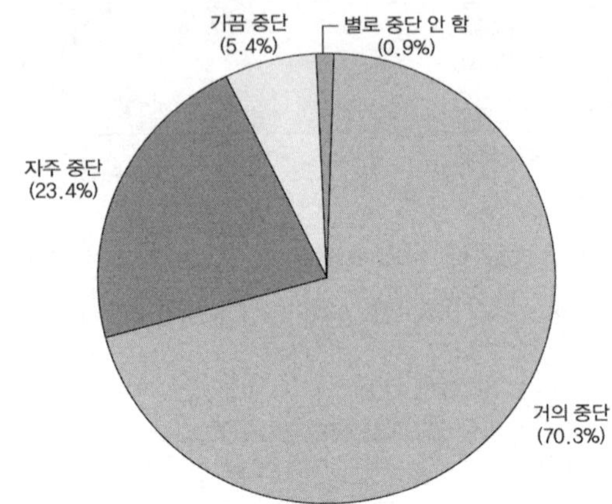

6-1-9. 식량 배급은 주로 어느 계절에 중단되었습니까?

① 봄 ② 여름 ③ 가을 ④ 겨울

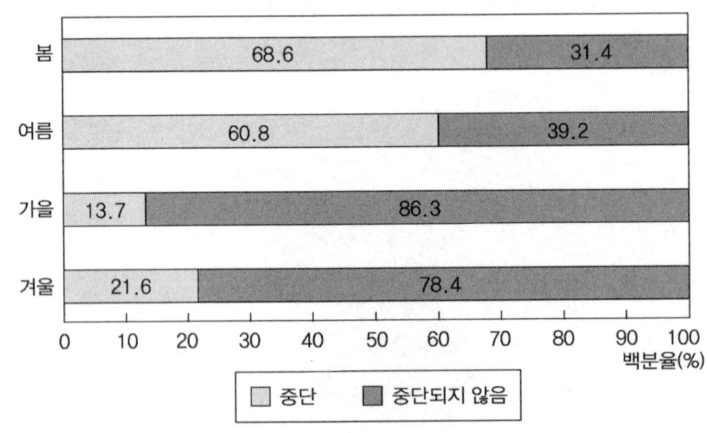

※ 각 계절별 식량 배급 중단 여부로 살펴봄

6-2. 6번에서 ②와 ③에 답변한 분만 다음 질문에 답해주십시오.

6-2-1. 농민시장이나 국영시장에서 식량을 구입하는 데 어려움이 있었습니까?

① 당국의 단속으로 어려움이 많았다
② 당국의 단속이 있었으나 어려움은 없었다
③ 시장에도 식량이 부족해 구입에 어려움이 많았다
④ 시장에 식량이 많았지만 돈이 부족해 구입이 어려웠다

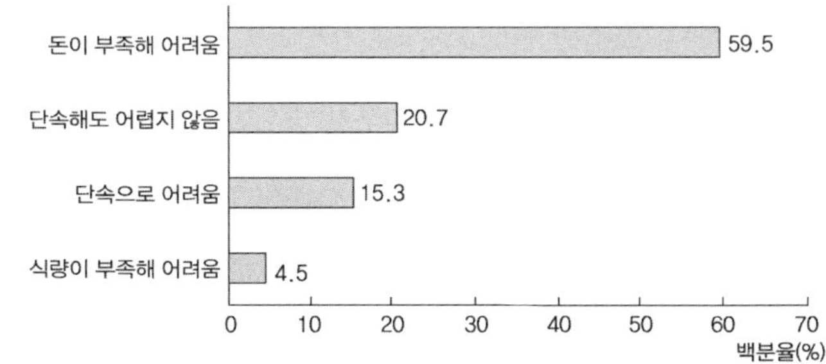

6-2-2. 농민시장이나 국영시장에서 식량을 구입할 때마다 식량 가격의 변동이 있었습니까?

① 심하게 변동했다 ② 조금 변동했다 ③ 변동이 별로 없었다

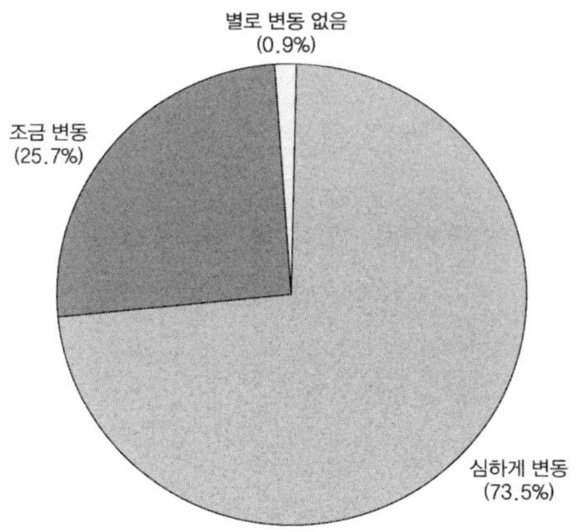

6-2-3. 식량 가격은 며칠에 한 번씩 변동이 있었습니까?

① 매일 ② 7일 ③ 10일 ④ 15일

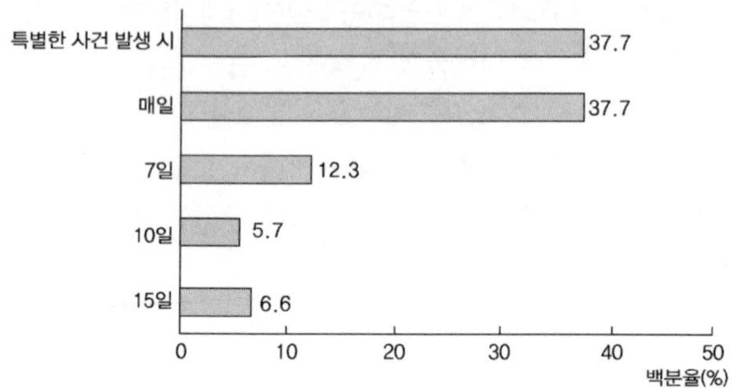

6-2-4. 식량 가격은 어떤 때 변동이 있었습니까?

(각 계절별 식량 가격의 변동 여부로 살펴봄)

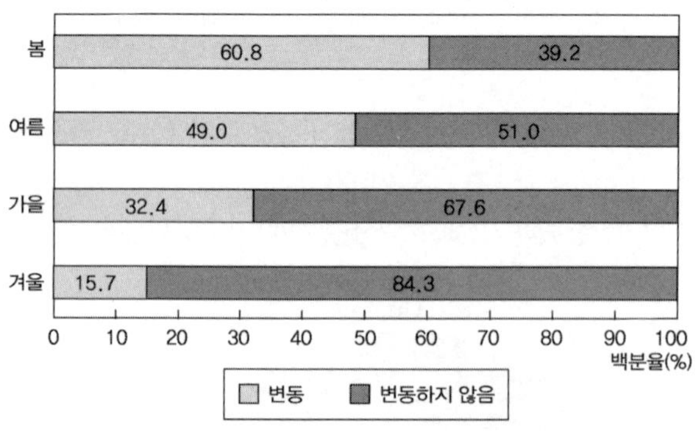

6-2-5. 식량 가격은 어떤 사태가 있을 때 가장 변동했습니까?

(각 사안별 식량 가격의 변동 여부로 살펴봄)

① 중국에서 식량이 수입되었을 때

② 남한에서 식량을 지원받았을 때

③ 가을에 수확했을 때

④ 북한 당국의 시장 단속이 심해졌을 때

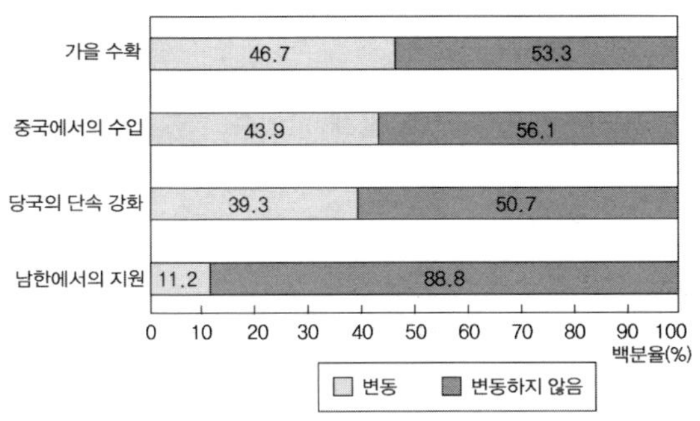

6-2-6. 가격 변동이 가장 심했던 식량은 무엇입니까?

① 쌀 ② 옥수수 ③ 감자 ④ 보리 ⑤ 기타

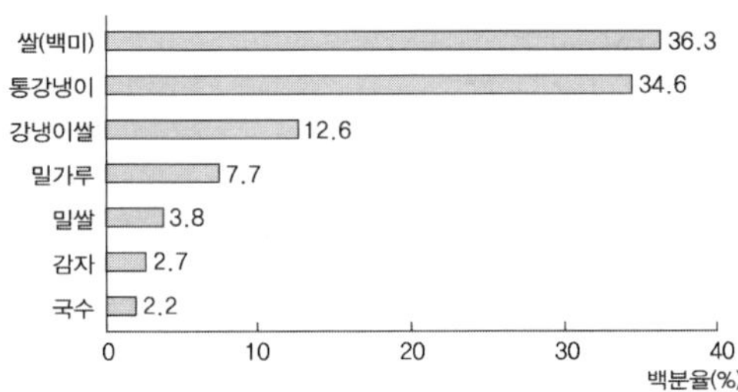

7. 북한에 거주할 당시 남한에서 지원된 쌀을 받은 적이 있습니까?

① 있다(☞ 7-1) ② 없다

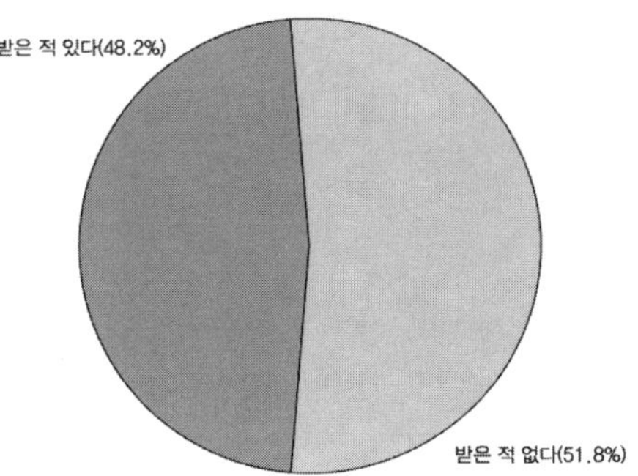

7-1. 7번에서 ①에 답변한 분만 다음 질문에 답해주십시오.

7-1-1. 남한에서 지원된 쌀은 어디를 통해 받았습니까?

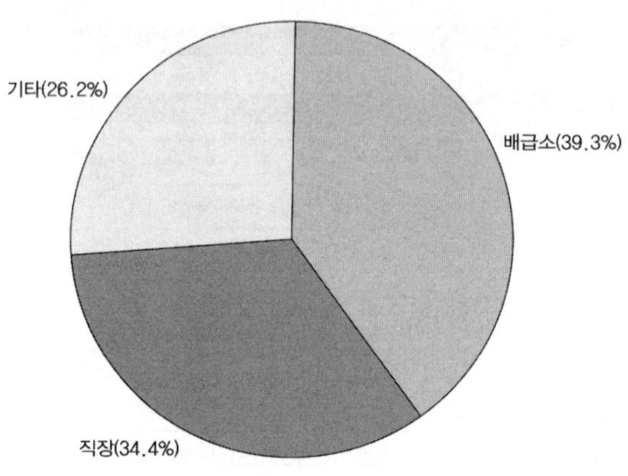

7-1-2. 지원받은 적이 있다면 1인당 어느 정도의 양을 받았습니까?

① 100그램 ② 200그램 ③ 300그램 ④ 400그램 이상

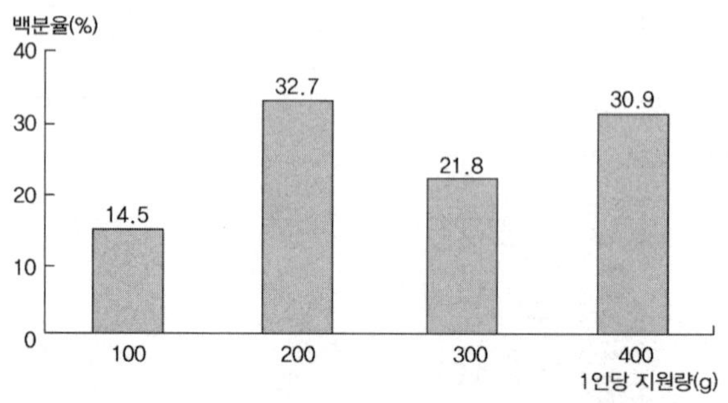

7-1-3. 지원받을 당시 가족당 몇 킬로그램씩 받았습니까?

① 5킬로그램 ② 10킬로그램 ③ 15킬로그램

④ 20킬로그램 ⑤ 25킬로그램

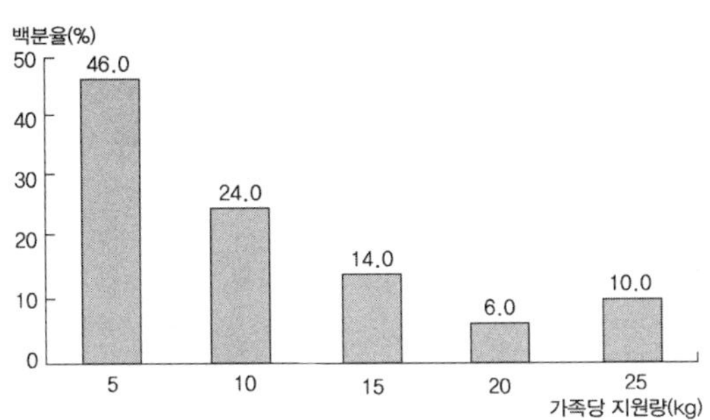

7-1-4. 7월 경제관리개선조치 이후 가정의 식량 사정이 어떠했습니까?

① 좋아짐 ② 매우 좋아짐 ③ 나빠짐 ④ 오히려 어려워짐

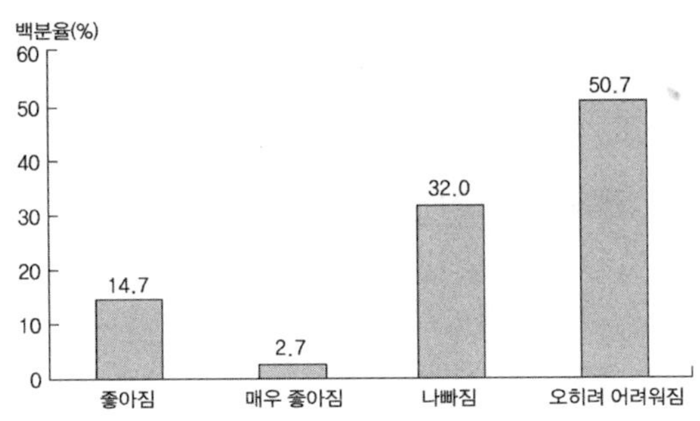

8. 2002년 7월 이전과 비교해서 2002년 7월 이후에는 식량 가격의 변동이 심해졌습니까?

① 매우 심해짐 ② 심해짐 ③ 조금 심해짐 ④ 변동 없었음

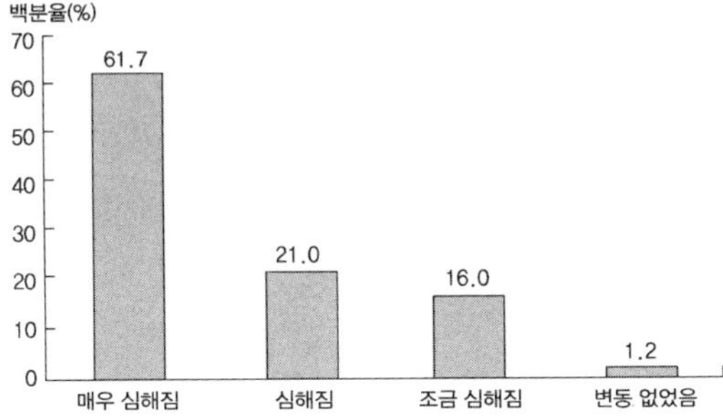

9. 2002년 7월 경제관리개선조치가 사람들이 식량을 구입할 수 있는 방법을 찾고, 식량을 구입할 때의 가격이 안정되는 데 도움이 되었습니까?

① 매우 도움이 됨 ② 조금 도움이 됨 ③ 도움 안 됨
④ 전혀 도움 안 됨 ⑤ 악화시킴

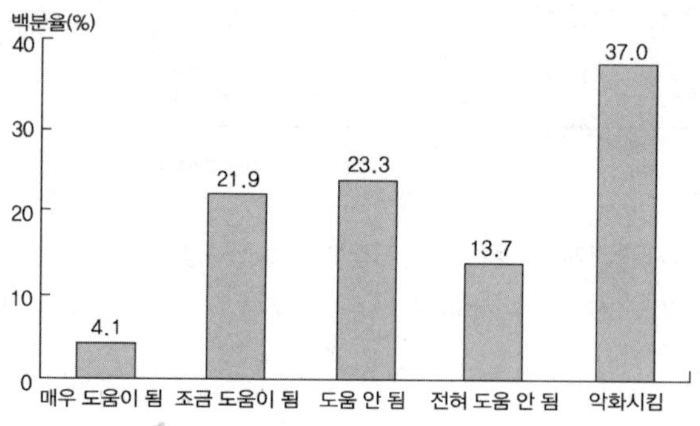

〈협동농장 농장원 대상 설문지〉

1. 북한에서 언제까지 협동농장에서 근무했습니까?

① 2002년 7월 경제관리개선조치 이전
② 2002년 12월까지 ③ 2003년 12월까지
④ 2004년 12월까지 ⑤ 2005년 이후까지

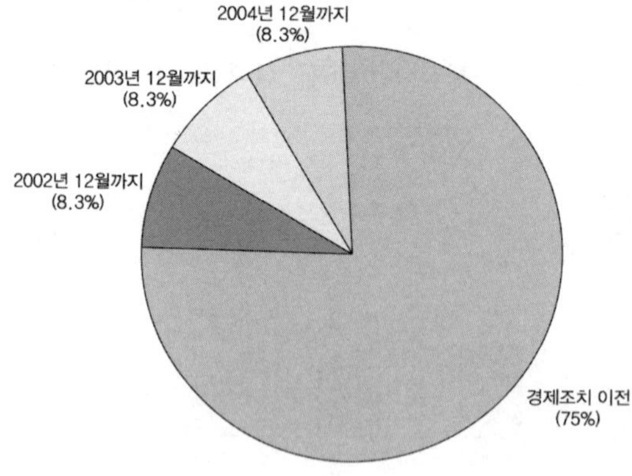

2. 귀하가 북한에서 살던 지역은 어느 도입니까?

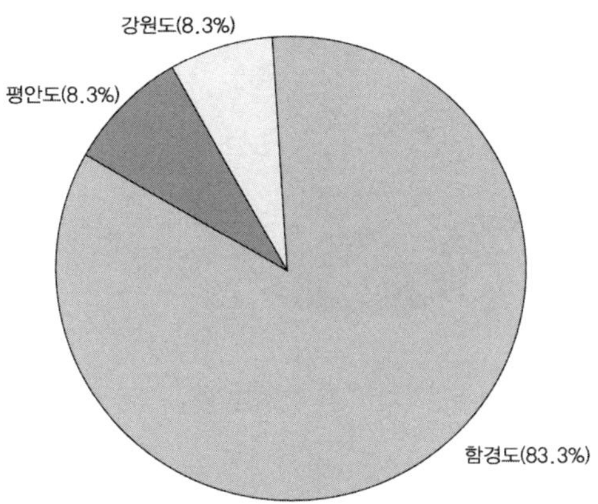

3. 농장원으로 근무할 당시 협동농장의 소출이 증가할 경우 농장원에게 돌아간 식량 분배량이 증가했습니까?

① 증가했다(☞ 3-1) ② 변동 없었다

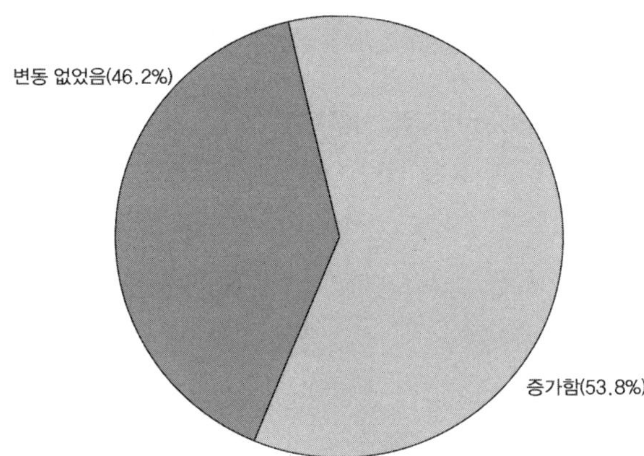

3-1. 식량분배량이 증가한 경우 전년과 비교해 배급량이 어느 정도 증가했습니까?

① 10% ② 15% ③ 20%

④ 25% ⑤ 30% 이상

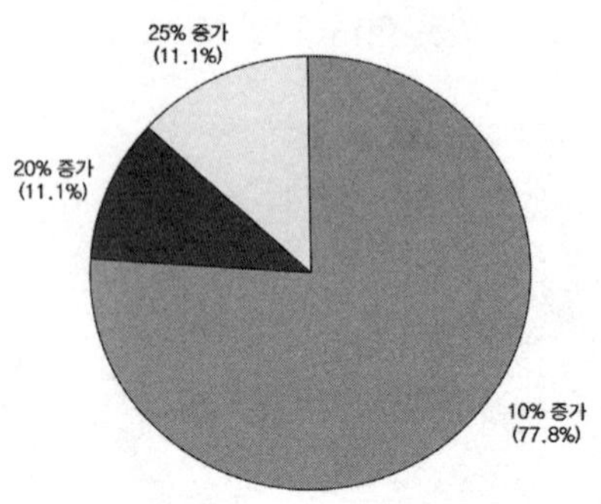

3-2. 2002년 7월 경제관리개선조치 이후 협동농장의 식량 생산량은 왜 증가했습니까?

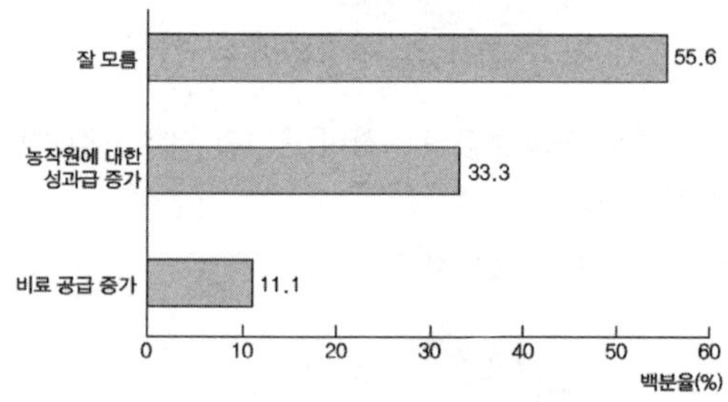

4. 협동농장에서 작업반 우대제를 시행했습니까?

① 시행했다 ② 폐지되었다 ③ 잘 모르겠다

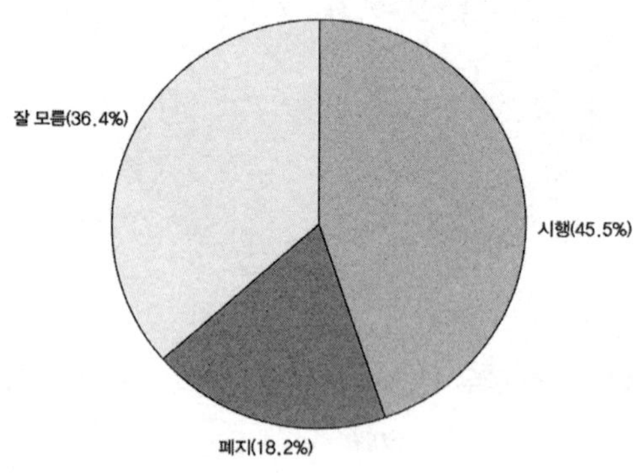

5. 협동농장의 작업 단위인 분조관리제는 몇 명으로 구성되어 있었습니까?

① 10~15명 ② 15~20명 ③ 20~25명 ④ 25명 이상

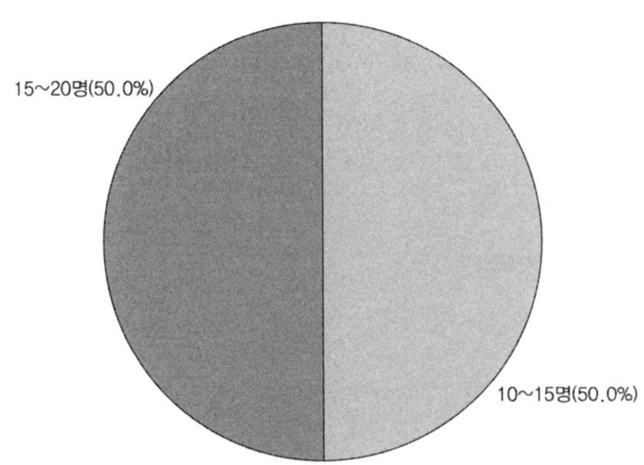

6. 2002년 7월 경제관리개선조치 이후 협동농장의 분조 규모가 축소되었습니까?

① 축소되었다 ② 변동 없었다

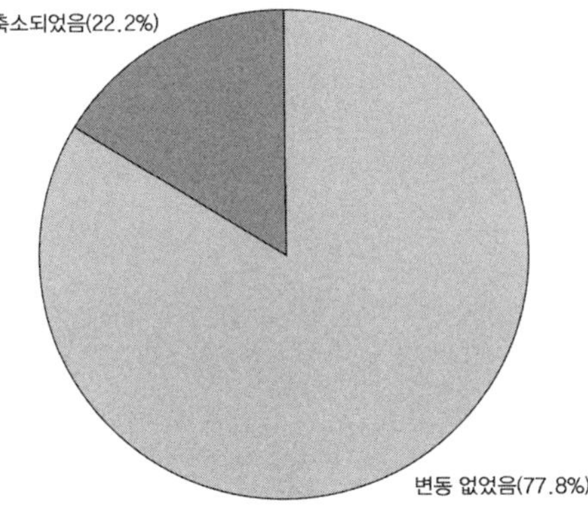

7. 협동농장에서 곡물 생산이 증가하지 않는 가장 큰 이유는 무엇이라고 생각합니까?

① 농장원들이 열심히 일하지 않는다(☞ 7-1)

② 비료 및 농약 등 농자재가 너무 부족하다

③ 홍수 및 가뭄 등 자연재해로 인한 피해가 너무 크다

④ 현재의 생산량이 최고 수준이기 때문에 더는 늘어나지 않는다

⑤ 잘 모르겠다

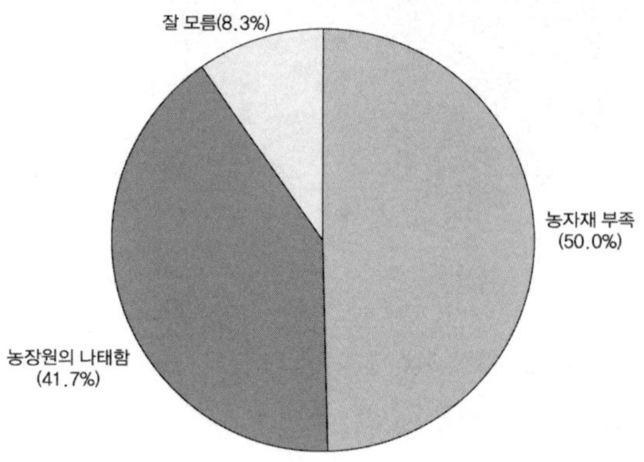

7-1. 7월 경제관리개선조치 이후 농장원들이 열심히 일하지 않은 이유는 무엇입니까?

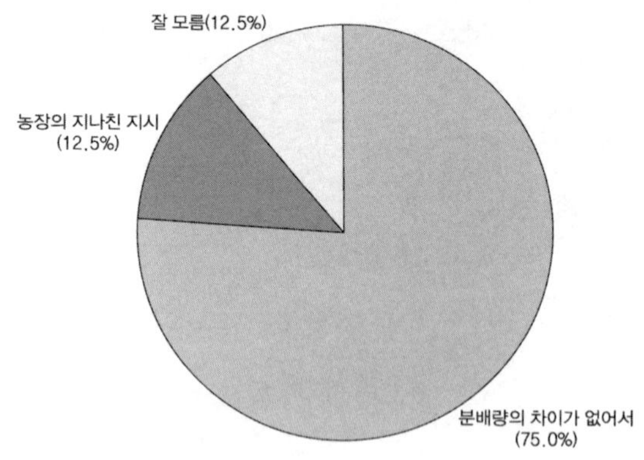

8. 곡물의 시장 가격 및 판매 가격이 오르면 협동농장의 농장원 소득도 같이 올랐습니까?

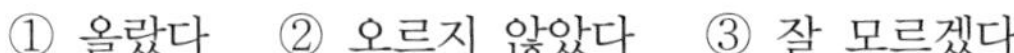
① 올랐다 ② 오르지 않았다 ③ 잘 모르겠다

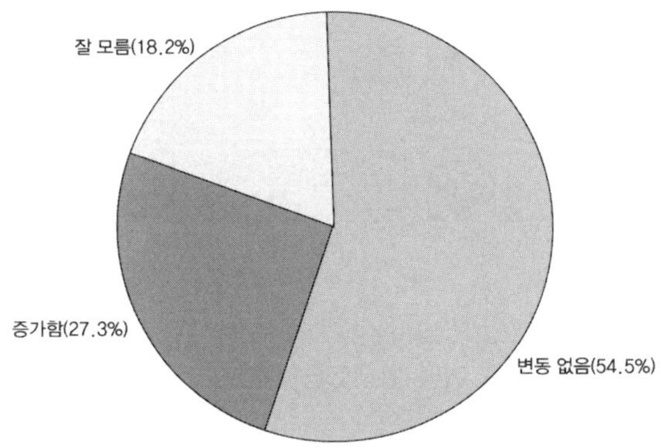

9. 협동농장의 식량 분배량이 부족한 경우 어떻게 해결했습니까?

① 개인농으로 해결했다(☞ 9-1)

② 협동농장에서 생산한 남새나 기타 작물을 시장에 팔아서 해결했다

③ 틈틈이 장사를 해 해결했다

④ 기타

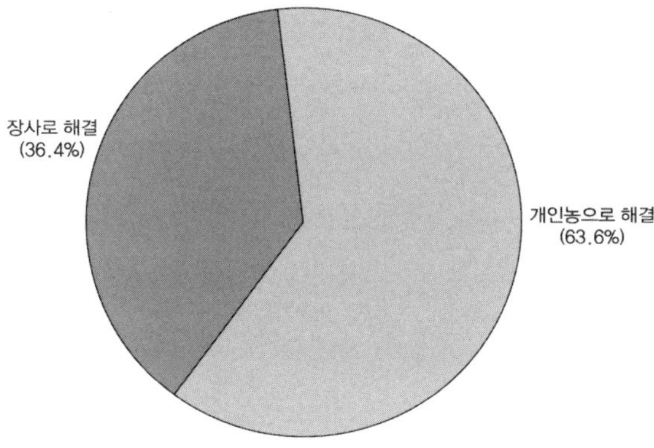

9-1. 개인농으로 해결하는 경우 밭 면적은 얼마나 되었습니까?

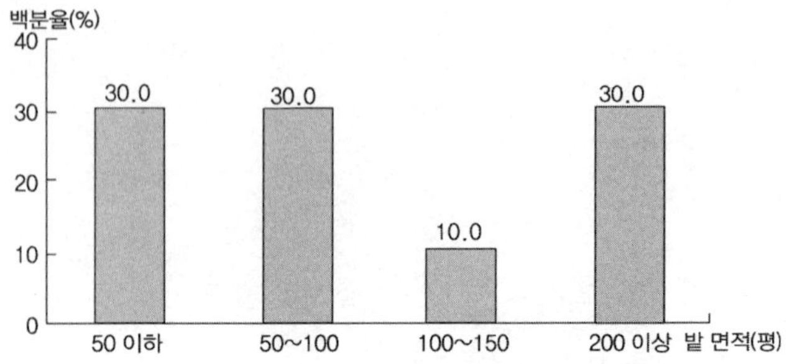

10. 개인농으로 사용한 밭은 어떻게 구했습니까?

① 국가에서 내준 것이다
② 자체적으로 개간한 것이다
③ 남이 개간한 지역에 농사를 지은 것이다
④ 버려진 지역이라 무단으로 농사를 지은 것이다

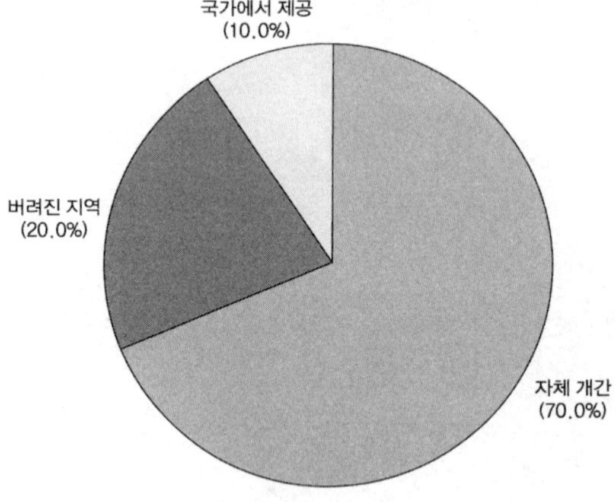

11. 앞으로 북한의 식량 부족이 해결될 전망이 있다고 생각하십니까?

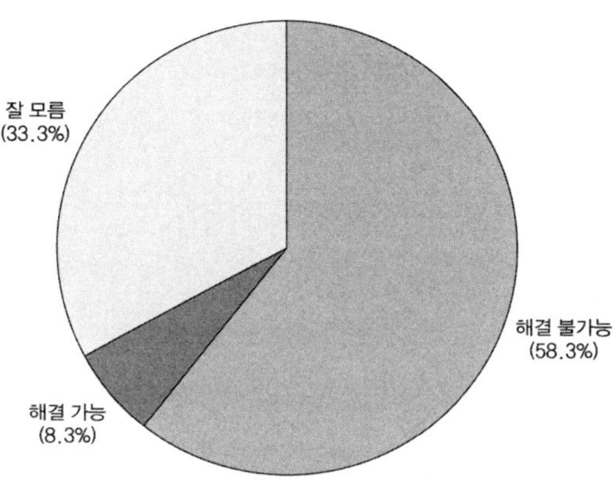

12. 북한의 식량 부족이 완전히 해결되기 위해서 가장 필요한 정책은 무엇이라고 생각하십니까?

① 협동농장을 해체해 개인농으로 농사를 지어야 한다
② 협동농장체제로 가더라도 비료, 농약 등 농자재만 충분하면 식량 문제를 해결할 수 있다
③ 협동농장의 성과급을 확대해야 한다
④ 협동농장의 생산 목표량을 낮추어야 한다
⑤ 협동농장이 정해진 분배량을 정확히 주어야 한다

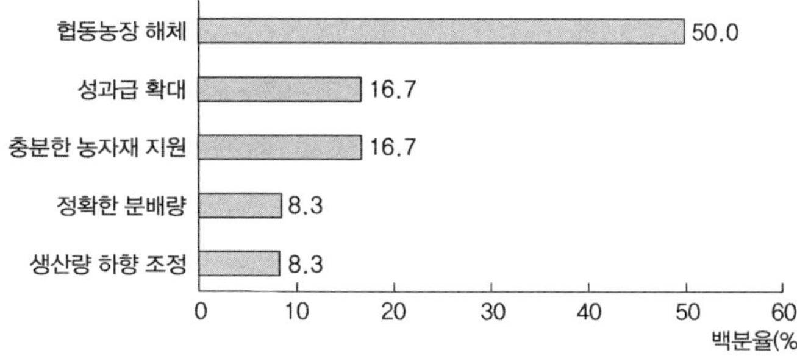

13. 협동농장 생산 체제의 가장 큰 문제점은 무엇입니까?

① 생산 목표량이 너무 많다

② 비료 농약 등 농자재가 부족하다

③ 작업 단위인 분조제의 규모가 너무 커 노는 사람이 많다

④ 관리 인원이 너무 많다

⑤ 협동농장에서 책임지는 땅이 너무 좁다

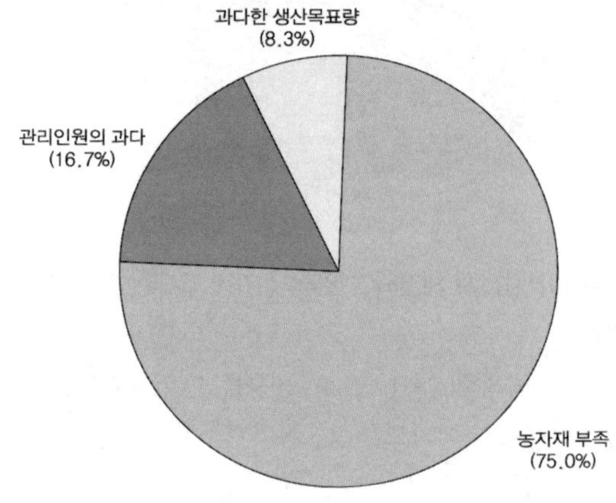

설문에 응해주셔서 감사합니다

5. 북한 당국의 식량 수급 안정화를 위한 대책

1) 7 · 1 경제관리개선조치와 농업정책 변화

2002년 7월에 발표된 7·1 경제관리개선조치는 농업 분야에서 세 가지 정책을 추진하고 있다. 당국이 7·1 조치에서 취한 농업개혁은

농산물 수매 가격 인상, 토지사용료 징수 및 분조관리제 기능 강화, 협동농장의 경영자율과 책임 확대 등이며, 궁극적으로 생산성을 높이는 데 목적이 있다.[11] 7·1 조치를 통해 시행된 정책들은 농업정책의 자율성을 높이고 곡물 가격을 인상함으로써 농민들의 증산 의욕을 고취시켜 식량 부족을 해결하는 데 크게 기여할 것으로 전망된다.

(1) 곡물 가격의 재산정과 이중곡가제 축소

농산물의 수매 가격과 판매 가격 간의 격차가 심한 현상은 북한의 경제발전전략과 밀접하게 연관된다(이태섭, 2002: 42~45). 1950년대 북한이 사회주의 공업화를 추진하는 과정에서 가장 중요한 내부 축적 원천으로 삼은 것 가운데 하나는 농업이었다. 일반적으로 농업국가에서 공업화를 추진할 경우 주된 건설자금을 농업에서 구할 수밖에 없다. 결국 농산물 가격을 낮추는 저가 정책은 도시 근로자의 생계비를 낮은 수준에서 유지하는 근거가 되었다. 저가 농산물은 임금 수준을 낮추고 공업 생산물의 원가 인하를 통해 공산품의 이윤 증대를 도모하는 중요한 수단이었다.[12]

북한 당국이 농업 분야에서 자금 조달을 추진한 경로는 두 가지였다.

---

11) "경제관리 개선으로 돌파구를 열어야 한다. …… 두 가지 중요한 조치를 취했는데 하나는 농산물의 수매 가격 인상 그리고 또 하나는 토지사용료 제정이다. 한편 종전부터 분조관리제, 작업반 우대제의 테두리 안에서 작업반의 기능과 역할을 높이도록 …… 협동농장의 가장 아래에 위치한 작업반이지만 분배 단위는 15~20명으로 구성된 분조다"(≪조선신보≫, 2002.8.22).

12) "우리는 농업을 비롯해 인민경제의 다른 부문에서 축적을 늘려 그것을 중공업 건설에 우선적으로 돌렸다"(김일성, 1982: 527).

첫째, 농업 현물세 징수였다. 현물세를 징수해 농업에 재투자했던 것이다. 그렇지만 수확고의 평균 25%이던 농업 현물세는 농민에게 부담이 되었기 때문에 1964년부터 1966년까지 단계적으로 폐지되어 더는 공업 건설 자금의 창구 역할을 하지 못했다.

둘째, 농산물과 공산물의 부등가 교환에 의한 협상 가격의 차이였다. 1957년에 발표된 북한경제학자의 논문에서는 "현 단계에서 수매 가격은 가치 이하로 제정되어 농민이 생산한 순소득의 일부가 공업 발전을 위해 끌어들여져야만 한다"라고 주장하고 있다(정태식, 1957: 81). 결국 북한은 농산물의 저가 정책으로 공업 발전의 내부 자금을 마련했다.

1950년대 이후 농산물 저가격제가 유지될 수 있었던 것은 농산물에 대한 국가의 통일적 수매와 판매가 가능했기 때문이다. 1958년에 완료된 농업협동화는 농산물에 대한 국가의 단일 수매와 판매를 가능하게 했다. 1960년 당시 북한 당국은 식량을 국가 수매 가격의 10분의 1 값으로 노동자·사무원에게 공급하는 이중곡가제를 시행했다(국토통일원, 1988; 김일성, 1960: 31).[13] 농산물의 저가 정책은 40년 이상 북한 당국의 핵심적인 경제관리 방법이었다.

그러나 저가 정책의 공업 발전 기여도가 하락하면서 정부의 양곡 적자 부담도 늘어갔다. 당국으로서는 농산물 가격을 현실화해 정부 재정을 건전하게 하는 것이 더욱 효율적이라는 정책 결정을 해야 했다. 이는 남한의 경우와 같이 양곡 적자가 늘어나는 데 따른 부담을 재정예산으로 충당하는 것이 한계에 직면한 결과이다.

---

13) 1958년 당시 국가는 농민들에게서 쌀 1킬로그램에 50원씩 주고 사서 노동자·사무원에게 5원에 배급했다.

<표 4-15> 7·1 조치 이후 농산물 수매 및 판매 가격 변화 동향

구분	인상 전		인상 후		인상폭
쌀	수매가	82전/kg	수매가	40원/kg	50배
	판매가	8전/kg	판매가	44원/kg	550배
옥수수	수매가	60전/kg	수매가	20원/kg	33배
	판매가	6전/kg	판매가	24원/kg	400배
콩	판매가	8전/kg	판매가	40원/kg	500배
밀가루	판매가	6전/kg	판매가	24원/kg	400배

자료: ≪조선신보≫, 2002.7.26; 2002년 11월 북한현지 방문조사 및 방북자 면접 조사를 기초로 작성.

결국 북한 당국은 2002년 7월 식량 가격을 현실화해 알곡 판매 가격을 1킬로그램당 8전에서 44원으로 550배 대폭 인상했다. 쌀의 농민수매 가격은 토지, 물, 비료 및 농민들의 노동력 등 생산원가를 계산한 결과 1킬로그램당 40원으로 종전의 1킬로그램당 82전보다 50배 인상했다. 옥수수의 경우 수매가는 1킬로그램당 60전에서 20원으로 33배 인상했고, 판매가는 1킬로그램당 6전에서 24원으로 400배 인상했다. 북한 당국자들은 농산물 가격 현실화 이후 농산물의 수매 가격과 판매 가격 간에 가격차가 5~10%선에 그칠 것으로 전망하고 있다(김용술, 2002: 42~44). 가격 변화 동향을 정리하면 <표 4-15>와 같다.

2) 분조관리제 개선과 농민 인센티브 강화

최근 북한이 경제개혁을 취하는 중요한 목적 중의 하나는 곡물 생산량 저하에 따른 식량 부족 사태를 해결하는 것이다. 북한은 식량 배급제를 체제 성립의 주요 명분으로 삼는 사회주의 국가에서 주민에게 양곡의 기본 정량도 분배하지 못하는 것은 있을 수 없으며 먹는 문제 해결 없이는 강성대국 건설도 한낱 정치구호일 뿐이라는 비판에 직면해 있다. 북한의 농업은 1980년대 초반까지 곡물 생산량에서 남한 농업을 앞지를 만큼 성장세를 보였으나, 1990년대 들어 경제난에 따른 자재 공급 부족과 집단농장체제의 비효율성 등이 맞물리면서 어려움을 겪고 있다. 대홍수 피해를 겪은 1995년 이래로는 풍·흉년에 관계없이 생산량은 최소 소비량인 500만 톤에 비해 항상 100~150만 톤이 부족했다.

곡물 증산은 비료 등 농자재의 공급을 늘리거나 농업의 생산 체제를 바꾸는 두 가지 방향에서 추진할 수 있다. 자재 공급 증가는 현 북한경제의 회복 상황에서 볼 때 단기간에 성과를 거두기는 어렵다. 따라서 단기간에 생산량을 증가시키기 위해 자재를 공급하는 방법보다는 현재 집단농장의 생산시스템을 변화시키는 방법이 도입되고 있다. 그간 집단농장은 10~25명 정도로 구성된 분조라는 소단위로 농사를 짓고 수확량을 배분했다.

그러나 이러한 정도의 영농 규모는 일을 열심히 하지 않는 무임승차자(free-rider)를 발생시켜 생산성이 저하되었다. 이에 따라 북한 농정 당국은 1996년에 강원도 등 일부 지역에서 생산성을 높이기 위해 분조원의 수를 7~8명으로 줄이는 새로운 분조관리제를 도입해 시행했다. 이 제도에서는 분조의 생산목표를 하향 조정해 초과농산물은 현물로 농민에게 지급했으며 농민시장에서의 자유처분을 허용했다. 농장원들의 영농 규모를 가족·친척 단위로 축소함으로써 초과 생산에 따른 인센티브를 더욱 분명하게 제공하게 하는 이 제도는 농민들의 상당한 관심을 끌었으나 전국적으로 확대 시행되지 못했다. 이로써 농민들의 근로 참여 의욕을 높이고 결속력을 강화해 생산성을 높이려는 정책목표는 달성되지 못했다.

이는 축소된 분조의 생산목표량이 여전히 높아 초과 생산의 여력이 없었고 농자재의 공급이 원활하지 못해 생산이 부진했기 때문이다. 또한 일부에서는 초과 수확물에 대해 현물 대신 상품권을 지불함으로써 농민들의 기대에 부응하지 못했다. 생산 단위의 축소는 앞의 <그림 4-2>에서 나타난 것처럼 북한 농업개혁 과정에서 생산량의 균형점을 P5 → P4 → P3으로 이동시킬 것이다.

2002년 7월의 농업개혁은 지난 1996년의 실패를 거울삼아 더욱 파격적으로 시행되고 있다. 농업 분야의 개혁은 소비와 생산의 양 측면에서 시행되고 있다. 우선 소비 측면의 개혁을 통해 북한 당국은 국영상점의 국정 가격을 농민들이 재배한 농산물을 직접 내다 파는 농민시장 가격 수준으로 대폭 인상했다. 이처럼 쌀값이 인상됨으로써 농민들의 곡물 증산 의지가 살아났다. 쌀값 인상은 농부들의 소득을 증대시켜 주기 때문이다.

또한 국가 수매를 줄이고 협동농장의 자체 분배를 확대했다. 농민 입장에서는 낮은 가격의 국가 수매보다는 자체 처리가 더 유리하기 때문에 생산에 긍정적 효과를 미친다.[14] 농민도 협동농장에서 벌어들이는 수익으로 국가에 토지사용료를 지불하는 등 생산비용을 부담하기 시작했다. 북한은 2002년 7월 경제관리개선조치 도입 직후인 7월 31일에 내각 결정 53호 문건인 「토지사용료 납부 규정을 승인함에 대해」라

14) "사회주의에서는 농산물이나 수산물의 도매가격에 대해 나라가 기준액을 정한다. 상점들에서 실지로 거래될 때는 130%까지 인상폭이 허용된다." ≪KDI 북한경제리뷰≫, 2003년 6월호, 28쪽.

는 제목의 토지 납부 규정을 승인했다.[15] 국가는 곡물 가격을 현실화한 데 이어 과거 유명무실했던 협동농장의 토지사용료를 10%에서 15%로 인상해 국가수입을 늘렸다. 이로써 협동농장들도 국가와 협동농장 간에 수입과 지출을 정확하게 계산하기 시작했다(남성욱, 2003a: 129).

생산 측면의 개혁으로 분조관리제 규모를 가족 단위로 영농 규모를 축소했다. 이는 1996년 일부 지역에서 시행되다 중단된 분조관리제를 전국적인 차원에서 다시 시행하는 것이었다. 2002년 6월 1일에 관련 기관에 하달된 내부 문건에 따르면 2003년 1월부터는 전국적인 시행을 예고했으나 실제 시행되지 않고 있다. 이 제도는 당국이 우려하는 사회주의 농업체제의 해체가 아니므로 목표량이 하향 조정되는 등 종전의 문제점만 보완해서 시행한다면 생산성 증가에 확실하게 기여할 것이다.

최근 들어서는 북한 일부 지역에서 1인당 국유지 300평을 배분받아 스스로 경작한 뒤 생산물을 자체적으로 처분할 수 있는 개인경작제도를 도입했다는 주장이 제기되었다(≪동아일보≫, 2004.12.6). 지금까지 북한 주민은 직접 개간한 소토지(뙈기밭)나 자택 주변의 텃밭에서 농작물을 기를 수 있었으나 국유지에 대한 개인경작은 허용되지 않았다. 만약 이러한 현상이 전국적으로 시행되었다면 중국 정부가 1978년 제11기

15) 다음은 전체 20조 가운데 제1조의 내용이다. "이 규정은 위대한 령도자 김정일 동지께서 국가 토지를 가지고 생산한 농업 생산물의 일부를 사용료 형식으로 국가에 의무 납부하도록 할 데 대해 주신 방침을 철저히 관철함으로써 나라의 귀중한 재부인 토지를 효과 있게 리용해 알곡을 비롯한 농업 생산물의 생산을 높이는 것을 목적으로 한다. 새로 개간한 토지는 3년간 토지사용료를 납부하지 않으며, 개인 텃밭도 토지사용료를 내지 않는다"(≪연합뉴스≫, 2004.12.14).

<표 4-16> 2002년 7월 농업 분야 개혁조치의 주요 내용

구분	내용	비고
소비	· 농산물 가격 인상 · 생산물의 국가 수매 축소	· 농가수입 증가 · 자체 분배 확대
생산	· 가족분조제(7~8명)의 실시 · 텃밭규모 확대(30평 → 400평) · 토지사용료의 제정(뙈기밭 포함[1])	· 2003년 1월 전국적 도입을 예고했으나 확인되지 않고 있음 · 일부 지역에서 시험 실시

주: 1) 북한 당국은 2002년 5~6월에 각 도(직할시) 농촌경리위원회의 지도 아래 전국적으로 주민들의 뙈기밭 경작 실태 파악에 나서 누가 얼마만큼의 뙈기밭을 경작하고 있는지 정밀 실사작업을 벌였다고 한다. 북한 당국은 이 실사 자료를 토대로 개인이 경작해온 뙈기밭에 대한 토지사용료를 내라는 지침서를 각 인민반을 통해 하달했다. 토지사용료는 협동농장의 토지사용료와 같은 수준인 수확량의 15%이나 최근 토지사용료 외에 수확량의 일부를 추가로 국가에 바치게 한다는 소문도 나돌아 주민들이 불안해하고 있다. 일부 주민들은 당국이 과도한 부과금을 물려 스스로 뙈기밭 농사를 포기하게 하려는 조치가 아니냐는 의구심을 갖고 있다고 한다. 주민들은 일단 토지사용료 외의 추가 징수는 가을이 되어 추수해봐야 구체적인 내용을 알 수 있어 계속 뙈기밭 농사에 매달려야 할지에 대해 결정을 내리지 못하고 있다(≪조선일보≫, 2002.8.28).

3중전회에서 도입한 포산도호(包産到戶)와 유사한 정책이 될 것이다.

이 방식은 농민이 인민공사의 땅을 배분받아 생산한 뒤 계획목표를 초과한 생산량을 소유하는 것이 골자이다. 더 열심히 일하는 농민이 그렇지 않은 농민보다 더 잘살 수 있도록 인센티브 제도를 도입함으로써 전체 농업 생산을 늘리는 것이 제도의 목표인 것이다. 북한은 그동안 작업반 우대제(1960년), 분조관리제(1966년), 신분조관리제(1966년) 등의 인센티브 제도를 도입했으나 별다른 성과를 거두지 못했다. 따라서 북한의 개인경작제는 중국식 농업개혁 모델인 포전(圃田)담당제와 유사하며, 분조의 구성원을 기존의 7~8명보다 더 적은 인원으로 축소했다는 것은 사실상 가족영농제를 지칭하는 것이므로, 만약 전국적으로 도입한 것이 사실이라면 이는 획기적인 정책 변화이다.

포전담당제는 가족적인 유대와 이해관계를 내세워 농산물 증대를 노린 것으로 중국이 1인 개인영농제로 가는 초기단계에서 가족을 단위로 실시했던 가정책임경영제〔家庭承包責任制〕와 유사하다. 그러나 이는 전국적인 차원이라기보다 일부 지방의 협동농장에서 노동력 부족을 해결하기 위해 자체적으로 개인경작제도를 도입했을 가능성이 크다. 다만 이러한 맹아적인 제도가 향후 전국 단위에서 시행될 경우 중국식 사회주의 시장경제로 전환될 수 있을 것이다.

다른 개혁조치는 개인 텃밭의 확대이다. 종전에는 개인 텃밭이 30평 규모였으나 함경도 회령 지방을 중심으로 400평까지 텃밭 농사를 확대하려는 시도가 있었다. 그러나 전국적으로 확대 실시되지는 않았다. 이러한 시범영농은 중국의 생산책임제와 유사한 것으로 전국적으로 시행될 경우 증산에 크게 기여할 것으로 판단된다.[16] 고스란히 자신의 몫으로 돌아오는 텃밭 농사에 쏟는 농민들의 정성은 협동농장 농사와 달리 눈물겹다. 텃밭의 생산성이 협동농장에 비해 2~3배에 달하고 있음을 고려할 때 텃밭 확대는 분명히 북한 곡물 생산량을 증가시킬 것이다. 협동농장에 소속된 농가는 호당 30평 정도의 개인 텃밭을 경작할 수 있어, 북한의 전체 농가 200만 호가 소유한 텃밭의 총면적은 2만ha가 될 것으로 추정된다(FAO, 2003: 10). 따라서 텃밭 면적을 개인당 15평씩 늘린다 해도 3만ha가 될 것이다.

16) 평안도 신의주와 함경북도 온성 지역에서 서너 가구를 한 분조로 묶어 생산책임제의 초창기 형태와 유사한 영농을 하는 것으로 관측된다(전경련 동북아팀, 2002).

3) 7·1 조치와 협동농장의 자율 및 책임 확대

경제개혁 추진 과정에서 현장의 권한과 책임이 강화되는 경제계획 관리의 분권화가 부분적으로 추진되기 시작했다. 국가계획위원회는 전략적 중요 지표만 계산하고 세부지표는 해당 기관이나 기업소 및 협동농장에서 자체적으로 작성할 수 있도록 허용했다. 국가의 가격 제정 원칙 및 상급 기관의 감독하에 지방공업 및 기업소의 제품 가격은 기업소에서 자율적으로 설정할 수 있도록 허용한 것이다. 계획관리의 분권화는 독립채산제의 경영 효율성을 제고하기 위한 조치로서 하부 단위인 기업소 및 협동농장의 경영 자율성을 확대하고 하부 단위의 경영관리 성과에 대한 책임성 및 부담을 강화하기 위한 조치이다.[17] 이는 실리와 신사고를 강조하는 경제관리 방식이 변화했음을 보여주는 것으로 개별 농장과 기업소의 물질적 동기를 최대한 자극해 생산성을 제고하려는 목적을 지닌다.

협동농장, 국영농장 및 농업기업소 등 농업 생산기관들의 경영자율과 성과책임을 확대하기 위해 다음과 같은 조치들이 시행되었다. 첫째, 세부계획지표를 작성하는 권한이 확대되었고 부분적인 가격 제정권의 자율성이 허용되었다. 둘째, 국가에 의한 단일 원부자재 공급체계를 기본으로 하면서 사회주의 물자 교류 시장이 허용되었다. 셋째, 국가의 의무 수매 물량은 축소되었고 농장의 자체 처분 물량은 증대했다. 끝으

---

17) 이와 같은 조치를 단적으로 표현하는 것이 '번 수입에 의한 평가'와 '실리주의'이다. 이는 경제관리개선조치 이후 북한의 기업소 및 협동농장에서 가장 강조되는 표현이다.

<표 4-17> 2002년 이후 북한의 주요 농업개혁

조치	시기	주요 내용
분조 단위의 경쟁체제 도입 및 비용 현실화	2002년 7월 이후	• 10~20명이 분조를 이루고 분조의 성과에 따라 협동농장 등이 벌어들인 돈 분배 • 토지이용료, 전기세 부과 등 비용 현실화
개인토지(뙈기밭) 공식 허용	2002년 7월 이후	• 개인들이 개간한 토지의 사용권 인정 • 평당 11~14원 사용료 부과
공장·기업소와 협동농장의 연계 강화	2003년	• 공장·기업소들에게 협동농장 땅을 일정 배정 • 생산물의 일부를 토지세 및 비료값의 명목으로 농장에 바치게 함
개인경작제도 실시	2003년	• 분조가 관리하는 땅 이외에 농장원 개인별로 300평의 협동농장 땅을 나눠주고 경작하게 함 • 개인영농에 필요한 노동시간 허용
부상 김용술 무역상의 농업 관련 발언	2003년 12월 11일	"포전담당제를 시범적으로 도입하고 있다. 협동농장에 분조를 더 작은 단위로 나눌 수 있는 권한이 주어졌고 그 속에서 더 적은 인원으로 포전을 담당하는 포전담당제가 나왔다."

로 평균주의 분배 방식의 배격과 '번 수입에 의한 평가'를 강조했다(장경호, 2003: 5).

6. 북한 농업개혁 전망

1) 농민의 증산 의욕 고조

북한의 7·1 경제관리개선조치는 농업 증산에 상당 부분 기여한 것으로 나타났다. 2003년 북한의 식량 생산량은 415만 6,000톤으로 전년 대비 8% 증가했으며, 28만 톤의 생산량 증가로 지난 9년 중 최고치를 기록했다. 양호한 날씨, 국제적 지원을 통한 비료 사용량 증가, 병해충 감소, 개천 - 태성호 물길공사 완공으로 인한 곡창지대 관개시설의 개선, 전기 공급 증가로 인한 관개용 양수기 가동률 증가, 연료 및 부품 공급 증가에 따른 농기계 가동률 증가 등이 곡물 생산량 증가의 긍정적 요인으로 분석된다. 또한 2004년 곡물 생산량도 423만 5,000톤으로 전년보다 3% 증산되었다. 영농조건은 2003년과 유사했으나 증산 성공은 농민들의 영농 의욕이 제고된 것과 관련이 깊다(FAO, 2004).

이러한 하드웨어적 요소들이 상호 복합적인 시너지 효과를 발생시킨 데는 7·1 경제관리개선조치에 따른 농민들의 증산 의욕이 큰 역할을 한 것으로 판단된다.[18] 하드웨어적인 요인이 직접적인 증산요인임은 분명하나 농민의 입장에서 추가적 인센티브 없이 과거와 같이 정해진 소득만 받았다면 이러한 외적인 긍정적 변수가 있었더라도 증산이 이루어지기 어려웠을 것이다. 즉, 비료 공급량이 5만 5,512톤 증가한 것이 생산에 기여한 측면도 있으나 비료 1톤을 추가하면 2톤의 식량 증산효과가 있다는 농학적 분석을 가정할 때, 비료 공급의 증가만이 전적인 원인은 아니며 농민들의 영농 의욕 제고가 주효했던 것으로 풀이된다.

1998년 이후 몇 년간 날씨가 양호하거나 남측에서 2003년과 같은 양의 비료를 보냈어도 생산량이 증가하지 않은 사례가 많았음을 고려할 때 중요한 것은 농민들의 증산 의지라고 볼 수 있다.[19] 비료, 농기계, 전력 공급 증가 등 농업 외적인 플러스 요인도 농민들의 자발적인

18) "청산리를 비롯한 협동농장들에서도 정보당 67톤의 벼를 생산하던 논에서 100톤 이상을 생산 …… 농민들이 10만 원 수준의 분배수입을 실현한 사례도 있다"(≪조선신보≫, 2003.3.14).

19) 2003년 동안 성분량 기준으로 24만 4,512톤의 비료를 사용함으로써 2002년의 18만 9,000톤에 비해 5만 5,512톤이 증가했다(FAO, 2004: 11).

영농 의지와 맞물려야 성과를 극대화할 수 있는 것으로 판단된다. 북한 당국도 농장 생산 실적 및 분배량 향상은 경제관리개선조치에 따른 쌀 수매가 인상과 관련이 있다고 판단했다.[20] 따라서 북한이 7·1 경제개혁을 가속화시켜 농민들의 영농 의욕을 자극하는 조치를 계속 취한다면 2005년에도 5% 정도의 증산을 달성할 수 있을 것으로 전망되었다.

공공양정배급소에서 분배하는 쌀과 옥수수의 수매 가격이 2002년 7·1 조치 이전에는 1킬로그램당 각각 82전, 60전이었으나 7·1 조치 이후에는 40원, 20원으로 각각 50배, 33배 인상되었다. 7·1 조치로 전반적인 물가가 평균 25배 인상된 것에 비하면 곡물 가격은 많이 오른 것이다. 종자·비료·농약·연료·전기 등의 농업 투입재 가격도 인상되었으나 전반적으로 곡물 가격이 더 높게 현실화됨으로써 농민들에 대한 경제적 인센티브가 대폭 증가했다. 쌀과 옥수수의 수매 가격이 대폭 인상됨으로써 농민들의 소득이 증가되었으며, 이는 농민들이 개인 소득에 대한 인센티브가 부족한 집단농장체제에서도 종전보다 좀 더 열심히 일하게 만드는 요인이 되었다.

2003년 3월에 농민시장이 종합시장으로 전환되어 정부가 이를 공식적으로 육성하기 시작한 것도 농민들의 영농 의욕을 자극하고 있다. 이러한 유통개혁은 농민들이 자신의 소득을 늘릴 수 있는 기회를 제공하고 있다. 물론 공식적으로는 종합시장에서 곡물을 직접 판매하는 것이 금지되나, 전국적으로 식량이 부족한 상황이므로 곡물 판매가

20) "지난 시기에는 쌀 수매 가격이 낮아 농장원들이 협동농장의 농사일에 크게 매달리지 않았고 텃밭 경작 등 부업에 관심이 더 많았다. 그러나 수매가 인상으로 수확량과 노력공수(노력점수)에 따라 분배량이 많아져 더 열심히 일하게 되었다"(≪조국≫, 2003년 7월호).

근절될 수는 없다. 시장이 공식화·합법화되면서 곡물의 판매 확대 가능성이 커져 농민들의 증산 의욕은 더욱 높아지고 있다.[21] 앞으로 북한 당국이 농민시장에서 곡물 판매를 공식적으로 허용할 경우 농민들이 텃밭에서 소채류 대신 곡물을 재배해 판매하는 경향이 증가할 것이며, 이는 개인들의 영농 인센티브를 크게 자극해 증산에 기여할 것이다.

농민의 소득은 일반 노동자의 소득보다 비교적 많이 오른 것으로 나타나고 있다. 7·1 경제개혁 이후 무기능 농민이 1,320~1,570원, 단순기능 보유 농민이 1,830~2,080원, 고급 기능 보유 농민이 2,340~2,480원의 급여를 받는 등 숙련된 농민은 대부분 2,300원 이상을 받고 있어 소득 수준은 일반 사무원보다 높다고 볼 수 있다. 농민들이 그간 저가양곡 정책으로 좋은 대우를 받지 못했으나 7·1 경제개혁 이후 대우가 개선되었다. 그러나 연간 수확물을 정부에 판매해서 얻는 협동농장원의 소득은 월 500원에서 4,000원까지 농장별로 차이가 크다(FAO, 2004).

2) 7·1 조치와 농업 생산 및 분배체계 변화

7·1 경제개혁으로 농업 분야에서 기술적 요소보다 경제·경영적 요소가 더욱 강조되고 있다. 이와 동시에 수매-배급체계 유지에 따른 국가

---

21) "2002년 7월 이후 쌀 수매 가격을 대폭 높여 농민들에게 많은 분배 몫이 돌아가도록 조치를 취한 것이 농업 생산과 분배에서 가장 앞서게 되는 결과를 가져왔다. 새로운 수매 가격이 제정되면서 농장원들의 노력 열의가 높아졌다. …… 노력자가 많은 집에서는 수십만 원씩의 현금이 분배되었다. 농민들이 농장 살림살이의 주인이라는 자각과 책임성도 훨씬 높아졌다"(≪조국≫, 2003년 7월호).

재정의 부담이 축소되고 있다. 곡물의 수매 가격보다 판매 가격을 높게 책정해 국가부담을 해소했으며, 국가 의무 수매 물량 비중을 축소해 국가부담을 완화하고 있다. 종전에는 수매 - 배급체계의 계획관리를 위한 비용의 90% 이상을 국가재정에서 부담했으나 이제는 농장과 기업소 및 가계가 대부분의 비용을 부담하고 있다. 한편 국가재정에 여력이 생기자 경제의 우선순위에 따라 농업 부문에 투입을 증대할 여건이 호전되고 있다. 국가의 재정 부담이 완화[22]되고 비공식 부문으

---

22) 가격보조금 폐지에 따른 북한 당국의 재정이익 규모를 추정하면 다음과 같다.

① 비교년도 및 산출 대상

가. 7·1 조치 이전: 2001년 쌀 및 옥수수 생산량

나. 7·1 조치 이후: 2003년 쌀 및 옥수수 생산량

② 산출 방법

가. 7·1 조치 이전의 수매가와 판매가를 기준으로 2001년 곡물 생산량을 계산해 수매·판매 간 손익 계산(가정: 생산된 쌀과 옥수수는 모두 수매, 수매된 쌀과 옥수수는 비축 없이 전량 판매)

나. 7·1 조치 이후의 수매가와 판매가를 기준으로 2003년 곡물 생산량을 계산해 수매·판매 간 손익 계산(위 가정을 동일하게 적용). 2003년 곡물 생산량을 2001년 수매가와 판매가로 계산해 손익을 추정함으로써 가격개혁을 실시하지 않았을 경우 북한 당국의 2003년 세출부담 산출(나항의 산출값과 비교)

③ 수매량과 판매량의 차이점 고려

가. 협동농장에서 생산한 총 생산량의 10%는 국가 납부량으로, 농기계 임대료, 관계시설 및 물 사용료, 종자·비료·사료대 등 생산량의 35% 정도는 세금으로 회수하기 때문에 이를 제외한 총 생산량의 55%만이 수매 대상임. 그 반면 국가 회수량과 수매량을 포함한 총 생산량 중 일정량은 비축하고 나머지는 판매하는 것이 통상적이나 식량난이 존재하는 상태에서 비축량은 크지 않을 것으로 판단해 전량 판매하는 것으로 계산

나. 2003년 정부의 세출 부담

로 투입되던 자원이 공식 부문으로 유도되면, 농업 부문에 대한 개인이 보유한 자본의 투자가 증가될 것이다.

한편 협동농장은 부분적이고 제한적인 자율성의 범위 내에서 농장수익을 극대화하는 방향으로 계획지표 및 생산계획을 수립할 것이다. 가격을 대폭 인상함으로써 생산을 증대하기 위해서는 영농자재 확보에 우선 주력해야 한다. 따라서 사회주의 물자 교류 시장을 통한 영농자재 확보 능력이 중요해지고 있다.[23)]

- 쌀 → 수매금: 수매량(9억 4,600만) × 수매단가(40원) = (378억 4,000만 원) / 판매금: 생산량(17억 2,000만) × 판매단가(44원) = (756억 8,000만 원) / 손익: 판매금 − 수매금 = 378억 4,000만 원(+)
- 옥수수 → 수매금: 수매량(9억 4,050만) × 수매단가(20원) = (188억 1,000만 원) / 판매금: 생산량(17억 1,000만) × 판매단가(24원) = (410억 4,000만 원) / 손익: 판매금 − 수매금 = 222억 3,000만 원(+)
- 총손익(정부 부담액): 600억 7,000만 원(정부는 쌀과 옥수수 수매·판매를 통해 600억 7,000만 원의 예산 수입효과 획득)

다. 7·1 조치가 없었을 경우 2003년 정부의 세출 부담(정부보조금 지출 규모 추정)

- 쌀 → 수매금: 수매량(9억 4,600만) × 수매단가(82전) = (77억 5,720만 원) / 판매금: 생산량(17억 2,000만) × 판매단가(8전) = (13억 7,600만 원) / 손익: 판매금 − 수매금 = 68억 8,120만 원(−)
- 옥수수 → 수매금: 생산량(9억 4,050만) × 수매단가(60전) = (56억 4,300만원) / 판매금: 생산량(17억 1,000만) × 판매단가(6원) = (10억 2,600만 원) / 손익: 판매금 − 수매금 = 46억 1,700만 원(−)
- 총손익(정부 부담액): 109억 9,820만 원(만약 7·1 조치에 따른 보조금 폐지가 없었을 경우 북한 당국은 쌀과 옥수수 보조금으로 약 110억 원의 예산적자를 감수해야 함)

23) 사회주의 경제관리개선조치는 인민들의 사고방식을 근본적으로 바꿔놓았다. 특히 농사에 필요한 물과 비료, 영농기구 등이 지난날의 '공짜와 다름없는 가격'이 아니라 '적절한 가격'으로 거래되고 있다. 7·1 조치로 협동

<표 4-18> 협동농장 수매 - 배급 규모의 증감효과

① 의무 수매 비중 감소에 따른 수매 규모 감축효과
② 생산 증대에 따른 수매 규모 증대효과

구분	증감효과
① > ②	수매 - 배급 규모 감소
① = ②	수매 - 배급 규모 불변
① < ②	수매 - 배급 규모 증가

앞으로는 농산물의 상대가격 변화를 고려해 생산물의 구성 비율 변화가 시도될 것이다. 이로써 결국 의무 수매량 감축 및 자체 처분 물량 비중 증대로 외부 판매 처분, 여타 농장·기업소와 물자 교류, 공동기금 확충, 농장원(농민) 분배 규모 증가 등 생산물의 처분에 관한 사항이 더욱 중요한 고려사항으로 대두될 것이다. 또한 협동농장의 수매 - 배급 규모의 변화도 예상된다. 한편 국가의 의무 수매 비중은 감소하고 협동농장의 자체 처분 비중은 증가하고 있다.

이에 따라 의무 수매 비중 감소에 따른 수매 규모 감축효과와 생산 증대에 따른 수매 규모 증대효과의 상대적 크기에 의해 자체 처분 비중이 결정될 것이다(<표 4-18> 참조). 만약 수매 - 배급 규모 감소라는 결과가 발생할 경우에는 국영상점 및 농민시장을 통해 보충해야 하는 개인의 부담이 증대할 것이다.

이에 따라 북한 내부에서는 협동농장들이 국가적 차원에서 농사를 짓지 않고 경제성이 큰 작물이나 생산물을 심어 돈벌이에 집착하는

농장 농장원에게 토지사용료가 부과되면서 농업 생산성이 높아지고 결산 분배에서의 평균주의가 사라졌다. 토지사용료를 내는 만큼 농장원들은 과거 조건이 좋지 않아 농사를 단념했던 토지도 효과적으로 이용할 궁리를 하게 되었다(≪조선신보≫, 2004.1.2).

부정적 현상이 나타나고 있다는 지적이 대두하고 있다. 반대로 국가와 사회적 요구만을 따르고 농장의 수입을 늘리는 문제를 소홀히 할 경우에도 문제는 있다고 한다. 따라서 북한은 사회주의 원칙을 지키면서도 실리를 강조해 국가와 사회적 요구와 농장과 농민들의 요구를 적절히 배합·운영해야 하므로 명분과 실리를 조화시키는 데 어려움을 겪고 있다[≪경제연구≫, 2004년 가을(3)호].

7. 결론

현재 북한의 농업개혁은 중국의 1978년 개인영농개혁이 북한에서도 진행될 수 있다는 희망을 미흡하나마 갖게 한다(국가정보원, 2004). 7·1 조치는 사회주의 개혁 단계에서 초기에 나타나는 일종의 가격개혁이다. 북한은 사회주의 중앙계획경제의 기본 틀을 변화시키지 않은 상태에서 일부 가격 결정 과정에 수요 - 공급 원리를 도입해 생산자와 소비자의 이득을 극대화하려 하고 있다. 상품의 가격을 올림으로써 생산자에게는 생산 의욕을 고취시키고 수요자에게는 제품의 실질가치를 인식하도록 만들어 생산과 소비를 합리적으로 조정하는 것이다.

북한의 7·1 조치는 농산물 가격을 올림으로써 농민들에게 인센티브를 제공했다. 이에 농민들은 과거보다 협동농장에서 영농 의욕을 제고할 요인이 생겼다. 이중곡가제를 폐지하고 수매 가격과 판매 가격을 축소함으로써 농민들이 국가 수매나 시장 판매에 관심을 갖게 되었다. 또한 비공식적인 생산 활동이 활발해지면서 정부의 식량 공급 능력은 과거에 비해 떨어질지 모르지만 국가의 식량 공급 능력은 향상되었다.

시장 활성화가 식량 공급을 증가시키는 유인이 되는 것이다(권태진, 2004: 117).

특히 종합시장이 개설되어 상점에서 실제로 양곡이 거래될 때는 국가가 정한 국정 가격의 130%까지 인상이 허용됨으로써 농민들은 과거보다 소득을 배가시킬 수 있다. 농업의 증산은 농업 내부적 요인과 외부적 요인에 달려 있다. 비료, 농약 및 농기계 등 농업 외부의 농업자재 조달 능력은 일반 경제의 능력 향상에 의존할 수밖에 없다. 이러한 외적 변수들은 북한경제 전반의 회복과 연계되어 단기적으로는 통제하기 곤란한 변수이다. 결국 단기에 증산을 이루기 위해서는 농업 내부의 작업행태를 변화시킬 수밖에 없다. 이를 위해 집단농장 시스템의 비효율성을 개선하려면 개인의 노력을 배가시키는 조치가 필요하다.[24)]

식량을 15% 이상 증산시키기 위해서는 근본적인 조치가 요망된다. 우선 개인 텃밭의 면적을 확대해야 하며, 1996년 시험적으로 실시를 검토했던 신분조관리제를 반드시 실시해야 한다. 이러한 조치야말로 농자재의 충분한 공급 없이 노동력만으로 단기간에 증산을 이룰 수 있는 해결방안이다. 전국적으로 실시하기 어려우면 일부 지역에서 시범적으로 실시해 단계적으로 확대해가야 한다.

특히 2005년처럼 열악한 기후, 외부의 비료 지원 축소 등으로 외부 환경이 악화되었을 때는 최소한 2004년의 식량 생산량 수준을 유지하기 위해, 생산량이 증가할 때 노동력을 최대한 가동하는 경제실험과

---

24) 농업 생산 조직의 규모와 산출량의 관계에 대한 슐츠의 분석에 의하면 생산 조직 규모가 작을수록 생산성이 높아지며, 가족 단위 농장에서 생산성이 가장 높은 것으로 나타났다(Schultz, 1953; 박정동, 2003: 80~82).

정책을 적극적으로 추진하는 것이 바람직하다. 또한 농업 분야의 개혁적 조치들이 여타 사회주의 국가의 개혁과 같이 체제전환으로 유도되기 위해서는 1978년 중국에서 실시된 농업 생산책임제의 도입, 1985년에 실시된 농업정책의 정사(政社) 분리[25] 등 소유제를 변화시키는 후속 조치가 시행되어야 한다.

25) 농업 생산 의욕의 상승으로 농업구조개혁 기간(1978~1984년)에 농업 총생산은 73%, 1인당 순수입은 166% 증가했다(임반석, 1999: 93~98).

참고문헌

국가정보원. 2004. 「북한 경제개혁, 중국 초기와 유사」. 국회 정보위 업무보고 자료(2004.7.10).

국토통일원. 1988. 『북한 최고인민회의 자료집』, 제2집. 서울: 국토통일원.

권태진. 2004. 「북한 농업의 발전방안」. ≪북한농업연구≫, 2004년 10월. 북한농업연구회.

김연철. 2004. 「7·1조치 2주년 평가」. ≪KDI 북한경제리뷰≫, 2004년 6월호.

김용술. 2002. 「북한 무역상 일본 강연전문」. ≪민족 21≫, 2002년 10월호.

김일성. 1960. 「시·군 인민위원회의 당면한 몇 가지 과업에 대해」, 『김일성 선집 6』. 조선노동당출판사.

_____. 1982. 「사회주의 농촌문제 해결에서 나서는 몇 가지 문제에 대해」(1963.12.23). 『김일성 저작집 17』. 노동당출판사.

남성욱. 2003a. 「2002년 북한의 임금과 물가인상에 따른 주민 생산·소비행태의 변화에 관한 연구」. ≪통일문제연구≫, 2003년 하반기호. 평화문제연구소.

_____. 2003b. 『현대 북한의 식량난과 협동농장 개혁』. 도서출판 한울.

_____. 2004. 「7·1 경제관리개선조치 2주년 평가와 전망」. ≪KDI 북한경제 리뷰≫, 2004년 6월호.

노브, 알렉. 1998. 『소련경제사』. 김남섭 옮김. 창작과비평사.

북한 내부자료. 2002a. 「7·1 경제관리개선조치에 대해」(2002.7).

_____. 2002b. 「경제개선관리 조치에 대한 당의 입장」(2002.6).

_____. 2002c. 「노동자 생활비 표준표」(2002.7).

박석삼. 2002. 『최근 북한 경제조치의 의미와 향후 전망』. 한국은행 조사국 북한경제팀.

박정동. 2003. 『중국과 북한의 개발경제론』. 서울대학교 출판부.

신지호. 2003. 「7·1조치 이후의 북한경제」. ≪KDI 북한경제리뷰≫, 2003년 7월호.

양문수. 2003. 「7·1 경제관리개선조치와 북한의 경제개혁」. 경남대 북한대학원 전문가 워크숍 자료(2003.8.21).

이석. 2004. 「북한의 중앙계획자, 과연 타올을 던졌는가?」. ≪KDI 북한경제리뷰≫, 2004년 6월호.

이일영. 2002. 「개선인가 개혁인가: 북한의 경제관리개선에 대한 분석」. ≪동향과 전망≫, 54호(2002년 가을).

이정철. 2002. 「계량형 사회주의와 북한의 90년대 경제정책 변화」. 김연철·박순성 엮음. 『북한 경제개혁연구』. 후마니타스.

이태섭. 2002. 「북한의 사회주의 공업화 전략: 제1차 5개년 계획(1957~1960)과 제1차 7개년 계획(1961~1970)」. ≪북한학연구≫, 제3집. 고려대 북한학연구소.
임반석. 1999. 『중국경제 두 가지 기적과 딜레마』. 해남.
장경호. 2003. 「북한 경제관리방식의 변화가 농업 부문에 미치는 영향」. 한국농어촌연구소 제65차 월례발표원고(2003.12.20).
전경련 동북아팀. 2002. 「7월 경제개혁 보고서」(2002.8).
정태식. 1957. 「계획 가격 형성과 관련된 몇 가지 문제」. ≪경제건설≫, 1957년 10월호.
조동호. 2002. 「계획경제시스템의 정상화: 최근 북한 경제조치의 분석 및 평가」. ≪KDI 북한경제 리뷰≫, 2002년 8월호.
통계청. 1998. 『통계로 본 대한민국 50년의 경제사회상 변화』.

≪경제연구≫. 2004년 가을(3)호. 평양사회과학출판사.
≪동아일보≫. 2004.12.6. "북, 개인경작제 전국 실시 1인당 국유지 300평 배분".
≪민족 21≫. 2003.8. "토지개혁 이래 최대사변: 시장을 보는 눈이 달라졌다"(<평양 현장취재: 7·1 조치 1년, 그 365일의 기록>).
≪오늘의 북한, 북한의 내일≫. (사)좋은벗들.
≪오늘의 북한소식≫. (사)좋은벗들.
≪조국≫, 2003년 7월호. 평양사회과학출판사.
≪조선신보≫. 2002.7.26. "가격제정국, 국가가격 제정 원칙 고수할것".
_____. 2002.8.22. "농민들을 생산의 주인으로".
_____. 2003.3.14. "7·1 이후 일어난 변화".
_____. 2003.4.1. "최홍규 국가계획위원회 국장 인터뷰".
_____. 2003.6.16. "농민시장을 종합적인 소비품 시장으로".
_____. 2004.1.2. "북한, 농업용수 및 비료 등 가격 현실화".
≪조선일보≫. 2002.8.28. "뙈기밭에도 토지사용료 부과".
조선중앙통신. 2003.4.28.

FAO. 2003. "Special Report: FAO Crop and Food Supply Assessment Mission to the Democratic People's Republic of Korea"(October 30, 2003).
_____. 2004. "Special Report: FAO/WFP Crop and Food Supply Assessment Mission to the Democratic People's Republic of Korea"(November 22, 2004).
Frank, Ruediger. 2004. "North Korean Change: Economic Reform and Political Support." 민주평통·미래전략연구원 공동주최 국제세미나(독일 본, 2004.5.27).
Gey, Peter. 2004. "North Korea: Soviet-style Reform and the Erosion of the State

Economy.” 독일문화원 발표자료(2004.6.2).

Kornai, Janos. 1992. *The Socialist System: The Political Economy of Communism*. New Jersey: Princeton University Press.

Naughton, Barry. 1995. *Growing Out of the Plan*. Cambridge University Press.

Park, Hue-gun. 2004. “Transition to Market Guided Economy: Experience, Lessons, and Implication to the Democratic People’s Republic of Korea.” 민주평통·미래전략연구원 공동 국제세미나(독일 본, 2004.5.27).

Schultz, T. W. 1953. *The Economic Organization of Agriculture*. McGrawHill.

White, Gordon. 1993. *Riding the Tiger: The Politics of Economic Reformin Post-Mao China*. Stanford University Press.

제5장

북한의 대외경제관계 변화와 그 영향*

윤덕룡(대외경제정책연구원 선임연구위원)

1. 서론

사회주의 국가의 개혁은 우선적으로 내부 제도의 변화에서 시작된다. 내부 제도의 변화란 소유권 인정, 경제 활동 자유, 자유화 등의 제도와 관련된 변화를 의미한다. 내부의 변화는 대외경제관계의 변화를 초래한다. 경제주체들이 국제 경제 활동의 자유를 얻게 되고 국제가격이 국내경제에 반영되면서 대외경제는 국내경제에 점점 더 많은 영향을 미치기 시작한다. 따라서 국내경제적 변화와 대외경제적 변화는 유사한 궤적을 그리는 것이 일반적이다.

국제 거래를 억압해오던 사회주의 국가들이 개혁을 수용하면서 나타

---

* 이 글은 한반도평화연구원 주최 세미나의 발표용 자료를 수정한 것입니다. 토론으로 논문의 개선에 도움을 주신 임을출, 남성욱, 양운철 박사님께 감사를 드립니다.

나는 생산의 감소와 증가를 'J - 커브 현상'이라고 부른다. 이 현상은 대외경제 분야에서도 동일하게 나타난다. 개혁 과정에서 이전의 대외경제적 협력망이 붕괴되어 교역이나 국제 투자가 급격히 감소되는 것이다. 개혁이 진전되면서 새로운 협력망이 형성되면 대외경제거래도 다시 증가하기 때문이다. 이러한 이유로 대외경제거래의 변화 과정은 국내경제의 변화를 반영하는 대용지표로 활용되기도 한다. 북한에서도 이러한 현상이 나타난다. 따라서 대외경제 분야의 변화 과정은 북한경제 전반의 변화를 들여다볼 수 있는 지표로 활용할 수 있다.

북한의 대외경제적 변화로 북한경제를 읽어보려는 것은 북한이 경제 관련 통계를 발표하지 않고 있기 때문이다. 그러나 북한의 대외경제관계는 북한이 스스로 발표하지 않더라도 상대국가의 발표자료를 통해 그 규모나 내용을 확인할 수 있다. 전 세계에서 북한과 교역을 실시한 데이터를 모두 종합해보면 북한의 교역 품목과 교역 규모를 알 수 있다. 그리고 이러한 교역자료를 분석하면서 북한이 상대적으로 더 높은 경쟁력을 가진 산업 분야가 무엇인지도 알 수 있다. 물론 북한의 대외경제 분야는 외부로부터의 인도적 지원도 포함하고 있어 해석하는 데 주의해야 한다.[1)]

이 글에서는 북한의 대외 분야가 현재까지 어떠한 변화를 보이고 있는지 그 특징을 파악하고자 한다. 그리고 이러한 변화가 북한의 전체 경제와 사회 변화에 미치는 영향이 무엇인지를 분석함으로써 북한

---

1) 북한은 경제난으로 주민들의 생존이 위협을 받자 국제사회의 인도적 지원을 요청했으며 지금까지 외부 지원이 전체 경제의 상당한 부분을 차지하고 있다. 특히 남북 관계의 개선을 통해 남한의 인도적 지원 규모가 지속적으로 증가하고 있다.

사회 변화의 일부를 이해하는 자료로 삼고자 한다.

이를 위해 먼저 북한 내에서 발생한 주요 경제적 변화를 정리해 제시하고 북한의 경제적 변화와 함께 확대되고 있는 대외경제관계의 변화를 분석한다. 북한의 대외경제관계가 확대되고 있지만 이러한 변화가 내부의 생산 능력의 확대에 의해 발생하고 있는지 여부를 알아보기 위해 북한 수출 분야의 비교현시우위(RCA)지수를 몇 가지 기준에 의거해 계산하고 현재 북한의 생산 부문 변화를 추정한다. 마지막으로 이러한 변화들을 종합해 북한의 현재 대외 부문을 중심으로 북한경제의 변화를 추정하고 향후 전망을 제시한다.

2. 북한경제의 주요 변화

1) 사회주의 국제협력 체제의 붕괴와 시장의 확대

북한의 생산 능력 붕괴는 사회주의 국제협력의 붕괴에서 시작되었다. 사회주의 국가 간 교역은 필수불가결한 교역에 한해 시행하려는 경향을 띠고 있었다. 국제 교역을 통한 국제 간 착취구조를 방지하려는 사회주의 국가들의 이념 때문이었다. 사회주의 국가들은 교역이 한 국가에만 일방적 이득을 발생시키지 못하도록 구상무역을 기반으로 하는 청산결제를 채택했다. 북한은 초기 필수품에 제한되던 교역구조를 탈피해 교역 증가를 생산 확대의 수단으로 활용하고자 했으며 이에 따라 대외의존도가 심화되었다.

1990년대 초의 갑작스러운 사회주의 협력망 붕괴는 북한경제의 운용에 필수적인 수입품의 도입을 급감시키는 사태를 낳았다. 주요 에너지 자원과 투자재에 대한 대외 의존도가 높았던 북한에 급격한 수입 감소는 북한경제의 생산 능력을 붕괴시키는 결과를 초래했다. 이후 사회주의 국가 간 국제협력망은 다시 복원되지 못했고 북한은 1990년 이후 1998년까지 지속적인 생산 감소를 경험해야 했다.[2)]

급격한 생산 감소로 생산과 분배 과정을 계획에 의해 수행하기 위해 사용하던 '명령과 통제(command and control)'라는 북한 정부의 정책적 수단은 그 기능을 상실했다. 그 결과 대다수 주민은 국가의 배급체계를 통한 생계유지를 더는 기대하기 어렵게 되었다. 이러한 변화는 북한 주민이 자신의 손으로 생계를 유지할 수밖에 없는 상황으로 귀결되었다. 수많은 사람이 일거리가 없는 직장을 벗어나 장사를 하거나 생계유지를 위한 일거리를 찾아나서야 했다. 주민들은 필요한 물건을 개인이나 가계에서 직접 생산하거나 상호 교환을 통해 획득했다. 이 과정을 통해 사실상의 시장 확대가 이루어졌다.

그러나 경제적 붕괴에 따른 배급체계의 마비가 초래한 자연발생적 시장 확대에는 제도적인 보호 장치가 없다. 오히려 기존의 국가질서에 반하는 것이었다. 가격이나 거래질서도 개인적인 차원에서 설정되었고 언제라도 정부의 단속에 의해 거래행위가 원인무효로 환원될 수 있는 취약한 시장 상황이 지속되었다. 그러나 이 과정이 10년 이상 지속되면서 시장은 내구성을 갖게 되었고 점차 영역을 확대하게 되었다. 주민들

---

2) 사회주의 국가 간 협력망의 붕괴는 북한만이 아니라 대부분의 사회주의 국가에 마이너스 성장을 초래했으며 개별 국가는 저마다 새로운 국제분업체제에 참여하면서 생산 능력을 다시 확대하는 경로를 밟게 된다(World Bank, 2002 참조).

로서는 공식적 제도와는 다른 새로운 형태의 이중적 경제구조에 적응하며 삶을 영위하는 형태가 지속되었다. 국가는 새로운 대안을 제시하지 못한 채 국가 자체의 존속을 위해 부심해야 하는 상황이어서 주민들이 공식적 제도와는 다른 암시장 형태의 구조하에서 생존하는 현실을 모른 척할 수밖에 없었다. 그러나 제도적인 보호를 받지 못하고 암시장화한 형태로 활용된 시장은 주민들의 생계유지를 위한 필수소비 부족 상태를 완화하는 데는 기여했지만 국가적 자원 배분의 효율성을 증대시키는 수준까지 이르지는 못했다. 그 결과 비공식 시장의 확대를 통해 경제적 붕괴 이전의 생산 능력을 회복하지는 못했다.

1999년 이후 북한경제가 플러스 성장으로 전환되기는 했지만 여기에는 외부의 자원 유입에 따른 성장효과가 가장 중요한 요인이었다. 내부적으로는 자생적인 성장을 가능하게 만드는 자본 축적이 이루어지지 못했고, 외부의 자원 유입도 주로 식량과 생필품을 중심으로 이루어진 탓에 지속적인 성장을 유발할 수 있는 여건을 마련하지 못했다.

2) 제도적 변화

비록 외부 자원에 의존하고는 있지만 성장의 지속은 북한 정부로 하여금 제도적 정비를 추구할 여유를 갖게 만들었다. 현실과 유리된 제도를 정비함으로써 국가의 기능을 새롭게 정의하고 구조적인 경제 회생을 추진해야 했기 때문이다. 이러한 의도가 구체적으로 나타난 것이 2002년 7월에 발표된 7·1 경제관리개선조치이다.

북한이 시행한 개혁조치의 초점은 시장의 인정과 국영 생산 분야의 정상화 시도이다. 시장을 인정한 가장 중요한 이유는 현실적으로 배급제로 환원하기 위한 국가의 경제적 능력을 회복하지 못했던 데 있다. 그러나 기존 사회주의 국가들이 모두 시장을 도입해 경제적 성과를 드높이고 있었고 실제 주민들의 생활이 시장을 토대로 하여 이루어지고 있었으므로 화폐를 중심으로 한 시장의 일부 도입을 목표로 했다.

북한의 경제개혁조치가 포함한 주요 내용으로는 물가 인상, 임금 인상, 배급제 폐지, 외화환전표 폐지, 환율 현실화, 기업의 독립채산제 강화, 급여에 대한 인센티브제 강화, 농업 분야 분조관리제 개선, 농산물 자체 배분 비율 확대 등을 들 수 있다. 이러한 조치는 이미 존재하는 현실을 어쩔 수 없이 제도적으로 인정한 일종의 '강요된 개혁'이라는 측면이 있다. 그러나 소비 분야에서 시장을 제도적으로 수용한 것은 결과적으로 북한이 경제제도의 체제 개혁을 시작한 것으로 간주할 만한 여지를 제공했다.

7·1 경제관리개선조치를 경제제도 개혁이라는 측면에서 보면 화폐화(monetization)와 유인체계 변화를 가장 큰 특징으로 들 수 있다. 화폐화는 시장 기능이 작동하기 위한 기본적인 전제로서 모든 생산 활동의 가치를 화폐 단위로 산정하고, 화폐를 매개로 재화와 용역을 거래하게 되었음을 의미한다. 이는 기존의 시장을 통한 주민들의 소비재 획득 방식을 용인하고 국가의 배급 의무를 피할 수 있게 하므로 정부의 부담을 줄이고 제도적인 이중성을 극복할 방안으로 선택된 것이다.

유인체계 변화는 주민들의 노동 의욕을 증대시킴으로써 생산을 확대하기 위한 정책 변화이다. 또한 국내시장을 완전히 해외시장과 분리해 운용하던 방식을 수정해 환율을 현실화했으며 외화환전표를 폐지해 해외시장 가격이 국내시장 가격에 반영될 수 있도록 제도를 변경했다.

북한은 7·1 조치 이후 지속적인 제도 변화를 각 부문에서 시도하고

<표 5-1> 북한의 7·1 조치 내용

제도 개혁 내용	변화 방향	해당 개혁조치
경제 운용체제 변화	명령경제→화폐경제	배급제 폐지, 가격 인상, 임금 인상
유인체계 변화	윤리적·사회적 유인 →물질적·개인적 유인	독립채산제 강화, 차등급여 지급, 분조관리제 개선, 농산물 자체 분배 비율 확대
해외시장 연계성 강화	독립적 국내가격 →국제시장 가격 반영	환율 현실화, 외화환전표 폐지

자료: 7·1 조치의 자세한 의미 분석은 여러 문헌에서 제시되고 있으나 종합적인 견해는 조명철 외(2004), 박석삼(2002) 등을 참조.

있으며 시장 기능을 점차 확대할 뿐 아니라 국영기업들의 참가도 허용했다. <표 5-2>는 2003년에 북한에서 시행된 제도적 변화의 사례를 발췌한 것으로 북한 정부의 정책적 경향을 잘 보여주고 있다. 정책 담당자로서는 이러한 제도 변화를 통해 주민들의 소비생활 여건을 개선하고 생산 확대를 기대할 수 있었기 때문이다. 실제로 북한은 1999년 이후 2005년까지 플러스 성장을 지속해왔고 주민들의 소비생활도 점차 나아지는 경향을 보여왔다.

그러나 북한의 제도 개혁은 일관성 있게 확대되지 못하고 정체되는 경향을 보이고 있으며 분야에 따라서는 오히려 이전의 제도로 회귀하는 등 혼란이 나타나고 있다. 2005년 10월에는 식량의 배급제를 다시 도입했으며 근래에는 시장에서의 곡물 거래를 금지하고 시장에서 상거래에 참가하는 사람에 대해 연령별로 제한을 두는 등 개혁이 퇴행하는 모습도 나타나고 있다.

북한이 지금까지 수행한 시장 관련 개혁정책에서는 주로 개인의 경제생활과 연관된 미시경제적인 분야의 정책이 중심이 되었다. 주민의 식량이나 생필품의 더 나은 공급을 위해 소비시장을 허용하고는 있으나

<표 5-2> 7·1 조치 이후 북한의 경제제도 변화사례

분야	변화 내용
시장 기능 중시 및 확대	• 농민시장을 종합적 소비품시장으로 확대 - 2003년 3월 '시장을 인민생활에 편리하고 나라의 경제관리에 유리한 경제적 공간으로 리용한 데 대한 방침' 제시 - 시장에서 판매되는 소비품 품종 확대 - 쌀, 기름을 비롯한 중요 지표상품의 한도가격 설정. 수급에 따라 10일에 한 번씩 적정 가격 산출 - 시장을 국영기업소 체제로 전환해 운영 - 시장에서 판매하는 자는 시장에는 시장 사용료를, 국가에는 자기 소득에 따른 국가납부금을 지불(시장의 경제 활동을 국가경제의 일부로 인식)
생산 부문 자율성 확대	• 국영기업소, 협동단체의 시장 활동 참여 가능('공장, 기업소들이 인민생활에 필요한 제품들을 생산해 시장 활동에 적극 참가한 데 대한 방침' 제시) - 공장, 기업소는 부산물로 인민생활필수품을 만들어 30% 한도 내에서 시장 판매 가능 - 평양 통일시장의 경우 판매매대의 약 5%는 공장, 기업소에 할당 • 국영기업소도 시장에서 자금 조달 가능
경쟁 개념 도입	• 비누, 치약 등 소비재에 동일 가격 설정으로 품질 경쟁 유도
기타 경제 개념 도입	• 평양 시내에 대형 상품광고 등장 • 경제학 강의 내용 새로 편성 - 현금 개념 중시에 따른 재정금융학 강의 내용 변경 - 가격 조절 기능 중시 • 과학기술의 지적 상품화 - 과학연구기관과 기업 간의 계약 체결 및 이행 의무화

자료: ≪북한경제리뷰≫, 1월호(2004) 발췌 인용.

생산재시장은 여전히 국가가 통제하고 있다. 기업소들이 이윤을 창출해 자생할 수 있다면 국가에 공급하는 물품 외에는 생산 여부와 생산 규모까지 스스로 결정할 수 있는 권한을 허용하면서도 생산재 교역에 대해서는 장부거래만 허용하면서 국가가 관리하고 통제하는 방식을 고수하고 있다.

또한 기업 활동에 관해서도 독립채산제 및 경영상의 자유가 확대되기는 했지만 정부는 여전히 민간기업의 자유로운 시장 진입을 원천적으로 봉쇄하고 있다. 따라서 민간기업의 성장과 발전을 통해 기존 사회주의 경제 내에서 비효율적인 국영기업이 차지하던 자원을 민간기업으로 이전해 생산을 자극하는 메커니즘이 북한에서는 아직 작동되지 못하고 있다. 단지 개인적 차원의 유인제도 개선을 통해 미시적인 생산 활동의 집중도를 증가시키는 효과만을 기대할 수 있을 뿐이다. 자원 배분에 영향을 미치는 거시경제적 제도의 변화 없이 이루어지는 미시적인 개혁의 효과는 제한적인 수준에 머무를 수밖에 없다. 따라서 미시적 개혁에 의한 소규모 경제 개선 효과는 국가의 정책 결정 과정에서 쉽게 무시될 가능성이 높다. 이것이 바로 북한이 여전히 손쉽게 개혁의 역전을 택하는 이유이다.

북한에서 발생하고 있는 개혁의 퇴행 현상은 경제적인 측면보다 정치적인 측면에 더 높은 비중을 두는 북한의 정책 결정 방식이 초래한 결과이다. 제도 개혁을 희생시키더라도 그로 인해 발생하는 경제적 비용보다 정치적 이득이 더 크다면 언제라도 제도 개혁을 희생하는 선택을 할 수 있기 때문이다. 즉, 북한의 개혁 퇴행 현상은 북한이 개혁을 적극적으로 추진하지 않아 개혁의 과실이 크지 않기 때문에 발생하는 현상이라고 할 수 있다.[3)]

북한이 경제 정상화를 원한다면 시장제도를 향한 제도 개혁은 불가피하며 다만 개혁 속도를 선택할 수 있을 뿐이다. 현재와 같이 북한이 개혁을 지체하거나 퇴행시키는 것은 경제 회복을 늦추고 주민들의 경제 여건을 더욱 악화시키는 선택이 될 뿐이다. 북한경제는 1990년대

---

3) 세계은행(World Bank, 2002)은 개혁이 경제 전반에 긍정적인 효과를 미치려면 개혁의 진전이 일정 수준 이상 이루어져야 하며, 이를 경제자유도로 측정할 경우 개혁이 전무한 0의 수준과 완전한 개혁을 나타내는 1의 수준 사이에서 적어도 0.4 이상이 되어야 한다는 연구 결과를 발표했다.

초반 붕괴된 이후 그 상태로 20여 년을 버티고 있다. 그 결과 북한 정부의 생존에서 가장 큰 위협은 경제 문제가 되었다. 이러한 여건에서 개혁의 퇴행은 북한 체제를 보호하기보다는 오히려 체제의 위험을 가중시키는 정책이 될 가능성이 높다.

3. 북한경제의 변화와 대외경제관계

북한이 개혁을 퇴행시키는 선택을 하면서도 큰 부담을 가지지 않은 것은 현재 북한경제의 생산구조가 개혁과 긴밀한 연관성을 가지고 있지 않기 때문이다. 1999년 이후 북한의 경제성장은 내부적 변화에 근거를 둔 생산 능력의 결과가 아니라 외부 자원의 유입에 기인한다는 것이 전문가들의 지배적인 분석이다.[4] 즉, 현재 북한경제는 내부 조건보다는 대외경제관계의 변화에 더 많은 영향을 받고 있다는 것이다.

1) 개혁과 대외경제관계

구사회주의 국가들의 경제체제 개혁 과정에서 나타나는 일반적인 현상은 대외경제관계의 위축과 회복이다. 대외경제관계가 위축된 것은 사회주의 협력망이 붕괴되면서 정치적 특수 관계에 의존하던 교역

---

4) 이러한 분석들 가운데 예컨대 해거드와 놀랜드(Haggard and Noland, 2007), 이영선과 윤덕룡(Lee and Yoon, 2004) 등은 북한이 지속 가능한 성장을 이룰 수 있는 정도의 생산 능력을 갖추지 못하고 있는 점을 대외 의존적 성장의 가장 중요한 이유로 제시했다.

<그림 5-1> 교역 규모의 J - 커브 효과

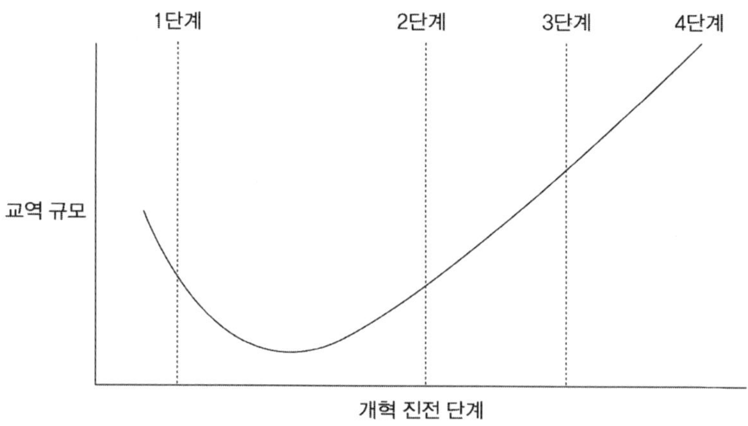

관계가 붕괴되었기 때문이다. 개혁의 진전과 생산 능력 증가는 점차 국제사회의 분업에 참여할 수 있는 경쟁력을 제고시켰다. 그 결과 이 국가들은 교역 증가와 비교우위에 입각한 새로운 대외경제관계를 형성했다. 이러한 과정을 거치면서 대부분의 구사회주의 국가는 대외 교역에서 생산의 변화와 마찬가지로 J - 커브를 그리게 되었다. 특히 사회주의 협력망에 대한 의존도가 높았던 동유럽경제상호원조회의(COMECON) 체제 국가에서는 이러한 J - 커브 현상이 공통적으로 나타났다.

사회주의 협력망이 붕괴된 이후 감소되었던 교역이 원래의 교역 규모를 회복하면 개혁이 어느 정도 성공한 것으로 간주한다. 정치적인 협력 관계를 통해 이루어지던 대외 교역이 경제적인 동기의 교역으로 전환되기 위해 필요한 가장 중요한 전제는 생산 능력의 증가와 자국 상품의 국제경쟁력 확보이다. 그러나 생산 능력의 확대와 국제경쟁력 제고는 투자 증가와 기술 진보를 요구한다. 이는 비효율적인 분야에 공급되던 자원이 효율적인 분야로 이전될 수 있도록 경제제도의 개혁이 성공적으로 추진되어야 함을 시사한다. 이러한 이유 때문에 구사회주의 국가들에서 나타나는 대외 교역의 J - 커브 현상은 개혁의 진전을 판단하는 일종의 지표로 간주되고 있다.

교역 규모는 개혁의 진전에 따라 이른바 '역(逆) J - 커브'에서 'U - 커브'로 변환되다가 'J - 커브'의 형태로 전환되는데 이를 근거로 개혁의 진전 정도를 파악할 수 있다.[5)]

구사회주의 국가들의 개혁 과정에서 나타나는 교역 규모 확대는 교역 상대국 증가 및 교역 상품 다양화를 수반한다. 기존의 사회주의 협력 관계에서는 청산제도를 이용한 지불결제가 이루어졌으므로 특정 국가와 수입 규모가 정해지는 대로 수출 규모도 결정되었다. 그러나 현금결제 제도로 전환된 이후에는 수출과 수입이 분리되고, 교역 상대국도 증가하며, 국가 간 협약에 구애받지 않게 되어 판매 가능한 모든 상품이 수출입 대상이 되므로 교역 상품도 다양화되는 추세를 보인다.

2) 북한 대외 교역의 추이와 특징

북한의 교역 규모는 1990년 이후 1998년까지 급격히 감소해 금액 기준으로는 1990년 규모의 40% 수준까지 하락했다. 1999년 이후 경제

---

5) 구사회주의 국가들의 기존 교역량을 추월해 교역량이 늘어나는 것은 사회주의 국가들의 이념상 국제적 착취의 수단이 되었던 교역을 최소화하려고 했기 때문이다. 이로 인해 비교우위를 근거로 한 시장경제 국가들에서는 일반적으로 교역 비중이 높게 나타난다. 교역 규모의 J - 커브 현상은 동유럽 국가들의 교역에서 잘 나타나고 있다.

성장과 더불어 교역량도 지속적인 성장을 나타내고 있으나 아직 1990년 규모에 비하면 4분의 3 수준에 그치고 있다. 교역량을 구성하는 수출과 수입 모두 이전의 규모를 회복하지 못하고 있으나 특히 수출의 성장이 늦은 것으로 나타난다. 수입은 2006년 현재 1990년의 80% 수준을 회복했지만 수출은 아직 1990년의 50% 수준에 머무르고 있다. 즉, 아직까지는 역 J - 커브 형태를 벗어나지 못하고 있다. 그러나 지속적인 교역 규모 증가는 북한의 생산 능력 회복이나 효율성 제고의 가능성을 기대하게 한다.

1990년 이후 북한의 대외 교역 규모가 급격한 위축에서 회복되고는 있지만 이 과정에서 나타나는 여러 가지 질적인 변화는 구사회주의 국가들의 교역에서 나타나는 특징과는 차이를 보이고 있다.

첫째, 북한의 교역은 여전히 특정 국가 중심으로 이루어지고 있다. 1990년 이전에는 북한의 대외 교역이 주로 러시아에 집중되었다. 대러 교역이 북한의 전체 교역 가운데 절반 이상을 차지했으며 북한의 주요 투자재 및 원자재 등 전략물자는 대부분 러시아에 의해 공급되었다. 그러나 지금은 중국이 북한의 대외 교역 가운데 50% 이상을 차지하는 압도적인 위치를 점해 전략적 특수 관계국으로서의 역할을 담당하고 있다. 중국이 북한의 제1위 교역 상대국이 된 것에는 양국 간 특수 관계에 의존하는 바가 크다. 중국은 1992년 사회주의 국가 간 통용되던 우호가격제도를 폐지한 바 있으나 1996년 일부 주요 물품 및 전략물자에 대해 일정 규모까지 우호가격을 다시 도입한 것으로 알려지고 있다. 그 외에도 지리적인 근접성, 동북 3성 지역과의 민족적 연대성 등으로 인해 중국과의 교역을 확대해온 것으로 추정된다. 북한의 교역 상대국이 변화되기는 했지만 정치적 특수 관계가 북한의 교역에 지배적인

<그림 5-2> 북한의 대외 교역 변화

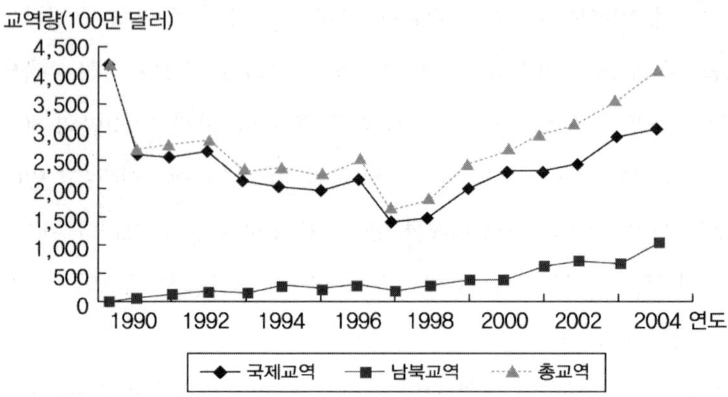

영향을 미치고 있다는 점은 그대로 유지되고 있는 셈이다. <그림 5-3>은 중국 외에도 북한의 전통적인 우호국인 러시아, 타이, 인도 등이 여전히 중요한 교역 상대국의 위치를 유지하고 있음을 보여준다. 이러한 사실은 북한의 대외 교역이 아직은 정치적 관계에 의해 많은 영향을 받고 있음을 시사한다.

북한은 대외 교역에서 지속적인 적자를 보이고 있다. 2006년의 경우 북한의 무역 적자는 11억 달러를 기록했다. 북한은 1990년 이전에도 항상 무역 적자를 보였으며 사회주의 종주국인 소련이 이 적자를 부담했다. 북한이 무역 적자를 구조적으로 해소하기 위해서는 생산 능력 확대와 국제경쟁력 제고가 선행되어야 한다.[6] 그러나 이러한 요건을

6) 해거드와 놀랜드(Haggard and Noland, 2007)는 북한의 경상수지에 주안점을 두어 대외 관계를 분석하면서 북한경제로서는 감당하기 어려운 무역 적자의 누적이 지속되는 현상은 북한이 중국이나 남한의 지원에만 의존하는 것이 아니라 마약 거래나 밀수, 불법 무기 거래 등의 다른 수입원에 의존할

<그림 5-3> 2006년 북한의 10대 교역 상대국

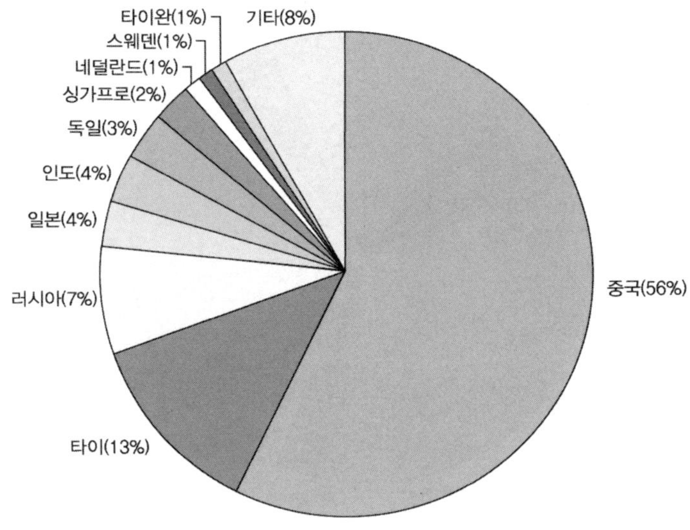

자료: 대한무역공사(2007).

갖추지 못한 북한은 아직도 이전과 같은 특혜 교역에 상당 부분 의존하고 있다. 그 결과 북한의 대외 교역은 이러한 특혜 교역이 가능한 일부 국가에 여전히 집중되는 양상을 보인다.

둘째, 북한의 수출입 품목도 다양화되지 못하고 있다. 여전히 북한의 수출품은 대부분 광물이나 동·식물 제품 등 1차 산품에 속하는 상품이 주류를 이룬다. 단지 최근 들어 의류 등 경공업 제품이 점차 증가하는 경향을 보인다. 그러나 경공업 제품들의 수출 규모는 연도별 변동이 심해 구체적인 방향성을 보이지 못하고 있다. 이는 북한의 생산 능력이

가능성을 강력히 시사한다.

<그림 5-4> 북한의 주요 수출입 품목 구성(2006년)

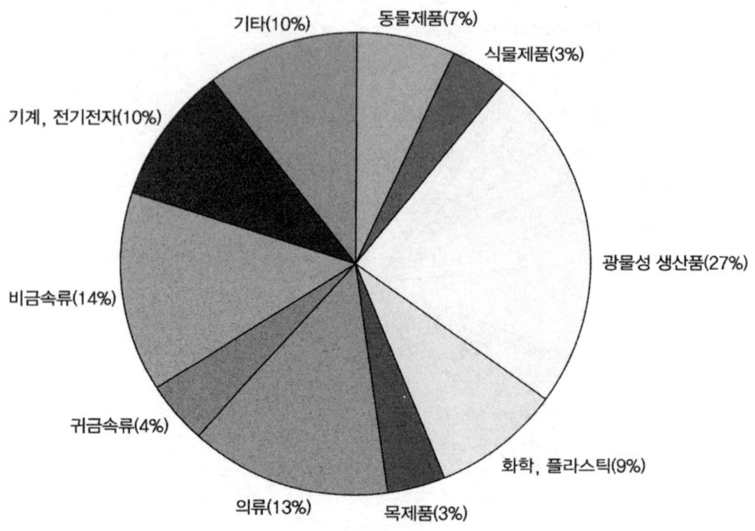

자료: 대한무역공사(2007).

아직 크게 확대되지 못해서 주목할 만한 생산구조상의 변화가 나타나지 않았음을 시사한다.

셋째, 수입상품의 구조도 북한의 산업투자에 대한 구체적인 경향성을 보이지 못하고 있다. 에너지 자원 부족에 따른 광물성 제품의 수입이 가장 높은 비중을 차지하며, 기계 및 전기전자류의 수입이 증가하고는 있으나 금액 기준으로 볼 때 큰 의미를 부여할 만한 변화는 나타나지 않고 있다.

북한의 수출입 품목이나 규모는 내부 생산 능력의 제한이 가장 큰 제약 조건이지만 국제사회의 경제 제재 등 경제 외적인 요소의 영향도 큰 것으로 보인다.

3) 국제 지원

북한은 1996년 이후 국제사회로부터 인도적 지원을 받고 있으며 그 규모도 증가되었다. 초기에는 긴급구호 식량과 의약품이 중심이었으나 근래에는 식량 문제를 구조적으로 해결하기 위한 농업개혁과 기술이전 등으로까지 진전된 지원 형태가 나타나고 있다.

다양한 내용과 방식으로 유입되는 대북 인도지원의 규모는 북한이 이룩한 경제성장의 절대규모와 유사한 크기를 보이고 있다. <표 5-3>은 한국은행이 추계한 북한의 성장 및 GDP 비중과 이를 근거로 한 북한의 소득 증가분에 대한 추정 규모를 대북 인도지원 규모와 비교한 것이다. 이 분석에 의하면 북한이 보인 경제성장(소득 증가) 규모와 인도적 대북 지원 명목으로 북한에 유입되는 자원 규모는 거의 일치할 정도이다. 물론 이처럼 대략적인 추정이 현실과 일치하지 않을 수도 있지만 인도적 대북 지원으로 유입되는 자원이 북한경제에 얼마나 중요한 비중을 차지하는지를 짐작하게 하는 지표로는 충분한 의미를 지니고 있다.[7)]

대북 지원의 가장 중요한 효과는 기아나 질병으로 생존의 한계에 처한 북한 주민을 구조하는 것이다. 특히 영유아나 어린이, 노인 같은 취약계층은 스스로 생계 활동을 할 수가 없으므로 식량 부족으로 인한 첫 번째 희생자가 되기 쉽다. 따라서 이들에 대한 보호는 인도적 지원의

---

7) 한국은행은 북한 GNI 추정에 사용되는 가격지표에 남한의 가격과 환율을 적용한다. 따라서 실제로는 GNI 규모가 4분의 1로 감소할 것임을 고려하면 대북 경제 지원 규모의 중요성은 더욱 증가한다.

<표 5-3> 북한의 소득 증가와 대북 지원 규모(단위: 100만 달러)

연도(년)	1999	2000	2001	2002	2003	2004	2005
GNI	158	168	157	170	184	208	247
경제성장률	6.2%	1.3%	3.7%	1.2%	1.8%	2.2%	3.6%
증가소득 규모	9.79	2.18	5.81	2.04	3.31	4.58	8.99
대북 지원 규모	4.01	2.96	4.93	3.93	2.97	4.19	-

자료: ≪북한 GDP추계≫, ≪월간교류협력동향≫, 여러 호에서 자체 계산.

<표 5-4> 기여자별 대북 지원 규모(단위: 1,000달러)

연도(년)		1995.6~	1996	1997	1998	1999	2000	2001	2002	2003	2004	합계
한국	정부	23,200	305	2,667	1,100	2,825	7,863	7,045	8,375	8,702	11,512	73,594
	민간	25	155	2,056	2,085	1,863	3,513	6,494	5,117	7,061	14,108	42,477
	합(A)	23,225	460	4,723	3,185	4,688	11,376	13,539	13,492	15,763	25,620	116,071
국제사회(B)		5,565	9,765	26,350	30,199	35,988	18,177	35,725	25,768	13,932	16,323	217,792
합(A+B)		28,790	10,225	31,073	33,384	40,676	29,553	49,264	39,260	29,695	41,943	333,863
한국 비중[1]		80.7%	4.5%	15.2%	9.5%	11.6%	38.5%	27.5%	34.0%	53.0%	61.0%	35.0%

주: 1) 한국의 지원(A)이 전체(A+B)에서 차지하는 비율임.
자료: ≪월간교류협력동향≫, 여러 호에서 자체 계산.

<그림 5-5> 북한의 곡물 생산과 수입량

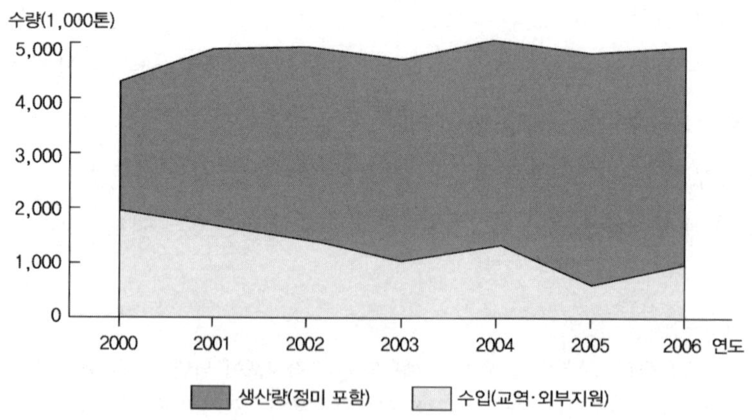

주: 2000~2005년은 수입 추계, 2006년은 수입 요구량 전망임.

최우선 과제가 되어야 한다.

인도적 지원은 인도적 목적 외에도 경제적인 측면에서 다양한 긍정적 효과를 유발한다. 첫째, 식량 및 필수의약품 등 주요 생필품 가격을 하락시킨다. 수요보다 공급이 부족한 결핍경제에서는 공급이 가격을 결정하는 독점력을 지닌다. 따라서 국제사회의 식량 지원 등은 그 규모에 따라 북한의 물가수준에 영향을 주고 거시경제적 안정성에 기여하게 된다.

둘째, 북한이 필수적으로 필요한 식량을 지원받을 경우 수입대체효과가 발생한다. 이는 북한이 필요로 하는 다른 생필품이나 투자재를 수입할 수 있게 하므로 환율 안정에 기여할 뿐 아니라 추가적인 가격효과나 생산증대효과에도 긍정적 영향을 미치게 된다.

셋째, 가장 직접적인 효과는 소득증대효과이다. 직접적인 대북 지원은 북한에 대한 이전소득을 발생시켜 북한 주민의 소득을 증대시키는 효과를 가지게 된다.

비록 적은 규모의 지원이라 할지라도 북한과 같이 경제 규모가 적고 생산 증가가 어려운 경제에서는 지원의 한계효용이 어느 사회보다 높게 나타나므로 국제사회의 대북 지원은 매우 의미가 크다.

4) 남북경협

북한의 대외경제관계에서 중요한 위치를 점하고 있는 또 다른 부분은 남북경협이다. 남북경협은 1990년에 시작된 이후 급속히 증가해 남한은 중국 다음으로 많은 교역량을 보유한 북한의 제2의 교역 상대국이 되었다. 2005년 현재 남한은 북한 대외 교역의 26%를 차지하는 중요한

<표 5-5> 남북경협의 형태별 분류(단위: 건, 괄호 안은 %)

연도(년)	2000	2001	2002	2003	2004	2005
상업거래(비중)	256(60)	244(61)	355(55)	425(59)	437(63)	690(65)
비상업거래(비중)	169(40)	159(39)	287(45)	299(41)	260(37)	366(35)
합계	425(100)	403(100)	642(100)	724(100)	697(100)	1,056(100)

자료: ≪월간교류협력동향≫, 여러 호에서 자체 계산.

위치를 차지하고 있다.

남북경협은 경제적 동기에 의해 시행되는 상업성 거래와 비경제적 동기에 의해 발생하는 비상업성 거래로 분류된다.[8] 상업성 거래는 일반 교역, 위탁 가공 교역, 개성공단사업에 따른 교역으로 분류하고 있으며 비상업성 거래는 정부지원과 민간지원으로 분류하고 있다. <표 5-5>는 남북경협의 분류별 규모와 구성비를 보여주고 있다.

남북경협은 그 규모가 급속히 확대되면서 북한경제에 점점 더 중요한 의미를 가지게 되었다. 첫째, 남북경협은 북한이 경화(硬貨)를 얻는 중요한 원천이 되고 있다. 북한이 남북경협에서 획득하는 경화를 보면 무역수지 면에서는 주로 상업적 교역에서의 무역수지 흑자와 가공무역에서의 임금 수입에 의한 것이다. 그리고 금강산 관광사업에서의 수입과

8) 통일부는 남북경협 관련 통계에서 거래성 및 비거래성 교역으로 분류했는데 경협사업을 비거래성에 포함시키다가 최근 들어 상업성과 비상업성으로 재분류하고 있다. 한편 이영훈은 비거래성 교역에 포함되는 경협사업을 투자사업으로 분류한다. 이처럼 상이한 견해 가운데 실제 이 투자가 남한에 수익을 다시 가져오는지 여부로 판단할 경우에는 통일부의 기존 분류가 정당하며 북한경제에 대한 효과를 기준으로 판단할 경우에는 이영훈의 분류가 적절한 것으로 볼 수 있다(이영훈, 2006).

개성공단에서의 근로수입이 주요 수입원이 되고 있다. 이영훈은 2000~2005년간 북한이 남북경협을 통해 획득한 외화가 연간 평균 1억 8,000만 달러를 상회하며, 방북 관련 소득을 포함할 경우 2억 달러 내외가 될 것으로 추정하고 있다.

둘째, 남북경협으로 인해 남한은 북한의 가장 중요한 투자원이 되고 있다. 대북 투자를 민간투자와 공공투자로 분류할 경우 아직 민간투자는 미미한 수준에 머무르고 있어서 2005년 말까지의 누계가 2억 5,000만 달러에 불과하다. 그러나 공공투자가 병행되고 있는 개성공단의 경우 5억 달러가량의 투자가 진행되었으며, 금강산 경제특구에도 1998년 이후 지속적인 투자가 이루어지고 있다. 이러한 투자로 발생하는 수익이 북한에도 유입되는 것을 감안하면 북한 지역에서 이루어지고 있는 투자의 가장 중요한 주체는 남한이다. 그 외에도 남한은 경의선과 동해선을 연결하기 위한 북측 구간 공사에 소요되는 1억 5,000만 달러 규모의 차관을 제공해 북한의 인프라 개발에도 기여하고 있다. 향후 개성공단의 본 공단 사업이 본격화되면 공단만이 아니라 이와 연계된 인프라 건설을 위한 남한 측 투자가 더욱 증가할 것이다.

셋째, 남한은 북한의 식량 공급원으로서도 중요한 의미를 지닌다. 남한은 현재 매년 쌀 40만 톤을 식량차관으로 공급하고 있으며 WFP 등 국제기구를 통해 옥수수 10만 톤을 제공하고 있다. 또한 비료 30만~35만 톤을 제공해 북한의 식량 증산에 기여하고 있다. 권태진(2006: 14)에 의하면 북한에 대한 비료 지원은 2~3배가량의 증산효과를 가져올 것으로 추정한다. 여기서 2배 규모로만 추정해도 비료 지원은 60만~70만 톤의 증산효과를 가진다. 이를 종합하면 남한이 북한의 식량 공급에 기여하는 규모는 적어도 90만 톤에 이르는 것으로 추산된다.

<표 5-6> 남북경협을 통한 북한의 외화 수입 추정(단위: 100만 달러)

연도(년)		1996	1997	1998	1999	2000	2001	2002	2003	2004	2005
무역	일반무역	129	123	29	46	46	91	163	131	128	168
	위탁 가공 무역	0	3	6	4	7	10	17	19	20	26
무역수지		129	126	35	50	53	101	180	150	148	194
금강산 관광		0	0	0	206	136	37	21	13	15	13
개성공단		0	0	0	0	0	0	0	0	14	5
합계		129	126	35	256	189	138	201	163	177	212

자료: 이영훈(2006).

즉, 북한의 식량 최소필요량인 500만~600만 톤 가운데 평균부족 규모인 100만~150만 톤의 절반 이상을 남한에서 공급한다고 할 수 있다.

넷째, 남북경협은 북한의 경제성장의 가장 중요한 원천이 되고 있다. 남북경협의 총규모는 2005년 처음 10억 달러를 돌파해 2006년 말 13억 5,000만 달러에 이르렀다. 이영훈(2006: 32)은 2005년에 남북경협으로 발생한 북한 지역 국민총가처분소득(GNDI)이 5억 9,900만 달러에 달하는 것으로 추정했다. 북한의 2005년 경제성장률 3.6%를 기준으로 산정한 소득 증가분이 8억 9,900만 달러라고 했을 때 남한의 소득 기여분은 이의 3분의 2에 달하고 있어 북한의 경제성장에 중요한 위치를 점하고 있는 것으로 평가된다.

4. 북한의 비교현시우위로 본 생산 능력 변화

북한의 대외경제 분야는 대외 교역과 남북경협을 포함할 때 1990년 수준으로 회복되는 추세를 보이고 있다. 이와 같은 북한의 대외 교역 변화와 관련해 관심이 쏠리는 부분은 북한 내부의 생산 능력 변화이다. 일반적으로 대외경제의 변화는 내부 변화에 의해 뒷받침된다고 가정하고 있기 때문이다. 이러한 관계를 확인하는 지표로 활용되는 것이 비교현시우위(revealed comparative advantage: RCA)지수이다.

이 지수는 특정 국가의 총수출에서 특정 산업 분야가 차지하는 비중을 전 세계 국가들의 수출총량에서 해당 분야 수출이 차지하는 비중과 비교해 상대적 크기가 1보다 높으면 그 분야에 경쟁력이 있다고 나타내는 것이다.[9] 이 지수를 활용하면 북한이 1990년 이후 어떤 산업 분야에서 경쟁력을 가지고 있는지, 그리고 변화 경향은 어떤지를 알아볼 수 있다. 그리고 이러한 변화를 북한 내부의 생산 능력 변화를 알아보는 지표로 활용할 수 있다.

유럽부흥개발은행(EBRD)은 1999년에 발행한 보고서에서 동유럽 국가들의 생산 능력 변화를 RCA지수를 활용해 측정한 바 있다. 이 보고서에 의하면 일반적으로 구사회주의 국가들은 개혁 초기에는 농업 분야 상품의 생산에서 비교우위를 보이고, 그 다음에는 자원집약적인 상품을 거쳐 노동집약적인 상품으로 비교우위가 옮아간다. 그 다음에는 자본과 기술집약적인 분야의 비교우위가 증가하는 경향을 보인다. 이러한 패턴은 구사회주의 국가들이 짧은 기간이지만 개발도상국들의 경제발전 단계를 밟아갔음을 의미하며, 그 단계는 내부의 생산 능력 변화를 추정

9) RCA는 여러 가지 계산 방식으로 도출할 수 있다. 이를 고안한 발라사(Bela Balassa)는 수입과 수출을 함께 고려하는 계산방식을 사용했으나, 근래에는 수입과 수출을 분리해 수출 분야의 비교우위, 수입 분야의 비교우위를 따로 계산하고 이를 상호 비교해 교역비교우위를 결정하는 방식을 많이 사용한다. 여기서는 후자의 방식을 적용한다.

<표 5-7> RCA 분석을 위한 산업 분류 방식

분류	시사점
1. 소비재 산업 2. 생산재 산업	북한의 산업정책 방향
3. 리카르도 상품(자원집약적) 4. 헥셔 - 올린 상품(요소집약적) 5. 생산주기 상품(기술집약적)	북한의 생산 능력 변화

할 수 있는 근거를 제공한다.

북한의 생산 능력 변화를 알아보기 위해 북한의 수출 분야 RCA지수를 측정했다. 측정에 쓰인 데이터는 UN에서 제공하는 전 세계 무역데이터인 COM - TRADE 자료를 사용했으며, 북한과의 교역을 보고한 국가들의 자료를 통해 북한의 수출입 데이터를 확보하는 방식의 '거울통계(mirror-statistics)' 자료를 사용했다. 측정 시기는 1990년부터 2005년까지로 경제위기 이후 북한의 생산 능력 변화를 추정하고자 했다. 북한의 생산 능력 변화를 알아보기 위해 두 가지 측면의 분류를 사용했다. 첫째는 생산재와 소비재로 분류한 뒤 두 집단의 RCA 변화를 통해 북한의 산업정책이 생산재와 소비재 가운데 어느 방향을 지향하는지 살펴봤다. 다음은 '자원집약적 산업 → 노동집약적 산업 → 기술집약적 산업'으로 진행되는 일반적인 생산 능력 발전 단계 가운데 북한이 어느 단계에 있는지 측정하고자 했다. 이를 위한 산업 분야 분류는 후프바우어와 칠라스(Hufbauer and Chilas, 1974)에 근거했고, 구체적인 산업 분야 결정은 임강택(Lim, 1997)을 참조했다.

측정 결과를 그래프로 보면 <그림 5-6>과 같다. 우선 그룹 1에서 소비재의 생산 관련 RCA는 높지는 않지만 지속적인 비교우위를 보이고 있다. 특히 수출비교우위 지수평균이 3을 넘지 않아 비교우위가 그다지

<그림 5-6> 소비재의 RCA 변화

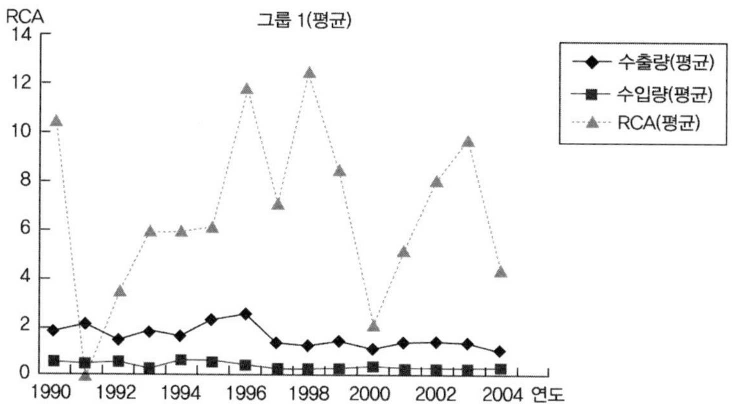

크지 않음을 알 수 있다.[10)]

한편 소비재 분야 생산이 일정한 변화 경향을 보이는지 확인하기 위해 추세선을 통해 측정했다(<그림 5-7> 참조). 추세선을 보면 비교우위가 오히려 약화되는 경향이 나타나고 있어서 소비재 분야의 약한 비교우위마저 사라져가고 있음을 시사하고 있다.

생산재 분야에서는 일정한 비교우위가 나타나지 않고 있다. 1990년에 비교적 높게 나타난 생산재 비교우위는 그 이후 급속히 감소했고 추세적으로도 약하지만 계속해 감소하는 경향을 보이고 있다.

두 번째 분류 방식을 통해 북한의 생산 능력 변화 과정을 추정한

---

10) 세계 평균보다 수출 비중이 높으면 수출 RCA가 1보다 높으며, 해당 산업에서 수입비중이 세계 평균보다 낮으면 수입 RCA가 1보다 높게 계산된다. 교역비교우위는 수입 RCA를 수출 RCA로 나눈 값이 1보다 높은지 여부로 판단한다.

<그림 5-7> 소비재의 RCA 변화 추세

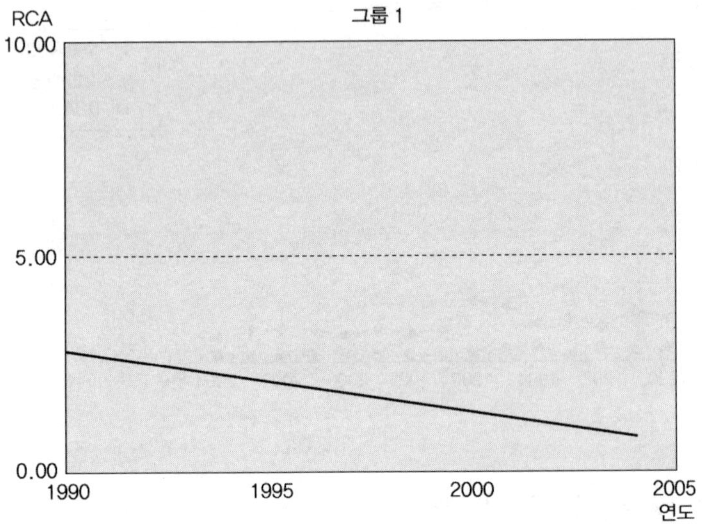

결과도 아직 분명하게 판단할 수 있는 내용을 보이지 못한다. 자원집약적인 상품에 대한 비교우위를 나타내고 있는 그룹 3의 경우 수출비교우위가 1990년 이후 급속히 감소한 것을 볼 수 있다. 그리고 점차 수출비교우위보다 수입비교우위가 높아지는 경향을 보이고 있는데 이는 북한이 외부 의존도가 높은 에너지 분야의 영향이 크며, 특히 외화 부족에 따른 수입 감소가 수입비교우위를 증가시킨 것으로 여겨진다. 그 외 그룹 4의 요소부존도 중심 상품이나 그룹 5의 기술집약적 산업에 대한 RCA는 수출이나 수입 모두 매우 낮은 수준이며, 변화의 경향성도 나타나지 않고 있다. 이러한 사실은 북한 내에 아직 해당 산업 분야에 비교우위를 가진 산업이 거의 존재하지 않음을 시사한다.

전반적으로 북한의 대외 교역 부문에서 나타난 RCA 변화는 아직

<그림 5-8> 생산재의 비교우위 변화

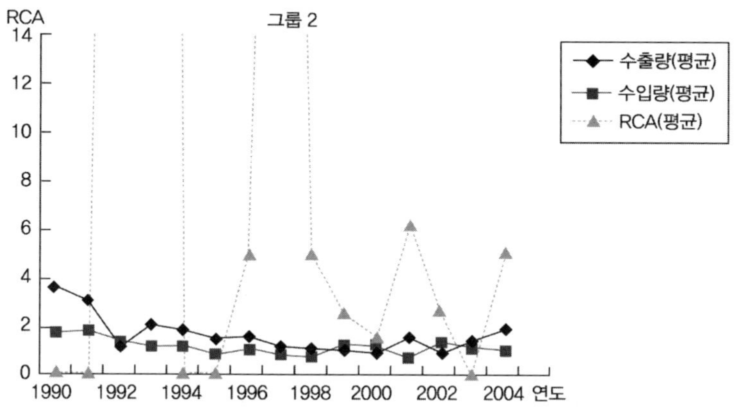

<그림 5-9> 생산재 분야의 비교우위 추세

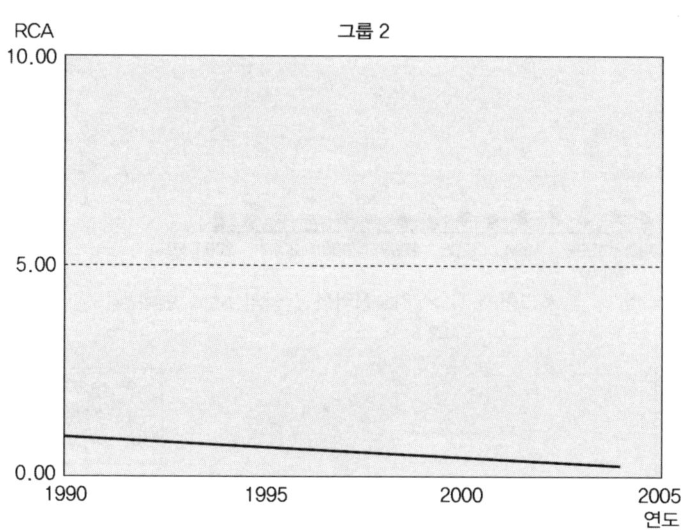

북한이 내부 생산 능력의 변화를 통해 수출입 분야의 경쟁력이 변화되고 있다는 뚜렷한 근거를 제공하지 못한다. 이는 북한이 1990년 이후

<그림 5-10> 자원집약적 산업의 RCA 변화

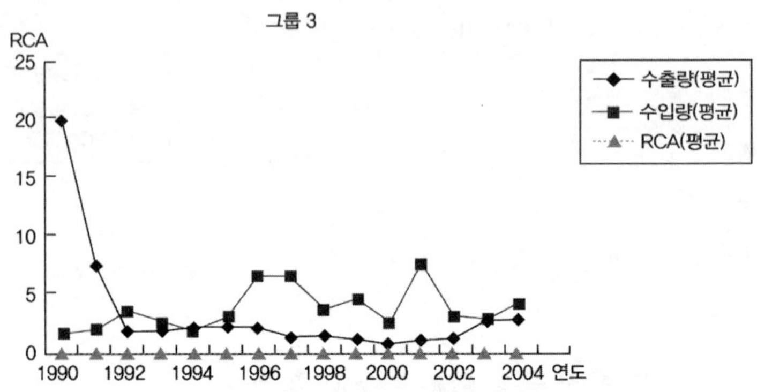

<그림 5-11> 요소집약적 산업의 RCA 변화

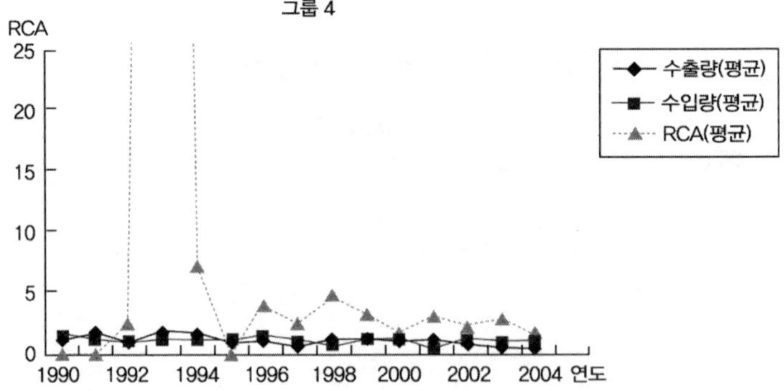

<그림 5-12> 기술집약적 산업의 RCA 변화

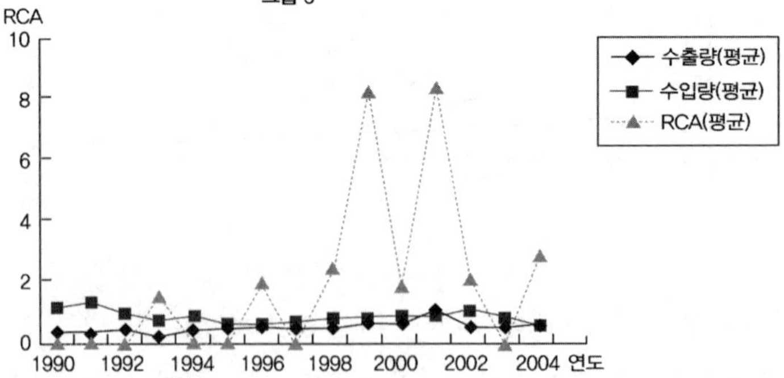

상실한 생산 능력을 회복하지 못하고 있으며 생산 능력 회복 가능성도 뚜렷하게 보이지 못하고 있음을 암시한다.

5. 전망과 결론

북한의 대외 부문은 현재 북한 경제 성장의 원천이다. 외부에서의 자원 유입 없이는 경제 운용이나 주민들의 생계유지조차 용이하지 않다. 그동안 북한 당국은 개혁조치 시행, 소비 분야의 시장 도입 같은 노력으로 북한의 경제 회생을 모색해왔다. 또한 대외 부문을 중심으로 보면 교역 전반의 규모는 1990년 수준의 80% 이상을 회복해 북한의 경제적 회생에 대한 희망적인 가능성을 엿보게 한다.

하지만 북한경제의 대외 관계에서 나타난 외형적 성장과는 달리 내용 면에서는 아직 긍정적인 변화가 뚜렷하게 나타나지 않고 있다. 1990년까지 소련에 의존하던 전략적 교역 관계가 중국에 이전되어 나타나고 있고, 나머지 교역도 대부분 기존의 교역 상대국이 주를 이루고 있으며, 그 규모도 큰 의미가 없는 정도에 불과하다. 중국은 북한의 전략적 교역 대상국으로 여전히 북한에 일부 우호가격을 유지하고 있으며 특히 북한이 필요로 하는 생필품과 소비재의 공급처로서 중요한 기능을 하고 있다.

북한의 경제적 붕괴 이후 중요한 대외 관계의 대상으로 등장한 남한은 북한의 경제성장을 지탱하는 원천이 되고 있다. 특히 외화 가득원, 투자 공급원, 식량 공급원의 기능을 통해 북한의 생존에 가장 중요한 대외경제관계를 담당하고 있다.

그러나 중국과 남한 중심으로 이루어지고 있는 대외 관계는 북한의 성장동력을 확대하는 데는 실패하고 있는 것으로 보인다. 교역상의 현시비교우위지수를 통해 분석한 결과 북한은 소비재나 생산재를 비롯한 모든 분야에서 비교우위가 감소 추세를 보이고 있다. 산업 분야별 분석에서도 북한은 자원집약산업에서 약간의 비교우위를 보일 뿐 다른 노동(요소)집약적 산업이나 기술집약적 산업에서는 모두 비교우위의 조짐 또는 비교우위의 개선 조짐이 보이지 않는다.

북한의 붕괴된 산업 기반이나 상실된 자본 축적 능력을 감안할 때 북한의 대외 관계는 향후에도 지속적으로 가장 중요한 경제 분야가 될 것임이 분명하다. 그러나 현재와 같이 생존을 지속하는 데 급급한 소비적 대외 관계에서 생산 능력을 확대할 수 있는 생산적 대외 관계로 전환하지 않는 한 지원에 의존하는 경제에서 탈피하지 못할 것이다.

북한경제는 외부의 자본과 기술에 의존할 수밖에 없는 여건인 만큼 투자 유입이 더욱 적극적으로 이루어지도록 내부의 개혁 및 개방에 적극적으로 나서는 것이 최선의 정책이다. 그리고 북한의 전략적 대외 관계 상대인 중국과 남한도 북한에 대한 단기적 소비 지원에 치중하기 보다는 생산 능력 확대를 통한 국제 공조가 가능하도록 북한의 변화를 촉구하고 국제적 개발 지원을 준비할 필요가 있다.

참고문헌

권태진. 2006.「북한의 비료수급 동향과 시사점」. ≪KREI 북한농업동향≫, 제8권 제1호(2006.5).

대한무역공사. 2007.『Kotra 2006년 북한대외무역동향』, 무공자료 07-005.

박석삼. 2002.「최근 북한경제조치의 의미와 향후 전망」. 한국은행 조사국.

이영훈. 2006.『남북경협의 현황 및 평가』. 한국은행 금융경제연구원.

조명철 외. 2004.『북한경제백서』, 2003/04. 대외경제정책연구원.

≪북한경제리뷰≫. 1월호(2004). KDI.

≪북한 GDP 추계≫. 한국은행.

≪월간교류협력동향≫. 통일부.

Balassa, Bela. 1965. "Trade Liberalization and 'Revealed' Comparative Advantage." *The Manchester School of Economic and Social Studies*, 33, pp. 99~123.

_____. 1977. "'Revealed' Comparative Advantage Revisited: An Analysis of Relative Export Shares of the Industrial Industries, 1953~1971." *The Manchester School of Economic and Social Studies*, 45, pp. 327~344.

Haggard, Stephen and Marcus Noland. 2007. "North Korea's Foreign Economic Relations." *International Relations of the Asia Pacific*, Vol. 8, No. 2, pp. 219~246.

Hufbauer, C. G. and J. C. Chilas. 1974. "Specialization by Industrial Countries: Extent and Consequences." in H. Giersch(ed.). *The International Division of Labour: Problems and Perspectives*. International Symposium. Tubingen, Germany: J.C.B. Mohr, 3-38.

Lee, Young Sun and Deok Ryong Yoon. 2004. "The Structure of North Korea's Political Economy: Changes and Effects." Korea Institute for International Economic Policy. Discussion Paper No. 04-03.

Lim, Kang-Taeg. 1997. "Analysis of North Korea's Foreign Trade by Revealed Comparative Advantages." *Journal of Economic Development*, 22(2), pp. 97~117.

Murrell, Peter. 1990. *The Nature of Socialist Economies: Lessons from Eastern European Trade*. Princeton: Princeton University Press.

Richardson, J. David and Chi Zhang. 1999. "Revealing Comparative Advantage:

Chaotic or Coherent Patterns Across Time and Sector and U.S. Trading Partner?" *NBER Working Paper Series* 7212. Cambridge: National Bureau of Economic Research.

World Bank. 2002. *Transition: The First Ten Years: Analysis and Lessons for Eastern Europe and the Former Soviet Union*. Washington D.C.: World Bank.

제6장

경제조치 이후 북한의 사회적 변화

김병로(서울대학교 통일평화연구소 연구교수)

1. 문제 제기

사회주의 체제의 변화는 개혁과 개방이라는 두 가지 측면에서 살펴볼 수 있다. 개혁이란 체제나 제도를 새롭게 고친다는 뜻으로 주로 사회 내부의 구조적 변화를 의미하며, 개방은 금하던 것을 풀고 열어놓는다는 뜻으로 체제 외부와의 관계 변화를 지칭한다. 다시 말하면 개혁은 계획경제와 공동소유로부터 발생하는 비효율적인 관리체계나 인센티브 방식 등의 문제를 개선하는 것이며, 개방은 외부 세계와의 정보 통제, 무역 기피, 폐쇄성으로부터 생겨나는 문제들을 시정하는 것이다. 1985년에 집권한 구소련의 고르바초프 대통령이 페레스트로이카(perestroika)와 글라스노스트(glasnost)라는 정책으로 체제 변화를 시도한 이후 개혁과 개방은 사회주의 체제의 변화를 분석하는 유용한 개념으로 사용되고 있다.

이 글에서는 개혁과 개방이라는 두 가지 측면에 초점을 맞추어 북한의 사회 변화를 분석하고자 한다. 개혁과 관련해서는 1995년 이후 지속된 북한의 식량난과 경제침체, 7·1 경제개혁 과정에서 발생한 구조적 측면에 초점을 맞추어 경제 침체나 제도 개혁에 수반되는 의식 및 행동의 변화를 분석할 것이다. 개방과 관련해서는 유통산업과 대외무역 증대, 인적 왕래 확대에 따른 문화 접촉이 주민들의 가치관과 사회적 규범을 어떻게 변화시키고 있는지를 살펴볼 것이다.

그런데 개혁과 개방은 이론적으로는 구분되지만 실제로는 상호 분리될 수 없는 연계된 개념이다. 사회주의는 자본주의 세계와의 철저한 단절을 통해 체제를 건설함으로써 사회의 폐쇄성이 심화되었다는 점에서, 개혁은 내부의 제도적 변화만이 아니라 개방을 수반하는 일련의 조치로 인식되고 있다. 사회주의 체제를 개혁한다는 것은 정보 통제와 폐쇄성에서 점차 벗어나 자유를 허용하고 자본주의 국가와 교류·협력을 강화하는 정책을 의미하는 것으로, 이는 곧 개방 및 자유화와 직결되기 때문이다.

이런 점에서 내부 요인으로 야기되는 사회 변화와 외적 요인으로 발생하는 사회 변화를 명확히 구분해 연구하는 것이 자칫 이 둘 사이의 동적 관계를 간과할 소지도 없지 않다. 예컨대 북한의 식량난은 내적으로 변화를 일으킴과 동시에 외부의 인적·물적 접촉의 계기를 제공함으로써 북한 사회에 역동적인 의식 변화를 초래했다. 내부의 구조적 개혁으로 인한 사회 변화와 외부와의 개방 및 문화 접촉으로 인한 사회 변화는 서로 긴밀한 관계를 갖고 있다. 이런 면에서 개혁과 개방이 만들어내는 상승효과도 고려해야 할 것이다.

이 연구를 위해 북한의 사회 변화에 관한 기존의 문헌자료와 탈북자 및 북한 사람, 관련 인사 및 전문가 인터뷰를 통해 얻은 정보와 자료를 참고했다. 탈북자 및 북한 사람의 인터뷰 자료는 청진, 원산, 함흥, 회령 출신 탈북자 4명과 친척 방문차 중국을 방문한 북한 사람 4명, 화교 사업가 1명, 조선족 대북 사업가 및 활동가 7명, 중국의 북한 전문가 및 학자 8명, 북한 담당 중국 관료 6명, 한국인 대북 사업가 2명 등 총 32명을 대상으로 한 면담을 근거로 했다. 인터뷰는 2007년 8~10월에 실시했으며, 그 외에 북한과의 학술회의 및 방북 시 만났던 북한 사람들에게서 확보한 자료도 활용했다.

2. 7·1 경제조치에 따른 사회경제의 구조적 변화

1) 분절화된 시장화

탈냉전 이후 북한 사회는 극심한 식량난과 뒤이은 경제개혁 등으로 많은 변화를 겪고 있다. 북한 사회는 무엇보다도 1995년 식량난 이후 양적·질적으로 대단히 큰 변화를 경험했다. 극심한 식량난으로 수백만 명의 주민이 사망하는 막대한 인적 손실을 입었고, 주민유동성 및 범죄·일탈 행위 증대, 대량 탈북 등으로 최근 10년 사이에 사회구조가 상당히 달라졌다. 북한 당국은 식량난으로 30만 명이 사망한 것으로 발표했지만 미국과 남한의 연구기관들은 일반적으로 100만 명 이상의 인명 손실을 입은 것으로 추정한다.[1] 그로 인해 주민유동성과 범죄·일탈 행위가

1) 우리민족서로돕기 불교운동본부(1998: 26)는 식량난민 770명을 면담조사한 결과를 토대로 1995년 8월부터 1998년 3월까지 2년 8개월 동안 북한 인구

증대되었으며 대량 탈북 등으로 사회구조가 식량난 이전과는 매우 달라졌다.

식량난은 두 가지 측면에서 사회적 파급효과를 가져왔다. 첫째, 많은 사람이 사망함으로써 가족 해체와 지역사회의 공동화(空洞化)가 초래되었으며, 둘째, 식량난이 중앙배급체계의 기능을 약화시켜 식량을 구하기 위한 주민 이동을 촉발시켰다(김병로, 1998: 133~161). 식량난이 악화된 이후 북한은 중앙배급체계를 통한 식량 공급을 제공하지 못했으며, 2002년 경제개혁 이후에는 지역별 자력갱생과 시장 거래의 제도화를 시도하고 있다.

7·1 조치는 크게 경제관리, 가격·임금·재정, 생산 부문, 유통 부문, 무역 등 다섯 영역에서 획기적인 변화를 가져왔다(김영윤, 2006: 78~115). 김정일은 2001년 1월 '신사고'를 제기한 데 이어 2001년 10월 '경제관리 개선방침'을 통해 실리사회주의를 표방하면서 계획의 분권화, 사회주의 물자 교류 시장 운용, 수익 위주의 기업 평가, 실적주의에 입각한 분배, 과학기술과 생산의 결합, 가격·임금 재조정, 불합리한 사회보장제도 정리와 같은 개혁조치의 필요성을 강조했다. 이어 2002년 9월 '선군시대 경제건설노선'에서는 국방공업·중공업 부문은 국가 통제하에서 자원을

의 27%인 약 300만 명이 사망했을 것으로 추정했다. 황장엽은 자신이 북한에 있을 당시인 1996년까지 이미 150만 명이 사망했다는 사실을 믿을 만한 통계를 통해 알고 있었다고 증언했다(≪문화일보≫, 1998.5.21). 또한 미국의 대외관계협의회(CFR)는 적어도 100만 명, 많게는 200만 명이 사망한 것으로 평가한다(Council on Foreign Relations, 1998: 11). 1998년 북한 국가안전보위부 요원의 증언에 의하면 북한에서 노동당원 교육 중 "지난 고난의 행군 동안 우리는 인적 손실이 250만 명 정도였다"라는 보고를 들었다고 한다.

배분하지만 경공업·농업·상업 부문은 시장지향적 개혁을 추진해나간다는 방침을 세웠다(김영윤, 2006: 79).

북한의 7·1 조치로 인한 구조적 변화는 크게 시장화와 사유화라는 두 가지 측면에서 살펴볼 수 있다. 먼저 시장화(marketization)는 2002년부터 본격화되는 뚜렷한 변화임이 틀림없다. 7·1 조치 이후 경제체제의 가장 큰 변화는 시장화가 가속화되고 있다는 점이다. 이러한 변화는 시장사회주의로 평가되기도 하는데, 시장사회주의는 사회주의 계획경제가 사회주의 시장경제로 전환되는 중간 단계로 계획과 시장이 공존하는 분권적 사회주의 체제를 의미한다(서재진, 2004a: 139~143). 북한은 실제로 중앙집권 기능이 부실화되고 계획과 통제가 와해되면서 분권과 시장, 자율이 작동하는 시장사회주의 체제로 변화했다.

7·1 조치와 관련한 북한 자료에서는 7·1 조치의 정신에 대해 "절대로 공짜, 평균주의가 없다"라고 밝히고 있다(박재규, 2007: 454). 지금까지 분배에서 사람들이 일을 많이 하든 적게 하든 관계없이 일률적으로 똑같이 지급하는 평균주의가 많았다고 지적하고, 이제부터는 "일한 것만큼, 번 것만큼 차례지게 하는" 분배 방식을 적용하겠다는 것이다. 그뿐 아니라 "사회적으로 공짜가 너무 많았다"라고 비판하면서 "이제부터는 그 누구를 막론하고 모두 자기가 탄 생활비를 가지고 생활하게 된다"라고 밝혔다.[2)]

2003년 5월 5일에 내려진 종합시장 운영에 관한 내각지시에 의하면

---

2) 하나의 예로 돌격대원들은 자신의 생활비의 40%밖에 벌지 못하지만 나머지 60%를 국가가 보장하며 식비와 여비, 이동작업보조금까지 공짜로 주었다고 비판한다(박재규, 2007: 452).

종합시장은 시·군 단위에 1개 이상씩 설치하게 되어 있다. 그 결과 전국에 300개가량의 시장이 종합시장으로 구실하게 되었다. 종합시장의 규모는 시·군·구역의 면적과 주민 수를 고려해 결정되는데 인구 3만~4만 명이면 600석, 4만~6만 명이면 900석, 5만~7만 명이면 1,200석, 7만 명 이상이면 2,000석 규모의 시장을 건축할 수 있게 했다. 한편 종합시장에서는 매대를 개인이나 협동단체 또는 기업에 임대한다(통일연구원, 2005: 32; 김영윤, 2006: 104에서 재인용). 중국과 합작 형태로 운영하는 나진·선봉 실내 시장의 경우 원래 900개의 매대를 설치할 계획이었으나 현재 시장 안에는 6,300개의 매장이 운영되고 있고 수만 명이 이곳을 이용하고 있다고 한다.[3)]

북한 당국은 시장의 활성화를 위해 유통 부문의 자율성을 대폭 확대했다. 즉, 국영기업소와 협동단체도 시장에서 상품을 구입하고 판매할 수 있도록 허용하는 한편 시장 가격을 자유화했으며 국영 상업망을 활성화했다. 또한 물자나 상품을 구입하기 위해 기관·기업소에 대한 현금 유통을 허용하는 조치를 취했다(박재규, 2007: 459~464). 적어도 제도적으로는 기관·기업소나 협동단체, 개인이 생산한 상품들을 판매할 수 있게 했다. 그러나 실제로는 국내에서 생산할 수 있는 조건이 형성되어 있지 않기 때문에 대부분의 상품은 외국에서 수입된다.

또한 북한 당국은 일반 주민들이 중고품이나 개인 부업으로 생산한 제품을 위탁받아 판매하는 수매상점을 적극 이용하도록 권장하기 위해 수매상점들이 "수매하러 오는 사람들의 신분을 확인하거나 물건의 자료를 따지는 일이 없도록 할 것"이라고 설명하고 있다(박재규, 2007:

---

3) 중국 조선족 대북사업가 J씨 인터뷰(중국 옌지 시, 2007.10.29).

463). 이러한 지침을 내리고 있다는 것은 시장 활성화가 얼마나 절박하게 필요한지를 말해준다. 함경북도 청진에서도 현재 이런 방식으로 국영 상업망이 운영되고 있음을 확인할 수 있다. 2006년 청진에 거주한 23세의 한 청년은 '강성무역회사'가 국영 상업망에 직접 상품을 공급한다고 했다.[4] 국영 상업망에서 판매하는 상품도 추가적인 수리가 필요한 중고 상품이 대부분인데, 상인들은 국영 상업망에 도매로 나온 중고 상품을 구입해 수리한 다음 시장에 내다 팔고 있는 현실이다.

그러나 시장화 현상은 2002년 이전에도 이미 전국적으로 형성되고 있었다. 단지 2002년에 이를 제도화한 것뿐이다(Smith, 2002). 1995년부터 식량난이 악화되면서 외부 지원이 들어오고 달러가 유통되면서 북한에는 장마당을 중심으로 한 시장화가 활발하게 진행되었다. 북한에서 진행된 시장화의 가장 큰 특징은 시장화가 시·군·구역 안에서만 진행되는 분절화된 시장화(marketization with segmentalization)라는 점이다.

북한의 경제는 중앙기업과 지방기업으로 구분되는데, 국가 차원에서는 중앙기업을 운영하는 한편 지방기업은 지방에서 자율적으로 운영하면서 중앙정부의 예산을 지원하도록 요구받고 있다. 이러한 측면에서 북한은 2002년부터 국가 예산의 징수 책임을 각 부문별 중앙기관에서 지방정권 기관으로 변경하고 지방예산제를 강화했다(김영윤, 2006: 82). 국가 차원에서는 선군정치로 중공업과 군수 산업 등 중앙산업을 통해 국가 예산을 확보하는 한편 지방에서도 일정 부분 지원을 받는 것이다. 인민의 생활과 소비는 지방 단위가 주체가 되어 지방에서 전적으로 책임을 지는 형태로 운영된다. 지방 산업은 중앙정부로부터 원료나

4) 탈북자 KS씨 인터뷰(2007.8.25).

자재를 공급받지 못하기 때문에 자력갱생 원칙으로 운영된다. 자력갱생의 원칙은 곧 시장 메커니즘을 의미한다.

이러한 분절적 시장화가 2002년에 이미 형성될 수 있었던 것은 1964년부터 줄곧 추구해온 '지역자력갱생체제'를 북한이 비상시국을 맞아 가동했기 때문이다(김병로, 1999). 김일성 사망 이후 극심한 식량난을 겪으면서 북한이 1960년대부터 추진해온 지역 자립 체제를 바탕으로 시·군·구역 단위에서 자력갱생할 목적으로 시장체제를 운영한 것이다. 지역 자립 체제를 유지하기 위해서는 지역 내 일정한 노동력이 유지되어야 한다. 따라서 북한의 시장화는 시·군·구역이라는 지역 내의 시장화를 의미하며, 지역과 지역 간의 교환 메커니즘이나 시장체제의 허용을 의미하는 것은 아니다.

2) 사유화

또한 7·1 경제조치는 북한경제의 사유화(privatization)를 촉진했다. 경제의 사유화를 촉진한 이유는 화폐화가 진행되었기 때문이다. 이른바 화폐경제 도입은 '공짜는 없다'는 원칙에 입각해 화폐를 매개로 교환경제를 운영하겠다는 것이다. 과거에 국가가 상품을 장악하고 통제하던 시기에는 화폐가 중요하지 않았다. 이러한 화폐경제는 한편으로는 시장화를 촉진했지만 다른 한편으로는 화폐의 기능을 강화해 화폐를 새로운 생산수단으로 등장시켰다. 따라서 화폐를 소유하는 사람들은 이른바 '자본'을 소유한 신흥 부유 계층으로 부상하게 되었다. 특히 달러 화폐가 유통됨으로써 달러화(dollarization)가 촉진되었으며, 달러화로 인해 상품경제와 화폐경제의 이중 현상이 심화되었다.

북한은 화폐를 매개로 분배와 교환이 이루어지는 화폐경제에 대해 새로운 설명을 붙이고 있다. 북한의 경제 관련 학술지인 ≪경제연구≫는 화폐의 역할에 대해 다음과 같이 설명한다. "상품화폐관계가 존재하는 사회주의 사회에서는 인민생활에 필요한 소비품이 주로 상품으로 생산되며 그 분배와 교환은 화폐를 매개로 하는 상품 유통을 통해 실현된다. …… 로동에 의한 사회주의적 분배는 현물형태로 진행되는 것이 아니라 주로 화폐형태로 실시된다. 따라서 사회주의적 분배를 최종적으로 실현하려면 분배받는 화폐를 필요한 생활필수품과 교환해야 한다"라고 강조한다(최경희, 2003; 정영철, 2004에서 재인용; 서재진, 2004a: 67에서 재인용).

사유화가 진행되면서 장사로 돈을 버는 신흥 부유 '자본' 계층이 성장했다. 거대 자본을 갖고 장사를 하는 사람들은 많지 않겠지만 시장에 매대를 갖고 장사를 하는 사람들의 규모는 전체 인구의 약 2~3%로 볼 수 있다. 평안남도 순천에 있는 금산동시장에서는 보통 2,000~3,000명이 장사를 하며, 평성의 중화시장에서는 5,000명 정도의 주민들이 장사를 한다. 대도시에는 일본에서 수입하는 중고 냉동기나 남한 전자제품을 판매하는 5만 달러(북한돈 1억 5,000만 원 정도) 규모의 '돈주'도 있는데, 대개는 3만 달러(북한돈 1억 원, 한화 3,000만 원) 정도를 갖고 장사를 한다고 한다.[5]

기득권층이나 핵심군중은 장사를 하지 않으며 시장을 이용하지 않는 것으로 보인다. 장사를 하거나 시장을 이용하는 사람들은 주로 중산층이며, 중산층의 80% 정도가 시장을 이용하고 있다.[6] 반면 하층민은

---

5) 북한 사람 KD씨 인터뷰(중국 단둥 시, 2007.9).

하루벌이를 해야 하므로 시장을 활용하지 못하고 있으며 장사를 할 능력도 없다. 상인으로 활약하고 있는 집단 가운데서는 화교가 단연 두드러진다. 북한 내 화교는 6,000명 정도로 추산되는데 화교 중에는 유력한 상인들이 많다. 화교는 중국도 자유롭게 출입하기 때문에 변경 무역이나 외화벌이 사업을 활발히 하고 있다.

직장 생활을 하는 일반 노동자 중에도 장사를 하는 사람이 많다. 순천의 한 공장 노동자의 경우 750명의 종업원이 출근을 해서 출근부에 서명을 한 뒤 100명은 공장에 남아 일하고 나머지 650명은 장사를 하러 밖으로 나간다고 한다. 공장에 남는 100명의 노동자가 공장에 남는 이유는 공장을 운영하기 위해서가 아니라, 장사를 하러 밖으로 나가려면 한 달에 1만 원을 공장에 납입해야 하는데 이를 낼 수 없기 때문이다.[7] 직장에 남은 노동자들은 부분적으로 공장을 운영해 생산품 중 국가에 일부를 납품하고 남는 것은 자체 배분한다. 자체 배분을 받으면 노동자들은 시장에 물품을 팔아 생계를 유지한다. 시장에서 매대를 갖고 장사를 하려면 '시장사용료'와 '국가납부금'을 부과해야 하는데, 전자는 우리의 자릿세, 후자는 소득세에 해당한다고 볼 수 있다(이승훈·홍두승, 2007: 68). 500원 정도의 저렴한 장세도 있지만 공업 제품을 판매하려면 하루에 2,000~3,000원 정도는 내야 한다.

북한은 이미 1998년 헌법 개정 시 법적으로 사유화 범위를 조정했다. 즉, 협동 소유의 범위에서 고깃배, 부림짐승, 농기구(농기계는 협동 소유),

---

6) 탈북자 KR씨 인터뷰(2007.9.1).

7) 북한 사람 KD씨 인터뷰(중국 단둥 시, 2007.9). 2002년 무렵에는 공장, 기업소에 납입하는 금액이 각각 300원, 800원 정도였다(서재진, 2004a: 70~71).

건물 등을 제외한 것이다.[8] 이러한 조치는 그동안 생산수단으로 규정했던 부림짐승과 농기구, 고깃배, 건물 등이 이제는 생산수단의 기능을 하지 못하고 있기 때문이다. 따라서 법적으로 고깃배와 부림짐승, 농기구, 건물 등은 개인이 소유할 수 있게 되었다. 이런 측면에서 보면 살림집이나 아파트도 개인 소유가 될 가능성이 높다. 주민들은 개인이 집이나 아파트를 소유할 수 없는 것으로 알고 있기는 하지만 이웃 간에 집이나 아파트를 사고팔며 개인 집을 짓기도 한다.[9] 북한의 사회과학원 법률연구소의 연구자들은 자동차도 얼마든지 개인이 소유하거나 증여할 수 있다는 견해를 피력했다.[10] 그러나 그 자동차를 가지고 장사를 해서 남에게 손해를 끼치면 그것은 '생산수단'이 되기 때문에 이는 허용하지 않는다고 한다.

북한과 수산업 무역을 하는 조선족 상인에 의하면 북한에서는 바다에서 고기를 직접 잡아 올리는 '원천 작업'을 하는 사람들이 주로 개인이라고 한다. 2007년부터 불법적 무역 활동에 대한 국가 통제가 심해져 원산에서는 불법으로 장사하는 사람을 총살했다는 소식도 있었다. 그러나 개인에게 생산장비가 있고 능력만 있으면 얼마든지 사업을 할 수 있다고 한다.[11] 이런 점에서 고깃배를 가지고 개인사업을 하는 사람이 많다는 증언은 충분히 일리가 있다. 물론 이를 합법적으로 판매하는

---

8) 1998년 9월 5일에 개정된 북한 사회주의 헌법 제22조는 협동 소유의 대상으로 토지, 농기계, 배, 중소공장, 기업소 등을 명시한다.

9) 북한 사람 KD씨 인터뷰(중국 단둥 시, 2007.9).

10) 2005년 9월 21~23일 중국 선양(沈陽)에서 개최된 국제고려학회에서 발표된 내용으로 북한 사회과학원 법률연구소의 한석봉·안천훈 박사의 해석.

11) 조선족 사업가 K씨 인터뷰(2007.9).

것은 괜찮지만 불법적으로 장사를 하는 것은 여전히 위험부담이 크다. 이런 측면에서 보면 북한에서도 소상품생산경제 요소가 발아하는 상황이라고 평가할 수 있다(서재진, 2004a: 68~73).

또한 개인이 국영상점이나 식당을 운영할 수도 있다. 소유는 국가가 하지만 운영은 개인이 한다. 여기에서 사영화의 맹아적 현상을 발견할 수 있다(서재진, 2004a: 73~75). 물론 이러한 조치는 '임시로' 하는 것이라고 설명되나, 실제로는 부실한 국영 상업망을 무역회사가 넘겨받아 운영하도록 국가가 공식적으로 지시했다. 2003년 5월 5일의 종합시장 운영에 관한 내각지시 문건에는 "무역성, 상업성, 도 인민위원회와 해당 기관은 지금 운영을 제대로 하지 못하고 있는 국영상점들을 림시로 상품보장을 담보할 수 있는 무역회사들에 넘겨주어 운영하도록 할 것이다"라고 기술되어 있다(박재규, 2007: 463). 해당 기관들이 상품을 확보할 수 있는 무역회사들을 선정해 상점을 하나씩 맡아 운영하기 위한 대책을 수립했다. 하나의 무역회사가 단독으로 맡아 운영하기 힘든 평양 제1백화점 같은 곳은 각 층별로 여러 무역회사에 임대해 수입상품을 판매하거나 위탁 판매하도록 조치했다. 이러한 사영화는 사유화의 한 형태로 볼 수 있다.

강원도 원산의 경우에도 돈주들이 국영상점을 임대해 상품을 판매하고 있는 상황이다.[12] 국영상점은 1개 동마다 있거나 2~3개 동에 1개씩 있는데, 식료품, 공업품, 농산물, 물고기 상점 등 4개의 상점이 기본으로 들어서 있다. 장사하는 사람들은 국영상점에 들어와 있는 조금 망가진 중고 제품을 사다가 손수 고쳐 시장에서 판매한다. 국영 상업망을 이용

12) 탈북자 KR씨 인터뷰(2007.9.1).

하는 경우 외에 회사나 공장의 마당에 들여놓고 팔기도 한다. 공장 지배인과 협의해 공장 마당을 빌려 판매하는 것이다. 물론 이 거대한 외화벌이를 주관하는 사람은 당이나 군대, 단체의 외화벌이 기관 명의를 빌리지만 실제로는 개인이 장사를 하는 것이다.

나진·선봉에서도 정부가 개인장사를 금지하고 있지만 여전히 개인 사업 위주로 이루어지고 있다. 북한 당국은 식량난 이후 1998년까지 개인의 장사를 허용했으나, 1998년 10월 23일 정부 지침을 내려 개인장사를 금지하고 단체나 기관의 이름으로 장사하게 했다. 그러나 실제로는 단체와 기관의 이름을 걸고 개인들이 장사를 하는 상황이라고 한다.[13] 자기 자본을 갖고 있는 개인들은 누구나 장사를 할 수 있는 현재의 북한 상황은 미시적 측면에서 보면 사유화가 인정되는 '완전한 자본주의'라고 말할 수 있다.[14]

3. 개방 실태와 문화접변

시장은 내적으로 북한의 사회주의 체제를 변화시키는 개혁적 조치인 동시에 개방의 효과도 갖고 있다. 북한에서는 시장이 국내 생산품으로 형성되는 것이 아니라 대부분 무역회사가 외국에서 수입한 상품으로 운영되기 때문이다. 현재 북한 시장에서 판매하는 상품의 80% 이상은 중국에서 수입한 제품이라고 한다. 7·1 조치 결과 북한에서는 중국·러

13) 조선족 사업가 J씨 인터뷰(중국 옌지 시, 2007.10.29).

14) 북한 사람 K씨 인터뷰(중국 단둥 시, 2007.9).

시아와의 무역 및 외화벌이가 활발해졌고 인적 왕래도 증가했다. 중국 단둥에는 음식업을 제외한 순수 무역을 전문으로 하는 북한 사람이 70~100명이다. 과거에는 조선족을 보따리 장사라고 했으나 지금은 보따리로 장사하는 사람은 없고 모두 트럭으로 생필품을 실어 나르며 장사하고 있다. 보따리 장사는 트럭 장사가 되었으며 북한과 중국 간에는 상당한 문화접변이 발생하고 있는 것이다.[15)]

특히 각급 단위에서 외화벌이를 위해 중국에 다양한 사업으로 진출하고 있다. 과거에는 음식점을 통한 방식이 외화벌이의 전부였다. 하지만 근래 들어서는 무역회사가 상당히 늘었으며, 음악·미술학원이나 태권도학원도 진출해 있다. 옌지(延吉)에는 2006년부터 동의병원이 진출해 병원 외화벌이도 하고 있다.[16)] 그뿐 아니라 외화벌이 일군의 가족 동반도 늘고 있다. 외화벌이 일군이 자녀를 동반해 나오는 것은 과거에는 볼 수 없던 현상이다. 자녀에게 외국 교육의 기회를 주려는 목적이라고 생각된다. 평양 주재 중국대사관은 중국을 방문할 수 있는 비자의 종류를 관광 및 친척 방문사증(L), 상무방문사증(F), 학습사증(X, F), 공무(사업)사증(Z), 출국사증(G) 등으로 구분하고, 각각 체류 기간과 가족 동반에 관한 규정을 명시하고 있다.[17)]

---

15) 조선족 사업가 KY씨 인터뷰(2007.9).

16) 2006년 현재 평양의학과학원 소속의 의사와 간호사가 연변조의병원 5층의 한쪽을 빌려 동의병원을 운영하고 있다. 지금은 병원 수입이 많지 않지만 정성을 다해 봉사하면 앞으로 수입이 많을 것으로 기대하고 있다. 북한 사람 KM씨 인터뷰(중국 옌지 시, 2007.9).

17) 평양 주재 중국대사관 홈페이지 참조. http://kp.china-embassy.org/kor/lsyw/hzhqzyw/default.htm.

무역과 유통이 늘어나면서 정보 개방도 빠르게 진행되고 있다. 국경 지대의 도시에는 중국과 연락을 취하며 상품을 구입하는 사람이 늘어났고, 내지에 있는 사람과의 만남 주선과 인신매매도 계속되고 있다. 이러한 사업을 위해 핸드폰 사용이 증가하고 있는데 국경 지대에 거주하거나 근무하는 북한의 경찰과 정보기관, 국경경비대 인원은 대부분 중국 방식의 핸드폰을 사용하고 있다. 중국과 핸드폰 통화가 가능해지면서 북한의 국경 지대 주민은 외부 세계에 대한 소식을 더욱 신속하고 광범위하게 접할 수 있게 되었다. 중국 조선족과 남한의 교류가 활발해진 이후 중국 거주 조선족 동포의 방북을 통해 남한의 발전상이 북한에 간접적으로 전달되고 있다. 연변 지역에서는 최근 많은 조선족 가정이 위성방송을 통해 남한의 뉴스를 비롯한 TV 프로그램을 시청하고 있다.

중국과의 인적·물적 교류 증대는 북한 개방에 중요한 요소이다. 북한은 경제적 도움을 받기 위해 양국 간 친인척 방문을 적극 허용하고 있다. 중국 동북 지방의 200만 조선족 가운데 북한에 친척을 두고 있는 사람의 비율을 파악할 길은 없지만, 조선족자치주에 거주하는 조선족 86만 명의 90% 정도가 북한에 친척을 두고 있을 것으로 추정된다.[18] 이들에게는 체류 기간 재정을 보증할 친척의 초청만 있으면 합법적으로 중국에 체류할 수 있는 기회가 얼마든지 열려 있다. 북한 사람 가운데 합법적으로 중국 비자를 받아 2개월간 중국에 체류하는 사람도 많다. 중국에 친척이 있는 북한 사람은 2년에 1회 조선족 친척을 방문할 수 있다. 체류 기간은 원래 비자 발급일로부터 3개월인데, 비자가 발급된 후 정부에서 한 달을 묶어두고 내주지 않기 때문에 실제로는 두

18) 중국 연변 대학 북한 전문 학자들의 견해(중국 옌지 시, 2007.10.29).

달밖에 머무르지 못한다. 친척 방문으로 중국에 나오려면 특혜를 받는 격이 되므로 어느 정도의 돈을 지불해야 한다. 중국의 조선족이 북한의 친척을 방문하는 것은 1년에 1회 가능하며 한 달간 북한에 머물 수 있다. 북한과 중국 간에 오가는 휴먼 네트워크를 파악할 수 있다면 국경 지대의 인적 왕래로 인한 북한 주민들의 정보 접촉 상황과 북한 사회 변화를 어느 정도 예측할 수 있을 것이다.

북한과 중국 간 인적 교류는 단둥 지역으로 연간 140만 명(복수 방문 포함), 조선족자치구 지역으로 60만 명(복수 방문 포함) 정도로 연간 총 200만 명이 중국과 북한을 왕래하는 것으로 추정된다.[19] 물론 인적 왕래 가운데 90~95%는 중국에서 북한으로 가는 것이며, 북한에서 중국으로 이동하는 사람은 많지 않다. 인적 왕래 가운데 친척 방문이 어느 정도의 비중인지를 파악하는 것은 쉽지 않지만 친척 방문의 비중이 인적 왕래에서 높은 비율을 차지할 것으로 판단된다.

북한과 중국 간의 연간 무역은 2006년에 16억 달러로 화물 총량으로는 650만 톤 정도이다. 단둥 지역으로 500만 톤, 조선족자치구 지역으로 150만 톤 정도가 이루어지고 있다. 친척 방문으로 북한에 가는 조선족은 대부분 물건을 가져가며, 이러한 물건들은 일반적인 무역거래의 통계에 잡히지 않는다고 한다. 연간 200만 명의 인적 왕래 가운데 친척 방문으로 북한을 방문하는 조선족이 다수를 차지하는데, 이 사람들이 북한으로 가져가는 물품의 양은 엄청나다고 한다.[20] 중국 조선족의 친척 방문

19) 중국 연변 조선족자치주정부 상무국 및 통상구 사무실 관계자 면담(2007. 10.29).

20) 중국 연변 대학의 북한경제 전문가 6인의 인터뷰(2007.10.29). 그러나 중국 조선족자치주정부 상무국은 공식 무역 이외에 친척 방문으로 가져가는

은 물품의 제공과 함께 이루어지면서 그 효과는 대단히 큰 것으로 보인다. 친척 방문자는 친척의 집에만 머무를 수 있는데, 방문 기간에 친척들과 비교적 허심탄회한 대화를 나눔으로써 상당한 의식 변화가 진행된다.

북한과 중국 간의 유학생 교류도 활발하다. 북한과 중국은 교류합의서에 의해 매년 정부 장학생을 교환하고 있다. 현재 중국에 유학하고 있는 북한 학생들은 학부, 석박사, 재교육반을 포함해 매년 350명으로 대부분 이공계, 농대, 의대에서 공부하고 있다. 중국에서 공부한 북한 유학생은 연인원 3,500명에 달한다.[21] 북한에 있는 중국 유학생은 국비 유학생과 자비 유학생을 포함해 매년 70명 정도로 대부분이 어학을 전공하는 학생들이다. 지금까지 북한에서 공부한 중국 유학생은 연인원 1,500명에 달한다.

중국과의 인적 왕래 및 정보 유통 증대와 더불어 북한 주민은 다양한 경로를 통해 외부 정보를 접한다. 조선족 상인 및 해외 유학생과 함께 해외 파견자의 북한 귀환을 통해 북한 주민은 막연하나마 외부 정보를 접하고 있는 것이다. 일부 북한 주민은 중국 및 남한의 발전상을 알고 있으며, 남한의 방송과 비디오테이프를 비밀리에 청취하는 주민도 증가하고 있는 것으로 추정된다. 특히 개혁·개방 이후 중국의 발전상과 정상회담 이후 접한 남한의 소식은 북한 주민에게 체제 비교의 인식을 심어주고 있다. 중국 조선족 사회에서 유행하는 남한의 드라마나 영화,

---

물품의 양은 극히 적다고 평가했다. 상무국 관계자 인터뷰(2007.10.29).

21) 평양 주재 중국대사관 홈페이지 '교유교류' 부분 참조. http://kp.china-embassy.org/kor/zcgx/jyjl/t308045.htm.

가요 등을 접하는 북한 주민도 많다. 농촌 지역은 그렇지 않지만 대도시에서는 남한의 영화나 드라마를 적어도 한 번쯤 본 사람이 절반 정도일 것으로 추정된다.[22] 남한의 영화나 드라마를 보는 것은 불법이고 위험한 일이지만 북한 주민은 비디오테이프나 CD를 통해 남한 문화를 접하고 있다.

탈북자도 북한 주민의 의식 변화에 상당한 역할을 하고 있다. 1995년부터 1998년까지는 식량을 구하기 위한 생계형 탈북이 주를 이루었으나 점차 돈을 벌기 위한 인신매매형 탈북이 생겨났으며, 최근에는 정보 접촉에 의한 체제이탈형 탈북으로 발전하고 있다. 초기에는 경제난과 식량난, 처벌 위험과 같은 배출 요인에 의해 탈북자가 많이 발생한 반면, 근래에 이를수록 정보 접촉에 따른 비교의식, 탈북자 지원 단체의 도움, 중국에서의 돈벌이, 남한 정부의 지원정책, 탈북가족의 도움 같은 흡인 요인에 의해 탈북하는 사람이 많아졌다. 북한 주민의 국경 탈출이 늘어나는 현상은 북한 체제의 사회적 통제 능력이 상실되고 있으며 전반적인 사회 해체가 진행되고 있음을 시사한다. 그러나 아직까지 사상학습과 조직생활, 사회적·물리적 통제가 작동하고 있기 때문에(전현준 외, 2006), 주민들은 시위나 항의 등으로 사회적 불만을 표출하지는 못하고 체제 도피적 방법인 국경 탈출을 선택하고 있다. 그러므로 북한 사회의 급격한 변화는 대량 탈북으로 촉발될 가능성이 대단히 높다.

북한은 황장엽의 망명(1997년) 후 북한 보위사령부 내 전담 부서를

---

22) 한국 영화나 드라마를 접한 사람들의 비율은 원산 50%, 청진 50~60%, 순천 70~80%, 평양 50% 정도인 것으로 보인다. 탈북자 KS씨, KR씨 인터뷰(2007.8); 북한 사람 KD씨 인터뷰(중국 단둥 시, 2007.9); 북한 사람 K씨 인터뷰(중국 단둥 시, 2007.10).

설치해 탈북자 문제에 대응하고 있다. 탈북자 규모에 대해 다양한 평가가 나오고 있지만 북한의 식량난이 가장 심각했을 당시 약 30만 명의 북한 주민이 국경을 탈출한 것은 확실하다. 2007년 10월 현재에는 약 10만 명의 탈북자가 중국 내에 거주하는 것으로 추정된다.[23] 남한으로 입국한 1만여 명을 포함한 많은 탈북자들은 북한의 가족과 지속적인 연락을 취하고 있다. 탈북자 한 사람당 북한에 남아 있는 가족의 수를 네 명으로 계산했을 경우 남한에 입국한 가족과 직·간접적으로 연락을 하고 있는 수는 4만 명이다. 또한 중국에 탈북한 경험이 있는 탈북자들의 수를 30만 명으로 계산하면 적어도 120만 명의 북한 사람이 중국과 남한을 비롯한 외부 세계의 정보를 접했다고 볼 수 있다.

러시아 연해주 근로자들을 통한 북한 주민의 의식 변화에도 주목할 필요가 있다. 러시아 극동지방에는 7,000명의 근로자가 파견되어 있다. 모두 대학졸업자이며 당원인 상류 계층이다. 대부분 연해주 지역의 건설장에 투입해 외화벌이를 하거나 무역 외화벌이를 하는 사람들로 이들은 1년에 1번씩 귀국해 3개월간 가족과 함께 시간을 보내며, 3년마다 교체된다. 북한 근로자들은 남한 상품과 비디오를 선호해 연해주에서 남한 상품의 위상은 대단히 높다. 이들이 북한 주민의 의식 변화에

---

23) 중국의 북한 전문가 KC씨 인터뷰(2007.10.25). 탈북 유동인구는 가장 많았을 때 30만 명으로 추산되었으며 2~3년 전부터 통일부는 3만 명의 탈북자가 중국에 거주하는 것으로 평가한다. 선양 총영사관에서는 2007년 10월 현재 그 수를 1만 명 정도로 추산하고 있다〔대한민국 선양 총영사관 면담(2007.9); 우리민족서로돕기 불교운동본부(1998: 12)〕. 한 조사 대상자의 증언에 의하면 노동당원 교육에서 고난의 행군 기간의 탈출자를 20만 명 정도로 밝혔다고 한다.

미치는 영향도 매우 크다고 볼 수 있다.

4. 개혁·개방에 따른 주민의식 및 태도 변화

1) 경제의식: 돈을 벌려는 의식은 확실히 달라졌다

경제 침체를 극복하기 위해 취해진 7·1 개혁조치는 시장을 활성화시키는 한편 주민들의 생활 방식을 변화시키고 있다. 기존의 쿠폰식 배급제도를 화폐에 의한 교환경제로 전환함으로써 시장화가 빠르게 진전되고 있으며, 외화벌이와 무역의 증대로 외부 세계와의 문화 접촉도 활발하게 진행되고 있다. 경제개혁으로 전반적인 상품 가격이 인상되었고 그에 따라 노동자들의 평균임금도 월 2,000~3,000원으로 인상되었다. 환율도 달러당 153원으로 조정되었다. 그러나 경제개혁이 단행된 지 5년이 지난 2007년 10월 현재 환율은 달러당 3,000원에 이른다. 남한의 원화와 비교할 때 3분의 1 수준으로 북한 원화의 가치가 떨어진 것이다. 때문에 북한의 2007년 국가 예산 4,332억 원에 공식 환율(달러당 142원)을 적용하면 예산이 26억 달러이지만, 시장 가격(달러당 3,000원)을 적용하면 예산이 1억 달러에 불과하다.[24] 또 북한의 GDP는 70억~100억 달러, 1인당 GDP는 500달러에 불과한 것으로 추산된다.

---

24) 북한은 1997년 6월 유엔에 제출한 자료에서 1995년의 1인당 GNP가 중국의 절반인 239달러라고 보고했으며, 2002년에는 1998년 1인당 GNP가 457달러라고 보고했다(「경제적·사회적·문화적 권리에 관한 국제규약 제2차 정기보고서」, 2002.5.15).

가격과 환율 현실화, 임금 인상, 독립채산체 강화 등 경제 분야에서 일대 혁신이 일어남으로써 북한 주민들의 의식과 가치관도 달라졌다. 북한 주민은 변화된 경제 현실과 조치에 부응해야 했다. 치솟는 물가에 비해 노동자들의 월급은 오르지 않기 때문에 일반 주민은 생활비를 마련하기 위한 장사와 부업 활동을 하고 있다. 주민들의 이러한 활동을 제도적으로 보장하기 위한 시장제도가 성행하게 되었고, 주민들은 국가적 시장제도를 적극 활용해 소득을 올리고 있다. 시장 메커니즘이 살아나면서 협동농장의 농민들은 물물교환을 하거나 식량을 사고파는 비공식적이고 사적인 활동을 하게 되었다. 이는 시장의 급성장을 가져왔고 텃밭 등에서 생산한 식량과 식료품에 대한 사적 거래를 급속히 증가시켰다(박형중, 1997: 17~23). 쌀 및 주류 등은 원래 시장에서 거래하지 못하도록 금지된 물품이었으나 이에 대한 국가의 규제가 불가능해지거나 묵인되고 있다.

2002년 7·1 조치 이후 주민들의 일하려는 영농 의욕이 강해진 것은 확실하다. 지금은 돈을 벌어야 한다는 의식이 팽배하다. 겉보기로는 큰 차이가 없을지 모르지만 내부에서 보면 주민들이 돈을 벌려는 의식은 확실히 달라졌다.[25] 2002년 7월의 경제개혁으로 주민들은 경제생활 향상에 대한 기대가 높아졌고 장사에 대한 관심도 많아졌다. 배급제도에서 화폐교환경제로 전환되었다는 사실은 앞으로 북한 사회에 많은 변화가 일어날 것임을 예고한다.

그동안 북한 사회에서 장사 행위는 부정적인 것으로 인식되었지만 7·1 조치 이후 농민시장이 종합시장으로 개편되면서 개인이 장사를

25) 조선족 사업가 KY씨 인터뷰(중국 단둥 시, 2007.9).

통해 돈을 버는 행위 자체가 또 다른 능력으로 인정받고 있다(최수영, 2004: 55~56). 시장화가 진행되면서 제한적이기는 하지만 개인 자본이 진출할 수 있는 공간이 생겨났고 소규모 개인 서비스업이 확대되고 있는 것은 주목할 만한 현상이다. 배급제가 완전히 폐지되지는 않았지만 배급제의 역할은 계속 축소되고 있으며, 이로 인해 주민들의 생계비 부담이 늘어나 장사를 하거나 돈을 벌겠다는 의식이 강해지고 있다.

이러한 경제개혁으로 북한 주민 사이에서는 사상보다 물질을 중시하는 사회적 규범이 확산되었고, 국가의존적 사고에서 벗어나 자력갱생과 개인주의가 팽배해졌다(서재진, 2004a; 서재진, 2004b: 197~241). 경제사회적 변화로 일반 주민 중에서도 절친한 사람 사이에는 경제난을 비판하거나 개인비리를 고발하는 사람들이 증가했다. 식량난을 김정일 정권과 관련지어 불평하는 사람이 많아져 이들의 처벌 과정에서 정치범 적용 여부를 두고 많은 갈등과 불만이 생겨나고 있다.

2) 일탈 행위와 사회의식

2002년 7·1 조치 이전에도 노동자들의 공식적인 평균임금은 150원 정도였으나 실제 소득은 3,000원 정도였다. 실제 생활비가 공식 임금의 20배 정도로 높았다. 이러한 현실을 반영해 노동자 월급을 2,000~3,000원으로 인상하는 7·1 조치를 단행했던 것이다. 이러한 경제 상황이 개선되지 않는다면 노동자들의 월급이 3,000원이라고 했을 때 실제 생활비로는 공식 월급의 20배인 6만 원이 필요할 것이다. 그런데 2007년 9월 현재 평안남도 순천시의 경우 중산층 4인 가족 한 달 평균 생활비는 15만~20만 원 정도 소요되며, 개천시의 경우 중산층의 한

달 생활비가 10만 원 정도 필요하다고 한다.[26] 잘사는 사람들은 한 달 생활비로 40만~50만 원을 쓴다고 한다.

이러한 주장이 사실이라면 7·1 경제조치 이후 5년 동안 인플레이션이 20배 정도 증가했고 실제 생활비는 월급의 40배나 된다는 것을 알 수 있다. 따라서 주민들은 부족한 생활비를 충당하기 위해 장사를 하거나 편법에 의존할 수밖에 없는 상황이 되었다.

시장 활성화와 더불어 공공 물자 횡령, 노동자의 직장 이탈, 관료의 부정·부패 등 각종 사회 일탈 행위가 일반 주민 및 간부 사이에 확산되었다. 경제난에 직면해 주민들이 선택한 방법으로 직장에서 이탈해 생존하는 방식과 직장에서 이탈하지 않으면서 생존하는 두 가지 방식으로 나누어볼 수 있다(이승훈·홍두승, 2007: 56~66). 직장에서 이탈해 생존하는 방식으로는 고철과 수산물처럼 수집·채취한 상품 및 생필품 등의 일용잡화를 팔거나 장사를 통해 생계를 유지하는 방법을 꼽을 수 있다. 직장에서 이탈하지 않은 채로 생존하는 방식으로는 무역회사의 명의를 빌려 외화벌이를 하거나 학부모, 환자, 고객에게서 상납을 받아 생활하는 방법이 있다.

장기화된 경제난과 시장의 형성으로 노동자들이 생산량을 조작하거나 비리와 부조리를 자행하는 등 사회경제질서 문란 행위가 늘어났다. 1980년대 중반 이후 '돈이면 최고'라는 물질만능주의적 가치관이 자리 잡기 시작하다가 식량난이 악화되자 돈을 벌기 위한 사적인 경제 활동 및 뇌물 수수, 경제범죄 등이 크게 늘어났다. 많은 농민들이 탈곡 시

---

26) 북한 사람 KD씨 인터뷰(중국 단둥 시, 2007.9); 북한 사람 S씨 인터뷰(중국 단둥 시, 2007.10.26).

자신이 먹을 곡식을 챙겨서 땅에 파묻거나 정미소와 연계해 식량을 확보한다. 농민들은 이렇게 확보한 식량을 도시 지역 노동자에게 판매한다. 그 결과 암시장 거래가 성행하고 뇌물 공여가 자연스럽게 자리 잡았다. 군부대 인근 도시에서는 군대 배급 식량이 비공식적으로 유통되기도 한다(최수영, 1997: 38).

이러한 사회 일탈 현상은 북한 당국이 주민 내부의 '사상적 오염'을 지적하면서 이를 방지하기 위한 당의 조치를 강하게 주문하는 모습에서도 엿볼 수 있다.

> 일부 사람들은 우리나라 영화는 꽛꽛해서 보기가 싫다고 하면서 끼리끼리 몰려다니며 미국이나 일본을 비롯한 자본주의 나라의 록화물 영화를 보고 있다. 그런가 하면 외국에 갔다가 여러 가지 교묘한 방법으로 성경책이나 록화물을 몰래 감추어가지고 들어오는 사람들도 있다. …… 심지어 일부는 반도체 라지오〔라디오〕를 몰래 가지고 다니면서 남조선과 다른 나라 방송을 듣고 있다. …… 부르조아 자유화 바람은 특히 젊은 사람들 속에서 많이 나타나고 있다. 일부 청년들은 쩍하면 별치 않은 일로 리혼하고 있으며, 서양식, 왜놈식의 본을 따서 옷차림과 몸치장을 보기에도 흉측하게 하고 다니고 있다(정영태, 2007: 8에서 재인용).[27]

인민은 여전히 당원이 되려고 하지만 열기가 예전과 같지는 않다. 자식을 위해 사회적인 간판이 필요하니까 당원이 되려고 할 뿐이며

---

27) 「당의 방침에 대해」, 『학습제강(당원 및 근로자)』(평양: 조선로동당출판사, 주체91, 2002).

당원의 직위는 돈을 주고 살 수도 있다.[28] 북한에 친척이 있는 한 조선족은 2007년 1월에 북한을 방문했을 때 2~3년 전에 비해 경제 상황은 많이 좋아졌으나 돈에 대한 북한 사람의 집착이 상당히 커졌음을 확실히 느꼈다고 한다.[29] 북한의 친척들은 "노인, 게으른 사람, 착실한 사람은 모두 죽었고 지금은 돌 위에 올려놓아도 살 수 있는 영악한 사람만 남았다. 이제 남은 사람은 어떻게든 살 수 있을 것 같다"라고 말했다고 한다. 중산층의 80%가 부업 활동에 참여하고 있다고 보면 전체 주민의 50%가 부업 활동을 하고 있는 셈이다. 이처럼 부업 활동을 하는 사람들은 매월 6만 원 이상의 수입을 올리고 있다.

장사와 부업으로 수입을 올리는 사람들과 그렇지 않은 사람들 간에 빈부격차가 나타나고 있으며, 그에 따라 계층 간 빈부격차도 더욱 심화되고 있다.

3) 대남 의식 및 외부 세계 인식

(1) 중국 조선족 사회를 통한 의식 변화

중국 조선족 사회가 북한 사회의 변화에 미치는 영향은 대단히 크다. 북한이 외부 소식을 접하는 유력한 통로가 바로 연변 지역이기 때문이다. 북한 사회는 언론이 통제되어 있으므로 북한 주민은 조선족 친척을 통해 외부 소식을 듣는다. 중국의 연변 조선족 사회는 전통적으로 친북 성향이며 남한에 대해 우호적인 평가를 하는 것이 금기시되

28) 북한 사람 K씨 인터뷰(중국 단둥 시, 2007.9).

29) 조선족 L씨 인터뷰(중국 옌지 시, 2007.9).

어 있었다. 남한에 우호적 평가를 하는 것은 남조선의 돈의 위력에 휘둘려 신뢰를 저버리는 일종의 배반자의 행동으로 비춰졌다. 그러나 2000년 남북정상회담을 계기로 친북 정서가 변하고 있다. 탈냉전 이후 조총련이 변화한 것과 마찬가지로 연변 조선족은 대부분 남북정상회담이 남한을 긍정적으로 평가하게 된 결정적인 계기였다고 말한다. 남한과 북한의 지도자가 공식적으로 남북 간 교류와 협력을 천명했기 때문에 연변 조선족은 마음의 부담을 덜고 남한을 지지할 수 있게 되었다는 것이다.[30)]

이러한 배경에는 중국 내 한류 열풍과 조선족 사회의 남한 TV 프로그램 시청이 큰 몫을 하는 듯하다. 한중 수교(1992년) 이후 시작된 중국 내 한류 열풍은 중국 내 남한의 위상을 높였으며 조선족에게 남한에 대한 자부심을 고취시켰다. 이러한 한류 열풍은 연변 조선족 사회의 위성 TV 보급 확대로 더욱 촉진되었다. 연변 조선족 가운데 절반 정도는

---

30) 중국 조선족 사회에서는 4~5년 전만 하더라도 남한에 대해 언급할 때는 말을 조심했다. 그러나 이러한 분위기는 2000년 남북정상회담 이후부터 달라졌다. 1990년대에는 조선족이 모국이라고 하면 당연히 '조선'(북한)을 지칭했다. 돌로 남한 사람을 치는 경우도 발생할 만큼 남한 사람에 대한 비판과 악감정이 컸다. 남한에 갔다가 억울하게 당한 조선족이 남한 사람을 만나면 아무 이유 없이 폭행하는 사례도 잦았다. 그런데 점차 남한에서 돈을 벌어 성공하는 사람이 많아지고 피해를 보는 사람은 줄어들자 분위기가 조금씩 달라지고 있다. 요즘은 연변 지역 예산의 25%가 외국에 나가 벌어온 돈이라고 한다. 1995~1997년경부터 조선족 사회에서 사용하는 태권도 용어가 북한 대신 남한에서 사용하는 것으로 바뀐 것도 이러한 변화 가운데 하나이다. 조선족 사회에서는 태권도를 많이 배우는데 이는 어릴 때부터 남한에 대한 인상을 좋게 하는 역할을 한다. 중국 거주 남한 사람인 대북사업가 J씨 인터뷰(중국 옌지 시, 2007.9).

남한에서 방영되는 TV를 똑같이 시청한다. 조선족의 절반이 남한 TV를 위성으로 시청하고 있다는 말은 경제적으로 여유가 없는 사람들을 제외하고는 대부분의 조선족이 남한의 TV를 시청한다는 의미이다. 남한 TV의 시청률이 높아지면서 남한의 경제적·문화적 발전상에 대해 정확히 알게 되었고, 반대로 북한 경제가 점점 악화되면서 북한 체제에 대한 비판의 목소리가 커지고 있는 것이다.

북한의 친척 방문이 잦은 중국 조선족 사이에서 북한의 비참한 경제생활을 방관하고 있는 북한 정권에 대한 비판이 크게 번지고 있다. 의식주를 전혀 걱정하지 않을 정도로 발전한 연변 조선족은 이제 인민들이 먹을 것이 없어 굶어죽는 체제를 지지할 수 없다며 북한 정권을 비난한다. 그리고 남한의 소식과 중국의 발전상을 전해준다. 중국의 경제가 급성장하고 조선족 사회의 생활수준이 향상되면서 연변 지역과 활발한 교류를 유지하고 있는 북한 주민은 상대적 박탈감을 더욱 심각하게 경험하는 것 같다. 그에 따라 북한 내부와 연변 사회에서는 북한 비판의 공간이 자연스럽게 형성되고 있다.

물론 아직도 전반적으로 볼 때 중국의 조선족 사회에서는 항미·반미 의식이 강하며 남한을 미국의 영향권에 속한 나라라고 생각한다. 그렇지만 과거에 비해 북한을 비판적으로 평가하는 분위기가 확대되고 있는 상황이다. 예전에는 80~90%가 조선(북한)쪽이고 10~20%만이 남한 쪽이었다면 요즘은 60%가 남한을, 40%가 북한을 지지하고 있는 것으로 보인다.[31] 이런 추세가 지속된다면 상하이 엑스포가 열리는 2010년 즈음에는 연변 조선족의 북한 비판 여론은 더욱 커져 그 영향으

31) 연변복지병원 이사장 J씨 인터뷰(중국 옌지 시, 2007.9).

로 북한 주민들의 의식도 크게 변화할 것으로 생각된다.

(2) 남북 간 인적·물적 교류 증대와 북한 사회의 변화

남북의 정치지형 변화에 따른 북한 사회의 변화도 나타나고 있다. 남북정상회담으로 남북 왕래와 교류가 증대됨으로써 주민들의 대남 의식과 가치관이 많이 달라지고 있다. 2000년 남북정상회담은 특히 중국의 조선족과 일본의 조총련 사회에 대남 접근의 정치적 부담을 덜어줌으로써 북한과 남한을 바라보는 기존의 의식과 태도를 결정적으로 변화시켰다(김병로, 2005: 249~267). 이런 점에서 2000년 남북정상회담은 친북 성향을 띠던 조선족과 고려인, 조총련 등의 사회 분위기를 바꾸어놓음으로써 북한 사회의 변화를 촉진하는 계기가 되었다.

2005년 이후 북한 당국의 정보 개방은 상당한 진전을 보이고 있다. 2006 독일 월드컵의 아시아지역 최종예선전 경기는 몇 시간 간격을 두고 녹화 중계했으며 해외로는 실시간 위성 중계를 허용했다. 경기장에는 삼성과 현대의 광고판이 걸렸으므로 이는 TV 화면에 그대로 담겼다. 또 조선중앙통신은 2005년 3월 27일 "하당 닭공장 등 2~3개 닭공장에서 조류독감이 발생했다"라고 처음으로 시인하면서 비상대책을 세우고 있다고 밝혔다. TV를 통해 조류독감 소식을 신속하게 보도했으며, 보건성에서는 조류독감에 대한 설명과 예방법에 대해 상세하게 설명했다. 이러한 시도는 북한 체제를 유지하기 위해 제한적으로나마 정보를 개방해야 했기 때문에 불가피하게 취해진 조치이겠지만, 그만큼 주민들의 변화된 의식을 반영한 것이라고 볼 수 있다.

남북정상회담 이후에는 정부 차원의 비료 지원과 국내외 NGO의 밀가루, 의약품 지원이 대규모로 이루어지고 있다. 연간 남북 교역은

13억 달러를 넘어섰고 남한의 인도적 대북 지원은 1995년 6월 이후 2007년 8월까지 총 18억 6,678만 달러(1조 9,958억 원) 규모에 달한다(통일부 교류협력국, 2007: 145). 유엔을 비롯한 국제사회도 2004년까지 총 21억 달러 규모를 지원했다. 또한 국제기구의 평양사무소 상주 및 지원 활동 증대로 북한 상류 계층의 대외 접촉 범위가 넓어졌다.

남한 정부나 외국에서 지원되는 물품은 일단 부두에서 하역 작업을 거쳐야 하므로 일차적으로 하역 작업에 동원되는 많은 근로자들이 남한이나 외국의 소식을 접하거나 눈으로 목격한다. 부두에 적재된 물품은 산더미처럼 쌓여 있어 지나다니는 주민도 이러한 물품을 직접 보게 되며 분배에 대한 기대도 갖게 된다. 또 쌓여 있는 물품이 미국에서 왔는지 남조선에서 왔는지 알게 됨으로써 외부 세계와 간접적으로 접촉한다.

또한 외국의 식량 지원 및 인도적 지원 기관의 파견자들이 평양을 방문하는 일이 대폭 증가했다. 지식인이나 해외 경험이 있는 간부들은 유엔 및 국제 구호기구의 대북 식량 지원에 대해 대부분 알고 있으며 일반 주민 중에도 이러한 사실을 알고 있는 사람들이 많다. 이처럼 식량 지원을 위해 외국인들의 출입이 늘어남으로써 주민들의 의식에 변화가 나타나고 있다.

2000년 이후로는 남북을 직접 왕래하는 남북한 주민이 크게 늘어났다. 금강산 관광을 제외하고도 연 10만 명 이상의 남한 사람이 북한을 방문한다. 또 북한 사람의 남한 방문도 증가했다.[32] 방북자들이 접촉하

32) 남북정상회담 이후 남북통일축구(2002년 9월)에 참가한 데 이어 아시안게임(2002년 10월)과 대구 유니버시아드 대회(2003년 8월)에도 500여 명의

는 북한 사람은 제한되지만 상류층과 평양시민에게는 남한 사람들의 방북이 상당한 영향을 미쳤을 것이다. 남한 사람을 접촉하는 안내원급의 북한 주민 가운데 남한 방문자로부터 뒷돈을 받지 않은 사람은 거의 없을 것이다. 노골적으로 또는 은밀하게 개인적으로 돈을 챙기는 북한 상류층의 모습은 물질주의(돈)에 대한 선호를 충분히 짐작하게 한다. 물론 남한과의 접촉으로 북한 주민이 남한이나 외부 세계에 대해 긍정적인 시각을 갖는 것만은 아니다. 남한 사람의 자유분방함을 자유(개인)주의로 인식해 오히려 남한에 대한 부정적 이미지를 강화하는 경우도 있다. 그렇지만 남북의 인적 왕래 증대가 북한 주민들의 의식 변화를 자극하고 있는 것은 분명하다.

5. 정치와 체제에 대한 의식 변화

경제의식과 일탈 행위, 사회의식, 대남 의식이 변화하면서 정치의식은 어떻게 변화하는지 살펴보자. 주민들의 의식은 국가 차원에서 진행되는 사회통제와의 역학 관계 속에서 변화되기 때문에 사회주의 체제에 대한 의식과 국가권위의 인정, 지도자에 대한 의식 등이 사회통제 및 계층별 의식 분화와 어떻게 맞물려 나타나는지를 살펴봐야 한다.

선수단과 응원단이 남한을 방문했다. 2002년 8·15와 2003년 3·1민족대회, 제주도 평화축전, 2005년 8·15와 2006년 6·15 민족행사 등 각종 민간행사에도 북한대표단이 대규모로 참가했다. 2007년에는 청소년 축구팀과 유소년 축구팀이 방문하기도 했다.

1) 배급제도 부실화와 국가 권위 훼손

앞에서 설명한 바와 같이 시장화의 증대와 사적 경제 영역의 확대는 사회주의 체제에서 유일한 고용주였던 국가로부터의 독립과 해방을 의미한다(안찬일, 1997: 185). 주민들은 식량을 제때 배급하지 못하는 정부와 간부들에 대해 점차 지배적 권위를 인정하지 않는 경향이 커졌다. 그에 따라 자연스럽게 행정 당국과 간부들에 대한 불만의 목소리도 커지고 있는 것이 사실이다. 식량난의 악화로 필요한 식량을 충분히 공급하지 못하자 국가 권위가 실추되고, 결과적으로 사적 경제 영역이 확대됨으로써 전통적인 사회 통합 방식에 균열이 발생한다고 볼 수 있다.

배급제도는 부실하게 운영되기는 하지만 여전히 유지되고 있다. 공장이나 기업소에 적을 두면 일단 배급표는 나온다고 한다. 식량표를 가지고 배급소에서 배급받을 수 있는 사람은 행정일군, 당간부, 보위부, 군대 정도이다. 탄광이나 용해공, 교사 같은 특정 부문 종사자들도 배급을 받는다. 그 외의 직장에 적을 둔 일반 주민은 배급표를 가지고서도 물건을 사지 못한다.[33]

여기서 주민의식 변화와 관련해 주목할 부분은 북한 사람들이 탄광, 용해공, 교사 등 특정 부문의 종사자들은 여전히 배급을 받고 있다고 믿는다는 것이다. 인터뷰에 응했던 탈북자와 북한 사람 모두 직종에 대한 약간의 의견 차이는 있었지만 교원, 의사, 탄광 노동자가 배급을 받는다는 것에 대해서는 일치된 주장을 했다.[34] 중요한 것은 북한 주민

---

33) 북한 사람 KD씨 인터뷰(중국 단둥 시, 2007.9).

들이 자신은 현재 배급받지 못하고 있지만 일부 직종 종사자는 여전히 배급받고 있다고 생각한다는 사실이다. 주민들은 정부가 이런 특정 직종 종사자에게 배급을 실시하는 이유에 대해 장사를 할 수 없는 특정 부문을 배려한 것으로 이해하고 있었다. 주민들의 이러한 인식은 그들이 비판 대상을 사회주의 체제 자체가 아니라 '우리 직장' 또는 '우리 직종'으로 제한하는 효과를 낳는다. 즉, 북한의 식량난과 경제 침체에 대한 책임을 자연재해나 미국의 경제봉쇄로 돌리면서, 열악한 상황에서도 북한 당국이 고육지책으로 체제를 유지하고 있다는 식의 동정심을 끌어내는 효과가 있는 것이다.

한편 북한에서는 식량난으로 인해 국가기관에서 일하는 사람을 대폭 줄여 국가 부담을 덜려는 움직임이 진행 중이다. 북한의 간부 규모를 약 10%로 평가한 북한 주민은 최근 몇 년 사이에 국가기관에서 일하는 사람의 수가 조금씩 줄고 있다고 했다. 예를 들면 통계를 보던 사람이 3명이었는데 1명으로 줄었다는 것이다.[35] 이러한 변화는 주민들로 하여금 정부가 변화하고 있다는 의식을 심어줌으로써 정부에 대한 비판을 억제하고 지지를 확보하는 요인으로 작용할 수도 있다.

2) 사회주의 체제의 우월성 약화와 자긍심 상실

북한이 사회주의 체제의 우월성을 입증하는 제도로 가장 자랑스럽게 여긴 것은 무상교육과 무상치료였다. 북한 주민은 11년 무상교육과

34) 탈북자 LH씨 인터뷰(중국 옌지 시, 2007.9).

35) 북한 사람 KD씨 인터뷰(중국 단둥 시, 2007.9).

전 인민의 무상치료를 체제에 대한 긍지로 삼아왔다. 그러나 1995년 식량난 이후 무상교육과 무상치료 제도가 부실해짐으로써 체제에 대한 자긍심이 현저히 약화되고 있다. 무상교육에 대한 주민들의 비판의식은 상당히 큰 것으로 나타났다. 북한의 모든 기관이 돈이 부족한 상황이므로 학교처럼 특별히 외화벌이를 할 수 없는 기관은 부족분을 학생에게서 거둬들여 운영하고 있다. 조사 대상자들은 이구동성으로 자녀의 학비가 너무 비싸다고 말했다. 학생들은 농촌 지원을 나가거나 딸기를 따러 가야 하고, 꾸리기 사업, 외화벌이 등에 나가야 하는데도 1년에 학교에 내는 돈이 5만 원 정도는 된다고 한다.[36] 그래서 없는 사람들은 자기 아이들에게 학교에 가지 말라고 한다. 학교에 가도 배우는 것은 없고 돈만 가져오라고 하니 "글만 깨우쳤으면 되지 무엇 하러 학교에 가느냐"라며 가지 못하게 한다는 것이다. 이런 식으로 자녀를 학교에 보내지 않은 사람들이 전체의 30~40%는 되는 것으로 보인다.

무상치료에 대한 자긍심도 상실된 것 같다. 중국 옌지 시의 병원과 교류하고 있는 평양에서 온 의사들의 말에 의하면 입원 환자 가운데 30% 정도만 치료를 받고 있는 실정이다. 즉, 100명의 입원 환자 가운데 30명에게만 투약하고 있는 상황인 것이다. 또한 회령에서 온 의사의 말에 의하면 그는 1,500원의 월급을 받았고 아내가 장사를 해서 생계를 유지했다고 한다.[37] 나진·선봉의 경우 의사는 한 달에 3,000원을 받고 입쌀 25킬로그램을 배급받는다. 중국에서 지원을 하는 지역에서는 의사들이 배급을 받고는 있지만 그렇다고 잘사는 것은 아니다. 의사의 아내

---

36) 같은 자료.

37) 연변복지병원 이사장 J씨 인터뷰(중국 옌지 시, 2007.9).

가 재봉일 같은 부업을 해야 생계를 유지할 수 있다. 중국에서 지원을 받는 병원은 그나마 약이 있지만 다른 진료소에서는 치료받을 약을 환자에게 사 오라고 한다. 따라서 환자들은 시장에서 반병주사약 등을 개인적으로 사와야 치료를 받을 수 있다.[38] 결국 돈이 있어야 치료할 수 있는 북한의 현실은 무상치료를 긍지로 여겼던 북한 체제의 정당성을 흔드는 요인이 되고 있다.

3) 사회통제 유지

북한식 사회주의 체제에 대한 우월감이 옅어지고 공식 이념인 자주에 대한 긍지도 약해지며, 관료의 부패와 간헐적인 정치적 반대구호도 나타나지만 각종 공안기구 및 인민반을 통해 사회통제는 비교적 잘 되고 있는 것으로 조사되었다(전현준 외, 2006). 당과 사회단체를 통해 1주일 단위로 실시하는 생활총화는 북한 주민에 대한 사회통제의 핵심 기제로 경제생활이 어려운 상황에서도 지속하고 있다. 북한 사람 KD씨는 "생활총화는 변함없이 1주일에 한 번씩 한다. 우리 지역의 경우 당원은 일요일, 청년동맹은 화요일, 직맹은 금요일에 각각 한다"라고 설명했다.[39]

일반 주민 가운데 도시에 거주하는 사람은 남한이나 중국 등의 최근 사정을 비교적 잘 아는 편이지만 농촌 주민은 이러한 변화를 거의

---

38) 북한의 병원을 왕래하며 진료하는 조선족 의사 K씨 인터뷰(중국 옌지 시, 2007.9).

39) 북한 사람 KD씨 인터뷰(중국 단둥 시, 2007.9).

모른다. 회령에서는 대한민국 쌀자루가 유통되고 있어서 남한에서 쌀을 지원하고 있다는 사실을 대개 안다고 한다. 일반적으로 중국에 대해서는 개혁·개방을 해서 잘살지만 상품의 질은 떨어진다고 생각한다. 그 반면 일본이나 남한산 상품은 품질이 높다고 여긴다. 미국에 대해서는 대부분의 일반 주민이 나쁜 감정을 품고 있다. 당의 권한이 정치적으로 센 것은 사실이지만 인민들은 살아가면서 당과 접촉할 일은 별로 없고 오히려 행정일군과 접촉할 일이 많기 때문에 정치적 문제만 없으면 행정일군의 권한이 더 센 것처럼 느껴진다. 인민은 일반 간부에 대해서는 비판적인 발언을 하지만 당이나 '장군님'(김정일)에 대해서는 함부로 말하지 못한다.[40]

옌지에 체류 중인 한 북한 사람은 "10% 정도 되는 간부들과 사회안전부(인민보안성) 사람들은 북한 체제를 지지하면서 북한 체제가 오래가야 한다고 생각한다. 전반적으로 주민들 가운데 3분의 1은 애국자이고 3분의 2는 반동일 것이다"라고 말한다.[41] 단둥에 나와 무역을 하고 있으며 고난의 행군으로 어려운 시기를 겪으면서는 산에서 풀도 뜯어 먹어봤다는 한 북한 화교는 북한 체제가 점차 한계 상황으로 가고 있다고 평가했다. 탈북자의 말을 믿으면 안 된다고 힘주어 말한 북한 화교는 "북한 주민 사이에서 한국(남한)에 대한 인식은 좋다. 국가는 적대시하지만 남한 사람은 좋아한다"라고 주장했다.[42] 주민 사이에 자본주의 의식이 강한 것이 사실이며 사람들에게 이제는 악만 남았다고

---

40) 같은 자료.

41) 북한 사람 LH씨 인터뷰(중국 옌지 시, 2007.9).

42) 화교 W씨 인터뷰(중국 단둥 시, 2007.9).

<그림 6-1> 북한의 계층구조

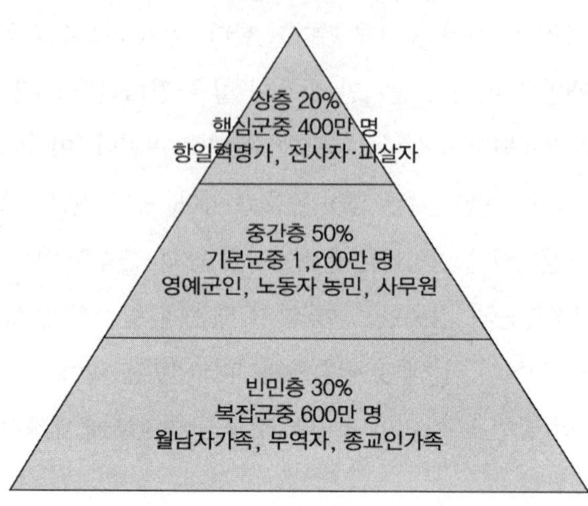

주장하면서도 국민의 의식이 아직은 정치적 비판으로 발전하지 않았음을 인정했다.

4) 계층구조의 분화와 계층별 의식 변화

북한의 계층구조는 건국 초기의 계급 중심에서 한국전쟁 이후 지난 50년 동안 한국전쟁의 피해자들을 우대하는 성분 중심으로 바뀌었다(김병로, 2000: 219~242). 한국전쟁 피해자에 대한 '북한식 보훈정책'을 추진함으로써 상층 계급에는 전쟁 피해자들이 강력한 집단으로 자리잡고 있는 것이다. 북한의 간부 계층은 125만 명으로 추산되는데 가족을 포함하면 400만 명 정도로 볼 수 있다. 이 핵심 계층 가운데 성분 구성 비율은 많이 바뀌지 않았다. 즉, 전체 당일군을 출신성분별로 보면 혁명가 유자녀 1.8%, 혁명학원 10.8%, 전사자·피살자 37.7% 등으로 전쟁 피해자가 50%가량을 차지한다. 또한 국가보위부의 경우에는 83%가 전쟁의 전사자·피살자 출신성분이다. 전쟁의 피해자 가족이 핵심군중을 차지하고 있는 이러한 상층 계급의 특성은 크게 변하지 않고 유지되고 있다.

식량난과 경제개혁으로 가장 큰 변화를 보이는 부류는 중산층이다. 상층 계급은 인구의 약 20% 정도로 구성되어 있고 주체사상과 유일체계를 교육받으며 외부 정보도 접촉한다. 빈민층 규모는 식량 사정이 호전되는 상황에 따라 조금씩 달라지지만 약 30% 정도로 추산되며, 굶주림과 질병에 시달리고 인권 유린의 대상이 되는 집단이라고 볼 수 있다. 인구의 50%를 형성하는 중산층은 경제개혁으로 상당한 변화를 겪고 있다. 상층 계급과 빈민층이 장사와 부업 활동에 참여하지 못하는 반면 중산층은 장사와 부업을 활발히 하는 집단이다. 중산층은 장사와 부업을 통해 상층과 하층으로 분화되고 있다. 중상층(20%)은 직장 생활과 장사(5%), 시장 거래(80%) 등을 하며 월 40만~50만 원의 생활비를 사용한다. 중하층(30%)은 소규모 장사와 시장 거래를 하며 월 15만~20만 원의 생활비를 사용한다. 북한 주민 전체를 놓고 보면 절반 이상의 북한 주민이 부업 활동에 참여하고 있으며, 이러한 부업 활동을 통해 월 6만 원 이상의 수입을 올리는 것으로 보인다. 장사와 부업으로 수입을 올리는 사람들과 그렇지 않은 사람 간에는 빈부격차가 나타나고 있으며, 그에 따라 계층 간 빈부격차도 심화되고 있다.

5) 체제 비판의식 동향

북한 주민의 정치적 비판의식이 어떻게 발전하고 있는지는 북한 사회의 변화를 가늠하는 중요한 지표가 된다. 북한 주민의 정치의식을 엿볼 수 있는 자료로는 (사)좋은벗들이 1999년에 발표한 중국 거주 탈북자에 대한 실태조사가 있다. 1998년 12월 조사에서, 중국 거주 탈북자 1,694명은 식량난에 대한 책임을 물은 질문에 대해 자연재해 38.6%, 비효율적 국가정책 9.1%, 간부의 관료주의 8.7%, 지도자의 책임 8.0%, 개혁·개방하지 않아서 7.5%, 군사비의 과다지출 7.3% 등으로 응답했다. 즉, 먹을 것이 없어서 탈출한 사람을 대상으로 조사했는데도 굶주림을 김정일의 책임이라고 비판하는 사람들은 8.0%에 불과하다는 것이다. 이러한 조사는 북한 주민이 북한 당국의 체제 합리화 선전을 상당한 정도로 받아들이고 있음을 보여준다.

주민들의 정치의식이 더디게 변화하고 있다는 사실은 탈북자를 통해 엿볼 수 있다. 대개 탈북자의 정치의식은 2단계의 변화 과정을 겪는다고 한다. 첫째 단계에서는 북한에서 중국으로 탈출해 중국 생활을 접하면서 처음으로 북한식 사회주의 체제에 대한 문제의식을 갖는다. 북한을 떠나기 전까지는 북한 체제를 비판한 기준이나 정보가 없기 때문에 당이나 수령에 대한 비판을 감히 생각해보지 못하다가, 중국에 와서야 비로소 '같은 사회주의인데도 중국은 왜 이처럼 잘살고 북한은 못사는가'라는 비교의식을 갖게 되고 북한식 사회주의 체제에 문제가 있음을 깨닫는다는 것이다. 둘째 단계에서는 남한으로 입국한 이후 북한의 정치체제와 김정일에 대한 많은 정보를 접하면서 지도자에 대한 비판의식을 갖게 된다.[43] 중국에 있을 때까지만 해도 북한식 사회주의에 문제가 있다는 생각을 하지만 김정일에 대한 비판적 의식을 가질 엄두를 내지 못한다. 즉, 남한에 입국한 이후에야 비로소 북한 정권에 대한 비판적 정치의식을 갖는 것이 탈북자의 일반적 의식 변화 과정이다.

도식을 단순화하면 경제 영역의 변화가 사회의 구조적 변화와 의식 변화를 가져오며, 사회 변화는 정치활동에 다시 영향을 미치는 것으로 정리할 수 있다. 정치사회학적 관점에서 보면 정치는 사회 내에 존재하는 다양한 세력 또는 요소의 영향을 받는다. 아래로부터의 변화는 북한 사회주의 체제의 핵심인 정치에도 일정한 영향을 줄 수밖에 없다. 이러한 측면에서 볼 때 경제에 대한 불만과 비판, 사회주의 체제에 대한 상실감이 증대되고 있으며, 체제 붕괴적 요소는 비판적 정치의식 형성을 촉진한다고 할 수 있다. 물론 앞에서 설명한 대로 정치의식 변화는 경제와 사회의식 변화보다 더디게 진행되고 있다.

이런 점들을 고려하면 지난 10년 동안 김정일의 지지도는 얼마나 달라졌을까? 10년 전 (사)좋은벗들의 조사에서 김정일에 대한 비판의식이 8.0%였으므로 10년 동안 경제적·사회적 상황이 악화되면서 비판적 정치의식이 증가했을 것임은 분명하다. 지도자에 대한 직접적인 평가는 아니지만 주민의 정치의식 변화에 대한 평가를 여러 측면에서 관찰할 수 있다. 예컨대 체제 변화를 희망하는 사람들과 현상유지를 바라는 사람들을 비율로 살펴보면, 80%가 변화를 희망했으며 20%만이 현상유지를 바란다고 한다.[44] 그러나 북한 사회 내에서는 정치적 발언이 금지

---

43) 탈북자 KS씨 인터뷰(2007.8.25).

44) 북한 사람 KD씨 인터뷰(2007.9).

되어 있으므로 공적 영역에서는 여전히 70~80% 이상, 높게는 90% 정도까지 김정일의 통치를 지지하는 분위기라고 말한다.

이러한 상황에서 북한의 지도자 김정일의 실제 지지도는 어느 정도일까? 시장화의 진전과 개방 확대로 체제에 대한 북한 주민의 긍지가 상실되고 사회적 불만과 정치적 비판의식이 커지고 있는 것은 사실이다. 그러나 동시에 북한 주민의 민주화 의식 미성숙과 북한 당국의 사회통제 및 정보차단 등으로 체제 비판의식이 급격히 생겨나는 데도 한계가 있을 것이다. 북한 주민은 남한처럼 지도자에 대한 지지도를 생각해본 적이 없을 정도라고 하니 실제 지지도를 평가하는 것은 무리일 수 있다. 그렇지만 평양에 거주하는 한 북한 사람은 이런 식으로 김정일의 실제 지지도를 평가한다면 약 50%가 될 것으로 판단했다.[45] 다른 응답자들은 이 문제에 대해 명시적인 대답을 하지 않았지만 대체로 북한 주민의 절반 정도가 정치적 비판의식을 지녔다고 보면 타당할 것이다.

6. 맺는말

최근 북한의 변화 가운데 하나로 해외 부문에서 김일성·김정일 초상화 휘장(배지)을 공화국기 휘장으로 바꾸어 착용하는 경향이 나타나고 있다. 2007년 9월부터 이러한 정책 변화가 가속화되고 있는 것으로 보인다. 북한이 김일성·김정일 초상화 휘장을 공화국기로 바꾼다는

45) 북한 사람 K씨 인터뷰(중국 단둥 시, 2007.10.26).

것은 상당한 정치적 의미를 지닌다. 이는 김일성과 김정일 개인에 대한 충성심에서 국가에 대한 충성심으로 전환하는 것을 의미하며, 수령체제에 대한 근본적인 변화를 암시할 수도 있다. 물론 현재 나타나고 있는 경향은 일부 해외 부문에 국한되고 있으나 최소한 대외적으로나마 경직된 정치체제의 이미지를 불식시키고 국제 기준에 맞는 규범을 따르려는 변화로 볼 수 있다. 만약 이러한 경향을 국내적으로 확대한다면 후계체제와 관련해 수령 개인에 대한 충성심이 아니라 국가에 대한 충성심을 바탕으로 국민들을 통합하려는 전략이라고 볼 수도 있다.

사회주의 체제를 개혁·개방한다는 것은 사회통제의 완화와 개인의 자유 허용을 필연적으로 수반한다. 그러므로 서론에서도 언급했듯이 사회주의 체제의 개혁·개방은 결과적으로 사회통제력 약화와 개인의 자유도 증대를 가져올 수밖에 없다(김강일, 2007). 중국 심양사회과학원의 북한 전문가가 설명한 바에 따르면 북한에는 7·1 조치 이후 경제개혁을 전담하는 싱크탱크(think tank) 그룹이 40명으로 구성되었으며, 이들 중 30명이 계획경제에서 시장경제로 전환하는 과정의 노하우를 배우고자 연수를 받았다고 한다. 이들은 시장경제가 어떻다는 식의 이론을 듣고 싶어 하는 것이 아니라 시장경제로 전환하는 과정에서 구체적으로 무엇을 어떻게 해야 하는가를 알고 싶어 한다. 또한 2004~2006년에 총 4차에 걸쳐 80명이 연수받았는데, 2005년 3월에는 철도성, 재정성 등 북한 정부의 10개 이상 부서 국장급들이 한 달가량 중국에 체류하면서 금융, 물가, 가격, 특구 관리 방식 등에 대해 매우 구체적인 실무 교육을 받았다고 한다.[46)]

---

46) 중국의 북한 전문가 KC씨(중국 선양 시, 2007.10.25).

이처럼 대내 개혁을 추진하는 가운데 탈냉전 이후 18년 동안 북한은 무역 활동과 해외 근로자, 친척 방문자, 유학생, 외교관, 남북 간 인적·물적 왕래, 금강산 관광, 탈북자 등을 통해 문화 접촉을 경험하고 있다. 현재의 정보·통신 발달 속도와 중국의 변화를 고려할 때 북한은 향후 5년 동안 문화 접촉으로 큰 변화를 겪을 것으로 예상된다. 남한의 문화와 중국의 변화에 점점 영향을 받고 있는 북한은 2010년 상하이 엑스포를 계기로 젊은이의 대량 탈출 사태를 맞을 수도 있다. 독일의 경우에도 통일 이전에 500만 명의 동독 주민이 국경을 탈출해 서독으로 입국했으며, 장벽이 무너지기 시작하면서 30만 명의 대규모 탈출 행렬이 이어졌다.[47] 내부 통제가 엄격해 정치적 시위가 불가능한 북한 체제에서 국민이 택할 수 있는 유일한 길은 체제를 탈출하는 방법뿐이다. 정보·통신 발전과 중국의 개혁·개방 속도로 미루어볼 때 문화 접촉으로 인한 북한의 변화는 예상보다 빠르게 진행될 수도 있다.

문화 접촉과 관련해 특히 청년층의 움직임은 대단히 중요하다. 동유럽 사회주의 체제의 변혁기에는 지식인과 청년들의 역할이 지대했다. 북한에서도 식량난으로 인해 탈북의 최전선에 나선 집단이 바로 젊은 층이다. 식량난으로 인해 청년층의 유동성이 증가해 북한은 조직생활에서도 타격을 입었다. 그뿐 아니라 이들은 외부 세계의 변화에 가장 민감하게 반응하는 첨병의 역할을 함으로써 북한 사회에 변화를 초래하고 있다. 과거 식량난민 조사보고서에서도 북한이 못살게 된 이유에

47) 1989년 8~11월 4개월 동안에만 20만 명의 난민이 발생해, 총 30만 명의 난민이 생겨났다. 서독은 1964년 이후 통일에 이르기까지 총 25만여 명에 이르는 이산가족의 재결합과 약 3만 3,000명의 정치범 석방을 위해 34억 6,000만 마르크(1인당 남한 돈 1억 원)를 지원했다.

대해 연령이 낮을수록 지도자의 책임이라고 응답한 사람들의 비율이 높다는 사실은 시사하는 바가 크다(우리민족서로돕기 불교운동본부, 1998: 45). 북한은 청년층의 사상적 동요를 막기 위해 청년학생들에 대한 사상교육을 강조하고 있다. 사회주의 혁명의 성패는 혁명 3, 4세대가 혁명 1, 2세대의 업적을 이어받는지 여부에 달려 있다고 주장하며, 당과 수령에 대한 절대적인 충실성이야말로 청년들이 지녀야 할 가장 기본적인 품성이라는 점을 강조한다. 특히 청소년들이 불건전하고 퇴폐적인 사상문화에 노출되지 않도록 철저한 대책을 수립하기 위해 청년동맹 등의 사회조직과 학교 교육기관에서 새 세대에 대한 교육·교양사업을 유기적으로 추진할 것을 강력히 요구하고 있다.

이제는 북한의 개혁·개방과 문화적 통일에 대한 인식을 새롭게 할 때이다. 북한을 제외한 세계의 모든 한민족, 즉 조선족과 고려인, 재일동포와 재미동포는 이제 남한의 문화와 가치를 대부분 이해하고 받아들이는 추세이다. 남한의 경제력을 바탕으로 급속히 발전한 남한 문화는 이미 오래전에 재미교포 사회를 '흡수'했으며, 중국의 조선족 사회와 러시아의 고려인 사회 및 일본에도 깊숙이 스며들고 있다. 세계의 모든 한인의 민족의식은 현대적인 남한 문화로 동질화되는 추세라고 볼 수 있다.

앞으로 남은 과제는 북한과의 경제·사회·문화 교류이다. 북중 간 물적·인적 왕래에 따른 국경 지대에서의 핸드폰 사용 증가와 위성 TV 시청 등으로 북한도 남한 문화의 영향을 받고 있다. 중국 연변이나 러시아 연해주에 나와 있는 북한 주민은 이미 남한 문화를 상당히 많이 접하고 있다. 특히 탈북자를 통해 북한 내부에 전달되는 중국 소식과 남한 사회의 상황은 북한 사회에 직접적인 영향을 미치고 있다.

그러므로 탈북자가 성공적으로 남한 사회에 정착하는 것은 실질적으로 북한을 변화시키는 일이기도 하다. 결론적으로 시장화·사유화·개방화로 인한 새로운 문화적 변화의 흐름을 정확히 읽고 파악하는 것이 북한 사회의 미래를 예측하는 데 가장 중요한 요소라고 생각된다.

참고문헌

김강일. 2007.「북한 - 중국 간 경제사회 연결망 구조」. 서울대 통일연구소 제12회 통일학세미나(2007.10.23).

김병로. 1998.「북한식량난이 사회통합에 미치는 영향」. ≪통일연구논총≫, 제7권 1호(1998년 상반기).

_____. 1999.『북한의 지역자립체제』. 통일연구원.

_____. 2000.「한국전쟁의 인적 손실과 북한 계급정책의 변화」. ≪통일정책연구≫, 제9권 1호, 219~242쪽.

_____. 2005.「북한 사회의 새로운 변화 흐름」. 이우영 외.『화해·협력과 평화번영, 그리고 통일』. 도서출판 한울.

김영윤. 2006.『북한 경제개혁의 실태와 전망에 관한 연구』. 통일연구원

박재규 엮음. 2007.『새로운 북한읽기를 위해』(개정증보판). 법문사.

박형중. 1997.『90년대 북한체제의 위기와 변화』. 통일연구원.

서재진. 2004a.『7·1조치 이후 북한의 체제 변화』. 통일연구원.

_____. 2004b.「김정일 정권 10년: 북한의 사회변화」.『김정일 정권 10년: 변화와 전망』. 통일연구원 국내학술회의 발표논문집.

안찬일. 1997.『주체사상의 종언』. 을유문화사.

우리민족서로돕기 불교운동본부. 1998.「북한 식량난의 실태보고서」(1998.5).

이승훈·홍두승. 2007.『북한의 사회경제적 변화: 비공식 부문의 대두와 계층구조의 변화』. 서울대학교출판부.

전현준 외. 2006.『북한체제의 내구력 평가』. 통일연구원.

정영철. 2004.「북한의 시장화 개혁: 시장사회주의의 북한식 실험」. ≪북한연구학회보≫, 제8권 제1호.

정영태. 2007.「북한의 '전국 당세포비서 대회' 개최 배경과 전망」.『통일정세분석 2007-11』. 통일연구원.

최경희. 2003.「사회주의사회에서 상품공급의 경제적 내용」. ≪경제연구≫(2003.2). 평양사회과학출판사.

최수영. 1997.『북한의 제2경제』. 민족통일연구원.

_____. 2004.『7·1 경제관리개선조치 이후 북한경제 변화전망』. 통일연구원.

통일부 교류협력국. 2007. ≪월간 남북교류협력 및 인도적 사업 동향≫, 제194호 (2007.8.1~30).

통일연구원. 2005.「북한의 경제개혁 동향」.『통일정세분석 05-02』. 통일연구원.

「경제적·사회적·문화적 권리에 관한 국제규약 제2차 정기보고서」. 2002.5.15. http://www.unhchr.ch/tbs/doc.nsf/(Symbol)/c3b70e5a6e2df030c1256c5a0038d8f0?Opendocument.
≪문화일보≫. 1998.5.21.

Council on Foreign Relations. 1998. "Managing Change on the Korean Peninsula." Independent Task Force Report, No. 17.
Smith, Hazel. 2002. "Socio-economic Change in the DPRK since 1995: Mark Etization without Liberalization." 통일연구원(2002.7.3).

엮은이

윤영관

미국 존스홉킨스 대학교(SAIS) 국제정치학 박사
전 외교통상부 장관(2003~2004)
현재 한반도 평화연구원 원장, 서울대학교 외교학과 교수
주요 저서 및 논문: 『전환기 국제정치경제와 한국』, 『21세기 한국정치경제모델』 외 다수

양운철

미국 앨라배마 주립대학교 경제학 박사
현재 세종연구소 수석연구위원
주요 저서 및 논문: 『북한경제체제 이행의 비교연구』, 『분권화의 관점에서 본 북한의 시장 현황과 전망』 외 다수

지은이 (가나다순)

김병로

미국 러트거스 대학교 사회학 박사
현재 서울대학교 통일평화연구소 연구교수
주요 저서 및 논문: 『김정일 주체사상의 종교화』, 『김정일 시대 북한 주민의 생활과 의식변화』 외 다수

김병연

영국 옥스퍼드 대학교 경제학 박사
현재 서울대학교 경제학부 교수
주요 저서 및 논문: 「러시아 비공식 부문이 정부 재정수입에 미치는 영향」, "Assessing the Economic Performance of North Korea, 1954~1989: Estimates and Growth Accounting Analysis" 외 다수

남성욱
미국 미주리 주립대학교 경제학 박사
현재 국가안보전략연구소 소장
주요 저서 및 논문: 『북한의 급변사태와 우리의 대응』, *Contemporary Food Shortage of North Korea and Reform of Collective Form* 외 다수

윤덕룡
독일 킬 대학교 경제학 박사
현재 대외경제정책연구원(KIEP) 선임연구위원
주요 저서 및 논문: 『체제전환국 사례를 통해 본 북한의 금융개혁 시나리오』, 『북한의 경제회복을 위한 자본수요 추정과 적정 투자방향의 모색』 외 다수

이석기
서울대학교 경제학 박사
현재 산업연구원 북한산업팀장
주요 저서 및 논문: 『남북한 산업협력 기본전략과 협력방안』, 『북한의 기업관리체계 및 기업행동양식 변화 연구』 외 다수

한울아카데미 1124

한반도평화연구원총서 2

7·1 경제관리개선조치 이후 북한경제와 사회: 계획에서 시장으로?

엮은이 | 윤영관·양운철
지은이 | 김병로·김병연·남성욱·양운철·윤덕룡·이석기
펴낸이 | 김종수
펴낸곳 | 도서출판 한울

편집책임 | 이교혜
편집 | 윤상훈
표지디자인 | 이혜진

초판 1쇄 인쇄 | 2009년 4월 20일
초판 1쇄 발행 | 2009년 4월 30일

주소 | 413-832 파주시 교하읍 문발리 507-2(본사)
121-801 서울시 마포구 공덕동 105-90 서울빌딩 3층(서울 사무소)
전화 | 영업 02-326-0095, 편집 02-336-6183
팩스 | 02-333-7543
홈페이지 | www.hanulbooks.co.kr
등록 | 1980년 3월 13일, 제406-2003-051호

Printed in Korea.
ISBN 978-89-460-5124-9 93340

* 가격은 겉표지에 표시되어 있습니다.